国家出版基金项目
NATIONAL PUBLICATION FOUNDATION

高塑性
镁合金材料

High Plasticity Magnesium Alloys

潘复生　蒋　斌　王敬丰　胡耀波　罗素琴　著

重庆大学出版社

内容提要

本书重点介绍了典型中等强度高塑性、超高塑性镁合金材料、高等强度高塑性镁合金材料的组织、力学性能及加工方法。随着经济社会的快速发展，交通工具、电子通信、军工装备和航空航天等诸多领域对具备中等强度以上的高塑性镁合金材料提出了更为迫切的要求，本书内容为上述领域提供了详细的解决方案。

本书内容系统，理论性强，具有很强的实用性，可作为从事镁合金研究、开发和应用的学者、科研人员和工程技术人员的参考用书，也可作为冶金、材料类专业高年级大学生及研究生的教学参考书。

图书在版编目(CIP)数据

高塑性镁合金材料/潘复生等著. -- 重庆:重庆
大学出版社,2022.1
ISBN 978-7-5689-0461-2

Ⅰ.①高… Ⅱ.①潘… Ⅲ.①镁合金—金属材料
Ⅳ.①TG146.22
中国版本图书馆 CIP 数据核字(2018)第 192299 号

高塑性镁合金材料
GAOSUXING MEIHEJIN CAILIAO

潘复生 蒋 斌 王敬丰 胡耀波 罗素琴 著
策划编辑:杨粮菊

责任编辑:陈 力 苟荟羽 版式设计:杨粮菊
责任校对:姜 凤 责任印制:张 策

*

重庆大学出版社出版发行
出版人:饶帮华
社址:重庆市沙坪坝区大学城西路 21 号
邮编:401331
电话:(023)88617190 88617185(中小学)
传真:(023)88617186 88617166
网址:http://www.cqup.com.cn
邮箱:fxk@cqup.com.cn(营销中心)
全国新华书店经销
重庆升光电力印务有限公司印刷

*

开本:787mm×1092mm 1/16 印张:17.5 字数:355千
2022 年 1 月第 1 版 2022 年 1 月第 1 次印刷
ISBN 978-7-5689-0461-2 定价:198.00 元

自主品牌汽车创新实践丛书

丛 书 编 委 会

李克强(中国工程院院士,清华大学教授)

潘复生(中国工程院院士,重庆大学教授,国家镁合金材料工程技术
　　　研究中心主任)

李开国(中国汽车工程研究院股份有限公司董事长,研究员级高级工
　　　程师)

刘　波(重庆长安汽车股份有限公司原副总裁,研究员级高级工程师)

曹东璞(清华大学教授)

秦大同(长江学者,重庆大学教授)

郭　钢(重庆大学原汽车工程学院院长,重庆自主品牌汽车协同创新
　　　中心原执行副主任,教授)

赵　会(重庆长安汽车工程研究院总院副院长,博士)

朱习加(中国汽车工程研究院风洞中心首席专家,博士)

江永瑞(重庆大学原外籍教授)

刘永刚(重庆大学教授)

付江华(重庆理工大学副教授)

总　序

　　汽车产业是各国科技、经济的"主战场"。汽车产业是国家和区域经济发展中的支柱产业,具有科技含量高、经济产值大、产业链长、影响面广等诸多特征。特别是当今,随着信息技术、人工智能、新材料等高科技的广泛运用,电动化、智能化、网联化、共享化等"新四化"已成为全球汽车产业发展大趋势。当今的汽车产品也已经超出了交通工具的范畴,成为智能移动空间,是智能交通和智慧城市的重要组成部分,在国民经济与社会发展中扮演着更加重要的角色。汽车产业也是各国科技、经济的"主战场",不仅是未来人们消费的热点,也是供给侧改革的重点。十九大报告指出,"深化供给侧结构性改革……把提高供给体系质量作为主攻方向"。作为 GDP 总量世界第二的中国,在汽车领域不可缺席,中国自主品牌汽车企业必须参与到全球竞争中去,在竞争中不断崛起和创新发展。

　　自主品牌汽车的发展是加快建设创新型国家、实施"创新驱动"国家战略的一个重要方面。十九大报告提出"加快建设创新型国家","建立以企业为主体、市场为导向、产学研深度融合的技术创新体系"。2016 年 5 月,中共中央、国务院发布的《国家创新驱动发展战略纲要》指出,推动产业技术体系创新、创造发展新优势,强化原始创新、增强源头供给,优化区域创新布局,打造区域经济增长极,从而明确企业、科研院所、高校、社会组织等各类创新主体功能定位,构建开放、高效的创新网络。发展新能源汽车是我国从汽车大国迈向汽车强国的必由之路,是应对气候变化、推动绿色发展的战略举措。2012 年国务院发布《节能与新能源汽车产业发展规划(2012—2020 年)》。为深入贯彻落实党中央、国务院重要部署,顺应新一轮科技革命和产业变革趋势,抓住产业智能化发展战略机遇,加快推进智能汽车创新发展,国家发改委 2020 年 2 月发布的《智能汽车创新发展战略》请各省、自治区、直辖市、计划单列市结合实际制定促进智能汽车创新发展的政策措施,着力推动各项战略任务有效落实。可见,我国汽车产业的发展,尤其是自主品牌企业的发展是加快建设创新型国家、实现中国制造向中国创造转型的重要一环。

　　重庆自主品牌汽车协同创新中心由重庆大学牵头,联合重庆长安汽车股份有限公司、中国汽车工程研究院股份有限公司、青山工业、超力高科、西南铝业、重庆理工大学、重庆邮电大学等核心企业、零部件供应商及院校共同组建。2014 年 10 月，教育部、财政部联合发文，认定"重庆自主品牌汽车协同创新中心"为国家级"2011 协同创新中心"，成为国家级"2011 协同创新中心"。"2011 计划"是继"985 工程""211 工程"之后，国家在高等教育系统又一项体现国家意志的重大创新战略举措，其建设以协同创新中心为基本载体，服务国家、行业、区域重大创新战略需求。汽车领域有 3 个国家级的"2011 协同创新中心"，其中重庆自主品牌汽车协同创新中心面向区域汽车产业发展的前沿技术研发与创新人才培养共性需求，围绕汽车节能环保、安全舒适、智能网联三大方向开展协同创新和前沿技术研发，取得系列重要协同创新成果。其支撑长安汽车成为中国自主品牌汽车领头羊和自主研发技术标杆，支撑中国汽研成为国内一流汽车科技研发与行业服务机构，支撑重庆大学等高校成为汽车领域高层次创新人才培养基地。

重庆自主品牌汽车协同创新中心联合重庆大学出版社共同策划组织了大型、持续性出版项目"自主品牌汽车实践创新丛书"，丛书选题涵盖节能环保、安全舒适、智能网联、可靠耐久 4 个大方向和 15 个子方向。3 个主要协同单位的首席专家担任总主编，分别是刘庆（重庆自主品牌汽车协同创新中心第一任主任）、刘波（重庆长安汽车股份有限公司原副总裁）、任晓常（中国汽车工程研究院股份有限公司原董事长）。丛书集中体现了重庆自主品牌汽车协同创新中心的核心专家、学者在多个领域的前沿技术水平，属汽车领域系列学术著作，这些著作主题从实际问题中来，成果也已应用到设计和生产实际中，能够帮助和指导中国汽车企业建设和提升自主研发技术体系，具有现实指导意义。

本系列著作的第一辑，包括 8 本著作（6 本中文著作，2 本英文著作），选题涉及智能网联汽车人机交互理论与技术、汽车产品寿命预测、汽车可靠性及可持续性设计、高塑性镁合金材料及其在汽车中的应用、动力总成悬置系统工程设计、汽车风洞测试、碰撞与安全等。中文著作分别是重庆大学潘复生院士团队撰写的《高塑性镁合金材料》、长安汽车赵会博士团队撰写的《汽车安全性能设计》、重庆大学郭钢教授团队撰写的《智能网联汽车人机交互理论与技术》、中国汽车工程研究院朱习加博士团队撰写的《汽车风洞测试技术》、重庆大学刘永刚教授团队撰写的《新能源汽车能量管理与优化控制》、重庆理工大学付江华副教授团队撰写的《动力总成悬置系统工程设计及实例详解》。

本系列著作具有以下特点：

1. 知识产权的自主性。本系列著作是自主品牌汽车协同创新中心专家团队研究开发的技术成果，且由专家团队亲自撰写，具有鲜明的知识产权自主性。其中，一些著作以英文写作，出版社已与国际知名出版企业合作出版，拟通过版权输出的形式向全世界推介相关成果，这将有利于我国汽车行业的自主技术进行国际交流，提升我国汽车行业的国际影响力。

2. 技术的前沿性。本系列著作立足于我国自主品牌汽车企业的创新实践，在各自领域反映了我国汽车自主技术的前沿水平，是专家团队多年科研的结晶。

3. 立足于产学研的融合创新。本系列著作脱胎于"2011 协同创新平台"，这就决定了其具有"产学研融合"的特点。著作主题从工程问题中来，其成果已应用到整车级零部件设计和生产的实际中去，相关成果在进行理论梳理和技术提炼的同时，更突出体现在实践上的应用创新。

4. 服务目标明确。本系列著作不过分追求技术上的"高精尖"，而更注重服务于我国自主品牌汽车研发创新知识与技术体系的形成，对于相关行业的工程研究人员以及相关专业高层次人才的培养具有非常高的参考价值。

本系列著作若有不妥或具争议之处，愿与读者商榷。

《自主品牌汽车实践创新丛书》编委会
2021 年 9 月

前　言

　　镁合金因其丰富的资源、巨大的轻量化潜力和优异的功能特性受到越来越多的关注。全球探明的镁矿储量已超过 300 亿 t,可供开采千年以上;盐湖和海水中也有丰富的镁资源。镁的密度为 1.74 g/cm^3,是铝密度的 2/3、铁密度的 1/4,轻量化效果十分显著,是最有潜力的轻量化金属结构材料。此外,镁还表现出优异的阻尼特性、电磁屏蔽特性、生物兼容性和绿色能源特性,其中镁基储氢材料是储氢密度最高的金属材料之一,镁电池有望成为新一代高效安全环保电池。因此,镁合金在航空航天、交通运输、3C、建筑、医疗、能源等领域具有广阔的应用前景。

　　然而,镁合金因其具有密排六方(HCP)的晶体结构,在室温下只有 3 个滑移系能被激活,塑性变形能力差,因此室温塑性在很多场合不能满足要求。此外,镁合金塑性变形后容易生成基面织构,导致合金塑性进一步降低,成形性严重不足。为了推动镁合金的广泛应用,亟待开发高塑性镁合金和高成形性镁合金产品制造技术。近十多年来,重庆大学科研团队提出了高塑性镁合金设计新理论,开发了多种具有高塑性高强度的新型镁合金材料,在同步提高镁合金塑性和强度等方面取得了一些重要成果。本书是部分重要成果的总结,可为专家学者、研究生等开展新型镁合金研究和应用提供重要参考。

　　本书共由 6 章组成。第 1 章简要介绍了高塑性镁合金的特点及其发展现状、镁合金塑性的影响因素、镁合金塑性变形机制和镁合金塑性成形的表征。第 2 章介绍了镁合金固溶强化增塑的合金设计原理、固溶强化增塑的验证和设计理论的应用。后 4 章介绍了 4 种高塑性镁合金的合金设计和加工技术,分别是 Mg-Gd-Zr 超高塑性镁合金、Mg-Mn 系中等强度高塑性镁合金 Mg-Sn 系中等强度高塑性镁合金和 Mg-Gd-Y-ZnMn 高强高韧镁合金。

　　本书由我和蒋斌、王敬丰、胡耀波、罗素琴合作完成。借此机会,也对各章节成果做出贡献的其他研究人员表示衷心的感谢。他们是张丁非教授、汤爱涛教授、黄光胜教授、陈先华教授、彭建教授、佘加博士、董含武博士、曾迎博士、刘婷婷博士、俞正文博士、彭鹏博士、黄崧博士、刘世杰博士、黄秀虹博士、姚文辉博士、赵天硕博士和硕士生研究生邓娟、郑天旭、张超、马仕达等。在此,还要特别感谢宋江凤副教授对本书的校稿,以及重庆大学出版社的编辑和其他工作人员对本书编辑工作的支持。

　　本书介绍的"固溶强化增塑"合金设计原理目前也开始成功用于其他新材料的开发。其中,采用异质金属强化增塑的新型镁基复合材料的开发已取得了一些重要成果,相关工作将在另一本著作中介绍。

重庆大学

重庆,中国

目　录

第1章　概述/1

1.1　高塑性镁合金材料及加工技术的发展/1

1.1.1　Mg-Al 合金/3

1.1.2　Mg-Zn 合金/4

1.1.3　Mg-Mn 合金/6

1.1.4　Mg-RE 合金/9

1.1.5　Mg-Li 合金/11

1.1.6　Mg-Sn 合金/11

1.1.7　高塑性镁合金加工技术的发展/12

1.2　镁合金塑性的影响因素/16

1.2.1　晶粒尺寸/16

1.2.2　层错能/17

1.2.3　轴比/18

1.2.4　织构/20

1.3　镁合金塑性变形机制/21

1.3.1　滑移/21

1.3.2　孪生/24

1.3.3　晶界运动/27

1.4　镁合金塑性成形的表征/27

1.4.1　织构表征/28

1.4.2　静力拉伸测试/30

1.4.3　各向异性评定/31

1.4.4　杯突试验/32

第2章　镁合金的固溶强化增塑原理/44

2.1　"固溶强化增塑"合金设计理论的思路/44

2.2 "固溶强化增塑"合金设计的理论计算/45

　　2.2.1 合金元素对层错能的影响/46

　　2.2.2 合金元素对临界剪切应力(CRSS)的影响/51

　　2.2.3 修正的层错能与CRSS计算/63

2.3 "固溶强化增塑"合金设计理论的实验验证/66

2.4 "固溶强化增塑"合金设计理论的应用/69

第3章 Mg-Gd-Zr超高塑性镁合金/78

3.1 铸态Mg-Gd-Zr合金组织与性能/78

　　3.1.1 Gd含量对合金组织与性能的影响/78

　　3.1.2 Gd添加对铸态合金基体晶格参数的影响/80

3.2 固溶态Mg-Gd-Zr合金组织与性能/81

　　3.2.1 固溶温度对VK61合金组织与性能的影响/81

　　3.2.2 Gd含量对固溶态Mg-xGd-0.6Zr合金组织与性能的影响/83

3.3 挤压态Mg-Gd-Zr合金组织与性能/87

　　3.3.1 前处理对挤压态Mg-xGd-0.6Zr合金组织与性能的影响/87

　　3.3.2 Gd添加对挤压态合金晶格参数的影响/90

3.4 Mg-Gd-Zr合金高塑性机理/91

　　3.4.1 铸态和挤压态VK21合金组织与塑性/91

　　3.4.2 挤压工艺对VK21合金组织与塑性的影响/95

　　3.4.3 热处理对VK21合金组织与塑性的影响/101

第4章 Mg-Mn系中等强度高塑性镁合金/110

4.1 Mg-Mn系合金组织与性能/110

　　4.1.1 Mn对Mg-Mn系合金微观组织的影响/110

　　4.1.2 Mn对Mg-Mn系合金力学性能的影响/117

　　4.1.3 Mn对Mg-Mn系合金断口形貌的影响/120

4.2 Al对Mg-1Mn-Al系合金组织和性能的影响/120

　　4.2.1 Al对Mg-1Mn-Al系合金微观组织的影响/121

　　4.2.2 Al对Mg-1Mn-Al系合金室温力学性能的影响/125

　　4.2.3 断口形貌/127

　　4.2.4 微量Al对Mg-1Mn-Al合金微观组织的影响/128

　　4.2.5 微量Al对Mg-1Mn-Al合金力学性能的影响/136

4.3 Y对Mg-1Mn-Y系合金组织及性能的影响/140

4.3.1　Y 对 Mg-1Mn-Y 系合金微观组织的影响/140

4.3.2　Y 对 Mg-1Mn-Y 系合金力学性能的影响/141

4.3.3　断口形貌/143

4.4　Mg-Mn 系合金高塑性的机理及铝和钇的影响分析/144

4.4.1　Mg-Mn 系合金组织形成原因分析/144

4.4.2　Mg-Mn 系合金高塑性机理/147

4.4.3　合金化元素铝和钇的影响分析/148

第 5 章　Mg-Sn 系中等强度高塑性镁合金/155

5.1　挤压态 Mg-Sn 合金组织与性能/155

5.2　Mg-Al-Sn 相图及合金设计/160

5.2.1　相图的构建与验证/162

5.2.2　合金设计/169

5.3　Mg-Al-Sn-Mn 铸造合金组织与性能/171

5.3.1　Mg-Al-Sn-Mn 相组成与显微组织/171

5.3.2　铸造 Mg-Al-Sn-Mn 合金性能/179

5.3.3　Sn 对 AM 系合金组织与性能的影响/184

5.4　Mg-Al-Sn-Mn 变形合金组织与性能/188

5.4.1　Al 对 Mg-Al-Sn-Mn 变形合金组织与性能的影响/188

5.4.2　Sn 对 Mg-Al-Sn-Mn 变形合金组织与性能的影响/199

5.4.3　挤压温度对合金组织与性能的影响/202

5.5　Mg-Al-Sn-Mn 合金热变形参数及本构方程/208

5.5.1　ATM110 合金的热变形参数及本构方程/208

5.5.2　ATM130 合金的热变形参数及本构方程/212

5.5.3　ATM310 合金的热变形参数及本构方程/215

5.5.4　ATM330 合金的热变形参数及本构方程/217

第 6 章　Mg-Gd-Y-Zn-Mn 高强度高塑性镁合金/224

6.1　挤压变形对 Mg-Gd-Y-Zn-Mn 合金与性能的影响/224

6.1.1　铸态 Mg-Gd-Y-Zn-Mn 合金及其均匀化退火后的显微组织/224

6.1.2　挤压比对 Mg-Gd-Y-Zn-Mn 挤压棒材合金组织与性能的影响/226

6.1.3　Mg-Gd-Y-Zn-Mn 挤压板材合金的组织和力学性能/231

6.1.4　挤压态 Mg-Gd-Y-Zn-Mn 合金的时效处理/232

6.2　轧制变形对 Mg-Gd-Y-Zn-Mn 合金组织与性能的影响/235

6.2.1 均匀化退火态 Mg-Gd-Y-Zn-Mn 合金的轧制工艺参数探索/236

6.2.2 均匀化退火态 Mg-Gd-Y-Zn-Mn 合金的轧制变形及其组织和力学性能/241

6.2.3 铸态 Mg-Gd-Y-Zn-Mn 合金的"轧制＋固溶＋轧制"工艺及其组织和力学性能/245

6.3 Mg-Gd-Y-Zn-Mn 合金高塑性机理/254

6.3.1 长周期堆垛有序结构相的影响/254

6.3.2 LPSO 相与沉淀相的共同影响/260

6.3.3 Mn 元素的影响 261

第1章 概　述

1.1　高塑性镁合金材料及加工技术的发展

在金属结构材料中,塑性加工制品的比重占 70% 以上。与钢铁、铝合金变形产品一样,变形镁合金也是重要的基础结构材料。采用塑性成形工艺加工制备各种镁合金轻量化和功能化零部件,具有材料利用率高、产品外观和内在质量好等特点,用于汽车、轨道交通、3C 产品外壳、军工和航空航天、通用机械等装备构件可以产生很好的轻量化效果。但是,与钢铁和铝合金相比,镁因其密排六方晶体结构的固有属性,在室温时只有 3 个滑移系,由(0001)基面和基面上$[11\overline{2}0]$,$[\overline{2}110]$,$[1\overline{2}10]$ 3 个滑移方向组成,但沿$[\overline{2}110]$方向的滑移可由另外两个方向的滑移叠加而成,从晶体学角度看只有两个独立滑移系,这导致以下结果:其一,不满足 Von-Mises 准则(即多晶体材料均匀的塑性变形需要 5 个独立的滑移系),更远低于面心立方(奥氏体钢)和体心立方晶格(铝合金、铁素体钢)的 12 个独立滑移系,导致镁合金室温塑性变形能力较差。其二,两个独立滑移系均在同一个滑移面,且基面滑移临界剪切应力远远低于锥面和柱面,导致镁合金在后续变形加工过程中极易产生基面织构,均匀成形能力较差。以上两个原因促使镁合金塑性加工需要多次加热和退火,导致加工工序长,成品率低,综合成本较高,极大地阻碍了镁合金的大规模应用。因此,在近几年的新型镁合金研究开发中,人们已经开始重视通过合金设计和采用新工艺等方式,在保证强度的同时提高变形镁合金的加工塑性。

高塑性镁合金一般指延伸率大于 10% 的铸造镁合金和延伸率大于 15% 的变形镁合金,主要集中在 Mg-Al,Mg-Zn,Mg-Mn,Mg-RE,Mg-Li,Mg-Sn 等几个合金系中,其中 Mg-Al 系与 Mg-Zn 系是较为常用的合金系。目前,公开报道的高塑性镁合金和较高塑性镁合金的合金成分、工艺以及组织性能等方面的数据见表 1.1。

添加合金元素可以通过固溶和形成化合物来改变镁合金力学性能。镁合金中所生成的化合物,除镁锂等极少数合金系外一般均是脆硬相,会对塑性产生不利的影响。其危害程度取决于化合物的性质、结构、形态、大小、数量和分布。数量越多,颗粒越大,对塑性的损害就越大。其形态的影响是:表面光滑的球形损害最小,表面的棱角越尖锐,越容易在该处产生裂纹,危害越大;颗粒状、条状要比板状、片状的危害小。而晶间呈网状分布时对塑性影响最大。因此,从提高材料塑性的角度来看,镁合金中的化合物数量要少,尺寸越小越好,分布越均匀越好,特别是不能呈连续网状分布。如果合金中存在的化合物或单质是塑性较好的第二相,则可提高镁合金的塑性。

表 1.1　高塑性镁合金和较高塑性镁合金的牌号、工艺状态、组织及室温力学性能

成分或牌号	工艺状态	组织	R_m /MPa	$R_p0.2$ /MPa	A /%
AZ31	挤压 T4,板厚 0.95 mm	α	254.3	157.6	16.68
	晶粒尺寸 17.3 μm	α	275	152	22.0
AZ61 + 1.0Ce	退火态	α + β	—	166.88	16.5
AZ61	晶粒尺寸 9.9 μm	α + β	320	175	19.8
AZ81A	T4	α	275	83	15
AZ91D	T4	α	275	90	15
	T6	α + β	275	145	6
AZ91	晶粒尺寸 9.9 μm	α + β	395	225	18.2
AM20	压铸	α + β + $MnAl_4$/$MnAl_6$	210	90	20
AM50A	压铸	α + β + $MnAl_4$/$MnAl_6$	230	125	15
AM60A,AM60B	压铸	α + β + $MnAl_4$/$MnAl_6$	240	130	13
AE41	压铸	α + β + $Mg_{12}Ce$	234	103	15
AE42	压铸	α + β + $Mg_{12}Ce$	244	110	17
AS21	压铸	α + β + Mg_2Si	220	120	13
AS41A,AS41B	压铸	α + β + Mg_2Si	240	140	15
ZK60	挤压比 16	α + MgZn	351	—	17.2
ZK60 + 0.94Y	挤压比 16	α + MgZn	386.5	—	15
ZC62	压铸	α + MgZn	227	119	11.0
ZC62	T5	α + MgZn	237	138	9.5
WE43A	T5	α + β + Mg_9Nd	195	270	15
	T6	α + β + Mg_9Nd	160	260	15
WE43A + 0.42Zr	T6	α + β + Mg_9Nd	253	—	25

成分或牌号	工艺状态	组织	R_m /MPa	$R_p0.2$ /MPa	A /%
Mg-Nd-Zr	挤压	$\alpha + Mg_9Nd$	204	132	27.0
	挤压,T5	$\alpha + Mg_9Nd$	238	142	24.5
	挤压,T6	$\alpha + Mg_9Nd$	249	102	20.6
K1A	F	α	180	55	19
MB8	退火	$\alpha + \beta(Mn)$	250	170	18
Mg-4Li-1Al	铸态	α 基	157	—	17
Mg-8Li-1Al	铸态	$\alpha + \beta$ 基	131	—	35
Mg-8.7Li	棒材,350 ℃挤压	$\alpha + \beta$ 基	132	93	52
Mg-10.6Li-1.57Al	板材,T6	β 基	117	100	40
Mg-10.8Li- 3.44Al-4.96Zn	轧制态	β 基	267	200	29
	轧制、退火态	β 基	273	207	15
LA141	板带,T7	β 基	145	125	23
	铸态	β 基	122	85	17

1.1.1　Mg-Al 合金

　　Mg-Al 系合金一般属于中等强度、较高塑性的变形镁合金,具有较好的耐腐蚀性,价格较低,是最常用的合金系。在 Mg-Al 系合金中,部分 AZ,AM,AE 合金属于高塑性镁合金,具体见表 1.1。例如,AZ 系镁合金中的 AZ31、AZ61 具有良好的塑性、强度和耐腐蚀性等综合力学性能,AZ31 和 AZ61 的延伸率能达到 19% 以上。

　　常用 Mg-Al 合金含 Al 量低于 10%,在常规冷却速度下,由于非平衡结晶,室温铸态组织为 $\alpha(Mg) + \beta(Mg_{17}Al_{12})$,$\beta$ 相随含 Al 量的增加而增多。添加微合金元素,能改善 β-$Mg_{17}Al_{12}$ 相的形貌、数量、大小、分布、取向等,并生成高熔点、高热稳定性的第二相,同时细化 $\alpha(Mg)$ 基体晶粒,使合金的综合力学性能提高。Ca,Ti,Bi,Sb,Sn,Sr 和稀土(RE)是常用微合金元素。合金凝固时,微合金元素将在固液界面富集,阻碍晶粒和 β-$Mg_{17}Al_{12}$ 相长大、细化 α 基体晶粒。同时,部分合金元素与 Mg 生成化合物第二相,弱化 Mg 与 Al 的结合、降低 β-$Mg_{17}Al_{12}$ 数量、改善其分布状态;合金元素加入后形成的 Al_2Ca,Mg_3Bi_2,Mg_3Sb_2,Al-RE 相等高熔点化合物相,加入量较少时大多以针状和颗粒状分布,能提高合金的高温性能。合金元素还可固溶于 β-$Mg_{17}Al_{12}$ 相中提高其热稳定性。但合金元素过量时,生成的第二相化合物过多,形成网状分布,也可能降低合金的力学性能。合金元素以少量、多种的复合方式添加到 Mg-Al 系合金中,强度和塑性往往同时得到提升,比单独添加的效果要好。在含Al 量小于10%时,随着含 Al 量的增加,铸态合金经固溶处理,β-$Mg_{17}Al_{12}$ 相可全部溶入 α-Mg 基体中,减少其对 α-Mg 基体的割裂作用,显著提高合金的塑性。例如,固溶能使 AZ91D-0.41Sm 合金的塑性提高50%,延伸率达到14.5%,Mg-6Al-Zn-0.9Y-1.8Gd合金在 254.8 MPa 强度下延伸率能达到22.3%。

AM 系列镁合金具有优良的韧性,用于经受冲击载荷、安全性要求高的场合。AM20 压铸态下延伸率可达20%,AM50 和 AM60 压铸态延伸率可达到15%,均属于高塑性镁合金。对于 Mg-Al-Mn 三元镁合金,当含 Mn 量小于1%时,室温状态组织为 α(Mg)+β($Mg_{17}Al_{12}$)+ MnAl,随着含 Mn 量的增加,组织中将出现脆性的 β-Mn相,使塑性降低。与 AZ 系镁合金不同,固溶后的 AM 系列镁合金塑性没有明显提高,时效处理能使固溶态合金的塑性有较大提高。适量 Sr、Nd、Ce 等合金元素,可以细化 AM 系镁合金晶粒,改善合金的微观结构及力学性能。AM50 合金中添加0.5%的 Sr 后,抗拉强度为 233 MPa,伸长率可达16.3%;1.5%的 Ce 能将伸长率提高到20%。在 AM60 合金中,添加4%的 Nd 后伸长率可提高到18%,Ti、Sc 等元素无助于塑性的提升。复合添加方法所需合金元素的量较少,性能也有一定的优势,如 AM60-1.6RE-0.15B 合金的伸长率达到18%,但复合添加 Sr 或 Ce 对含 Nd 的AM60 合金的塑性提高有限。AM60 合金添加0.05%的碳纤维后,抗拉强度达到242.4 MPa,伸长率仍保持13.2%的较高水平。

AE 系镁合金具有较好的抗蠕变和耐热性能,其中有些合金塑性亦较好。加入1%~2%的混合稀土可以显著提高 Mg-Al 合金的抗蠕变性能,Al 含量低于4%时效果更好,但过多的 RE 能显著降低流动性,难以铸造成型。因此,在前期开发的 AE 系列镁合金中,Al、RE 含量分别为2%~4%、1%~2%,如 AE41、AE42、AE21 等,其中,AE42 合金具有优良的综合性能,其铸态延伸率能达到17%,属于高塑性镁合金。Al 含量大于4%时,可通过添加 Ca、Sm、Sb 等元素来提高综合力学性能。AE 系镁合金的强化主要来源于两个方面:一是 RE 与 Al 发生共晶反应生成 $Al_{11}RE_3$ 等熔点较高的 Al-RE 二元相,减少低熔点相 $Mg_{17}Al_{12}$,改变相分布;二是固溶于镁基体的 RE 原子阻碍晶内的位错运动和原子扩散,有效钉扎晶界滑移和位错运动,提高合金强度。由于含有高熔点的 Al-RE 相,热处理态 AE 系镁合金往往有不错的综合力学性能。例如,固溶时效后 AE51-0.5Sb 和 AE51-0.8Ca 合金抗拉强度将分别达到 241 MPa 和 232 MPa,延伸率达到11%~12%;固溶加时效后的 AE51-1.0Sm 合金,抗拉强度和伸长率分别提高到 244 MPa 和 15.6%。

1.1.2　Mg-Zn 合金

Mg-Zn 系镁合金中,ZK60 是工业变形镁合金中综合性能最好、应用较广泛的结构材料,ZK60 除具有较高的强度外,塑性也较好,挤压态合金延伸率超过 17%。

在 Mg-Zn 系合金中,Zn 的加入不仅可以起到固溶强化作用,还可增加塑性。在 Mg-Zn 合金中添加适量稀土、锆等合金元素不仅可细化晶粒,而且对提高塑性也较为有益。Mg-Zn 系合金一般添加 0.5% 以上的 Zr,Zr 在凝固过程中可以作为形核核心,增大形核率,从而细化合金铸态组织,改善合金力学性能,塑性也明显提高,具体见表 1.2。

Mg-Zn 系合金中添加的稀土元素主要有 Y,Nd,Gd,Ce,La 等,稀土元素可净化 Mg-Zn 合金熔体、改善组织,从而提高室温力学性能,见表 1.2。与 Mg-Al 系合金相比,Mg-Zn 系镁合金具有较高的强度,铸态延伸率为 7% ~ 12%,添加一定含量稀土和塑性变形后,延伸率能大于 20%。

表 1.2 高塑性 Mg-Zn 系稀土镁合金工艺状态与力学性能

合金成分	工艺状态	$\sigma_{0.2}$/MPa	σ_b/MPa	δ/%
Mg-4.5Zn-2Gd	时效	215	121	6.43
Mg-4.5Zn-2Nd	退火态	228	79	11.8
Mg-3.5Zn-1.0Gd	铸态	171	81	6.7
Mg-4.3Zn-0.7Y	热轧态	370	220	19.7
Mg-4.3Zn-0.7Y-0.2Zr	热轧态	325	180	23.5
Mg-5Zn-2Nd-0.5Y-0.6Zr	铸态	210	100	9
Mg-5Zn-2Nd-1Y-0.6Zr	铸态	220	105	12
Mg-1.73Zn-1.54Y	挤压态	268	214	27
Mg-4Zn-0.6Y	热轧态	300	—	25
Mg-3.9Zn-0.7Zr-1.7Ce	铸态	230		5
Mg-3.9Zn-0.7Zr-1.7Ce	挤压态	375	—	8
Mg-5Zn-3Gd-0.6Zr	铸态	200	100	5.8
Mg-5Zn-3Gd-0.6Zr	T4	230	109	10.5
Mg-5Zn-0.6Zr-Nd	铸态	195	100	7
Mg-5Zn-0.6Zr-2Nd	铸态	135	95	3
Mg-4.5Zn-0.9La	铸态	154	—	8.3

在 Mg-Zn-Zr 合金中添加稀土后,在铸造组织中出现 Mg-Zn-RE 化合物,以分离共晶分布于晶界,在一定范围内提高了稀土含量,共晶数量增多,便能大大改善合金铸造性。在 Mg-Zn-Zr 系合金中 Nd 的添加量 ≥0.8% 时,合金塑性得到了较大提高

且强度得到了一定改善。Nd 的添加量为 1% 时合金力学性能最佳,强度和伸长率都达到最大值,其中延伸率达到 11.8%。随着 Nd 含量进一步增加,合金中 Mg-Zn-Nd 三元相含量增加并呈连续网状分布,不利于合金塑性的提高,使伸长率下降。

对于 Mg-Zn 二元合金添加稀土元素研究最多的是 Y 元素。Mg-Zn-Y 三元系中主要有 3 种合金相,包括长周期结构 X 相-$Mg_{12}YZn$、立方结构 W 相-$Mg_3Zn_3Y_2$ 和十二面体准晶 I 相-Mg_3Zn_6Y。合金中第二相的形成种类依赖于 Y/Zn 摩尔比,X 相、W 相和 I 相随着 Y/Zn 摩尔比的降低依次析出。与相组成对应的摩尔比或摩尔比范围描述如下:当 Y/Zn 摩尔比约为 0.164 时,相组成为 α-Mg + I;当 Y/Zn 摩尔比为 0.164 ~ 0.33 时,相组成为 α-Mg + I + W;当 Y/Zn 摩尔比约为 0.33 时,相组成为 α-Mg + W;当 Y/Zn 摩尔比为 0.33 ~ 1.32 时,相组成为 α-Mg + W + X;当 Y/Zn 摩尔比约为 1.32 时,相组成为 α-Mg + X。少量的 I 相能够促进动态再结晶的发生,从而细化镁基体,提高材料的塑性;长周期结构 X 相具有容纳塑性变形从而协调变形的能力,对合金塑性的提高具有积极的影响;而大量的 W 相会降低合金的强度和塑性,对合金产生不利影响。例如,X 相在显著提高 ZK20 挤压态合金的抗拉强度和屈服强度的同时,并未明显破坏合金的塑性。随着 X 相含量的增加,挤压态 ZK40 + 11.67Y 合金的抗拉强度(408 MPa)、屈服强度(300 MPa)显著高于挤压态 ZK20 + 3.67Y 合金的抗拉强度和屈服强度,其延伸率虽然降为 7.5%,但是仍然高于 5%。

在 Mg-Zn 系合金添加不同含量的 Gd,合金中的第二相依次从 I 相 + Mg_7Zn_3 相、I 相到 I 相 + W 相转变,二次枝晶臂间距明显减小,晶粒细化,晶间组织形态也由颗粒状、细线状向封闭的网状转变;当保持 $x(Zn)/x(Gd) = 5.8$ 不变时,合金第二相的组成不变,枝晶相分布更加细密,第二相也随之增多。当 Zn 含量不变时,随着 Gd 含量的增加,合金的抗拉强度和伸长率均增加,但屈服强度先升高后降低;同比例增加 Zn,Gd 元素的含量,使合金的强度升高,延伸率降低。当合金成分为 Mg 95.5Zn 3.5Gd1.0 时,合金强度和塑性综合性能最好,延伸率达到最大值,为 6.7%。添加 2% Gd 后,合金的力学性能达到最佳,抗拉强度达到 215 MPa,延伸率达到 6.43%。但随着 Gd 含量的增加,由于 $Mg_3Gd_2Zn_3$ 含量的增加使晶粒逐渐粗化,导致强度和塑性都下降。

在 Mg-4.5Zn 合金中加入不同含量 La(0.3wt.%,0.6wt.%,0.9wt.%),随着 La 含量的增加,合金铸态晶粒细化,强度和塑性均有提高,La 含量为 0.9% 时合金伸长率达到 8.3%。这是由于 La 元素在 Mg-Zn 系合金中以高熔点 $Mg_{12}La$ 为强化相,其具有高的热稳定性且难溶于 α-Mg 固熔体,主要分布于晶界处,对晶粒长大有一定的抑制和钉扎作用。

1.1.3　Mg-Mn 合金

Mg-Mn 系合金具有良好的耐蚀性、焊接性和塑性,但强度较低,可用来制造承力不大、但耐蚀性要求高及焊接性好的零件。Mg-Mn 系合金具有包晶反应,且锰镁间不能形成化合物。在 Mg-Mn 合金中加入少量的稀土,能细化晶粒和净化晶界,使合金塑性进一步提高。典型的 Mg-(1.5~2.5)Mn-0.4Ce 属于变形镁合金,经适当热处理后,强度能达 250 MPa,延伸率大于 20%,可用于生产板材、棒材、型材和锻件,应用前景非常广泛。

Mg-Mn 合金的研究可以追溯到 20 世纪 60 年代。合金经过时效热处理后,合金中析出短棒状 α-Mn 相,该析出相与镁基体之间的位相关系为:$\{111\}_{Mn}//(0002)_{Mg}$,$\{1\overline{1}0\}_{Mn}//\{10\overline{1}0\}_{Mg}$,$\{111\}_{Mn}//\{2\overline{1}\overline{1}0\}_{Mg}$,$\{110\}_{Mn}//\{0001\}_{Mg}$,该析出相主要是沿着平行于或者垂直于镁基体晶粒的基面方向析出,有时也可析出多边形 α-Mn 颗粒,既不平行于镁基体晶粒的基面析出,也不垂直于合金晶粒的基面,与镁基体的位相关系较为随机,没有固定的惯析面。平行于合金基面析出的第二相对镁合金强度提高的影响不大,Mg-Mn 系合金不是理想的可热处理合金体系。

镁合金中添加了元素 Mn 后,合金的耐腐蚀性能显著改善。当合金中 Fe 和 Mn含量的比例约为 0.02 时,合金的耐腐蚀性能显著提高。AZ 系合金中一般要添加0.3~0.5wt.% 的 Mn,以改善合金的耐腐蚀性能。Mn 添加对镁合金高温蠕变性能有显著影响,合金中大量析出的 Mn 单质颗粒显著阻碍了合金中位错的运动,也显著提高了合金的蠕变抗力。

一般情况下,Mn 细化铸造镁合金微观组织的作用不理想,对铸造合金室温性能提高不大,Mg-Mn 二元合金在经过变形后,合金的晶粒较为粗大,合金室温屈服强度和塑性均较低。表 1.3 为 Mg-Mn 二元合金在不同变形工艺后的室温力学性能。

表 1.3 Mg-Mn 合金在不同变形工艺后的室温力学性能

合金	挤压比	挤压速度 /(m·min^{-1})	挤压温度 /K	屈服强度 /MPa	抗拉强度 /MPa	延伸率 /%	平均晶粒尺寸/μm
Mg-0.99Mn	30	10	573	189	261	5.3	70
Mg-0.99Mn	30	1	573	183	243	6.1	8
Mg-0.90Mn	7	—	623	142	215	2.9	85
Mg-1.62Mn	30		648	~210	~270	7.0	23

在 Mg-Mn 合金中添加一定量的合金化元素,如 Al,Ca,Ce,Gd,Nd 等元素,有利于提高合金的室温屈服强度以及塑性。添加 Al 元素对 Mg-1Mn 合金的组织与性能有重要影响,随着 Al 元素含量增加,挤压态合金发生完全再结晶,微观组织显著细化,基面织构显著弱化,室温力学性能有效改善。在 Mg-1.3Mn 中添加元素 Ca 后合金再结晶完全,且再结晶晶粒尺寸随着 Ca 元素含量的增加而显著减小,同时,当合金中 Ca 含量高于 0.5wt.% 时,合金的基面织构显著弱化,其晶粒取向趋向于晶粒的

$<11\bar{2}1>$ 平行于挤压方向,合金在外力作用下有利于基面滑移的产生,但合金的室温屈服强度和拉伸延伸率均较低。添加少量的稀土元素 Ce 和 La 至 Mg-1.62Mn 合金后(ME10 合金),合金的微观组织显著细化,基面织构明显弱化。和 Ca 元素一样,添加了稀土元素 Ce 和 La 后,合金的晶粒取向趋向于晶粒的 $<11\bar{2}1>$ 平行于挤压方向,合金的室温塑性显著改善(~20%),但屈服强度较低,约为 130 MPa。因此,添加 Ca,Ce,La 等元素至 Mg-Mn 合金中,将显著弱化合金的基面织构,且合金晶粒的取向分布趋向于晶粒的 $<11\bar{2}1>$ 平行于挤压方向,即所谓的"稀土织构",有利于合金基面滑移系的启动,进而改善合金的室温塑性,但同时降低了合金的屈服强度。

Mg-1Mn 合金中添加元素 Sr 而析出的 $Mg_{17}Sr_2$ 相在合金变形过程中可充当合金再结晶晶粒的异质形核核心,有利于诱导合金完全再结晶。同时,随着合金中元素 Sr 含量的增加,合金中析出第二相的数量明显增多,合金的再结晶度显著提高,且再结晶晶粒的大小也显著减小,将有利于合金室温性能的改善。当合金中 Sr 元素的含量达到 2.1wt.% 后,合金的屈服强度和抗拉极限显著增强,但室温塑性明显降低,其屈服强度、抗拉强度和塑性分别为 ~210 MPa, ~250 MPa 和 ~4%。此外,挤压温度和挤压速度对 Mg-1Mn-1.3Sr 和 Mg-1Mn-2.1Sr 合金织构影响较大,在 300 ℃,1 m/min 挤压后,合金的晶粒取向呈现出较强的基面织构取向,且合金未完全再结晶。随着挤压温度的升高以及挤压速度的增加,合金的基面织构显著弱化,其晶粒取向较为随机,且再结晶完全,有利于合金室温性能改善。

Mg-1Mn 合金中添加 1.0wt.% Nd 并在 300 ℃ 挤压变形后,其晶粒显著细化,但随着挤压速度提高而显著增大。由于 $Mg_{41}Nd_5$ 析出相的粒子激发形核效应(PSN),合金的基面织构显著弱化,其晶粒取向较为随机,有利于合金室温塑性的改善。因此,Mg-1Mn-1Nd 合金经挤压变形后具有十分优异的室温塑性,且随着稀土元素 Nd 含量的增加,合金的基面织构显著弱化,导致合金的室温塑性显著提高。

Mg-2Mn-1Ce 合金的组织及性能研究表明,随着挤压温度升高,合金再结晶程度增加,且合金的基面织构显著弱化,其晶粒趋向于 $<11\bar{2}2>$ 和 $<20\bar{2}1>$ 取向分布,其基面滑移系的开动相对容易,进而提高了合金的室温塑性。合金再结晶行为主要是 $Mg_{12}Ce$ 析出相在合金变形过程中的粒子激发形核效应所导致的,而合金中大量析出的 Mn 单质颗粒由于其动态析出的尺寸较小,还不能充当合金再结晶晶粒的异质形核核心,诱导合金再结晶晶粒的形核长大。

重庆大学和燕山大学等开展了 Mg-Mn 合金的相关研究工作。重庆大学张静等研究了 Mg-Mn 合金中第二相 Mn 颗粒在合金热变形过程中的再结晶行为。Mn 元素在 Mg-Mn 合金中的固溶强化效果不明显,但析出的较为粗大的 Mn 单质颗粒在合金热变形过程中能够充当再结晶晶粒的异质形核核心,有利于诱导再结晶晶粒的形核长大,弱化合金晶粒的基面织构取向,将有利于合金室温塑性的改善。

燕山大学彭秋明等研究了元素 Sn 和 Ce 对 Mg-Mn 合金组织及性能的影响,随着 Sn 含量增加,合金中 Mg_2Sn 析出相的数量明显增多,细化合金微观组织,提高合金强度。添加稀土元素 Ce 后,合金基面织构明显弱化,尽管合金屈服强度明显减低,但塑性有所改善。

重庆大学王敬丰等研究了 Mg-Mn 合金的阻尼性能,Mg-0.44% Mn 合金中大量析出的第二相 Mn 颗粒有效阻碍了合金中位错运动,提高了合金阻尼性能。但随着 Mn 含量增加,合金中析出的第二相 Mn 颗粒较为粗大,不利于合金阻尼性能的改善。

重庆大学潘复生团队近年来对 Mg-Mn 合金做了大量的研究工作,采用提出的"固溶强化增塑"的合金设计理论,配合含锰第二相对再结晶的控制,发展了一批延伸率高于 30% 的 Mg-Mn 系高塑性镁合金。详细内容将在后面的章节中进行介绍。

1.1.4　Mg-RE 合金

镁合金中加入 RE 元素可以显著提高合金强度、塑性、耐热和耐腐蚀等性能。Y 和 Gd 是变形镁合金中最常见的两种稀土元素,Y 和 Gd 在 Mg 中的最大固溶度分别为 12.4wt.% ,23.5wt.% ,当它们固溶在镁基体中时能有效降低镁晶格轴比,显著提高合金塑性。例如,Mg-Y-Nd-Zr 合金经挤压变形和热处理后的延伸率大于 20% ,而 Mg-Gd-Zr 合金经挤压变形和热处理后的延伸率可超过 40% (将在第 3 章中详细介绍)。

Mg-Gd-Y-Zr 镁合金是近年来研究较多的 Mg-Gd 系合金,表 1.4 为 Mg-9Gd-4Y-0.6Zr 合金在不同热处理和变形工艺下的室温力学性能。可以看出,无论铸态还是挤压态该合金的延伸率均在 6% 以下,但挤压后预变形再经过 T5 时效处理,该合金的强度塑性同时提高,延伸率最高可达 26% 。

表 1.5 为多种 Mg-Gd 系镁合金的力学性能。可以看到,Mg-xGd-0.6Zr 合金塑性很高,均在 30% 以上,已有研究表明其塑性大幅度提高的机理主要是 Gd 元素固溶强化增塑和细化晶粒(将在第 3 章详细介绍)。

表 1.4　Mg-9Gd-4Y-0.6Zr 合金处于不同状态下的室温力学性能

状态	抗拉强度/MPa	屈服强度/MPa	延伸率/%
As-Cast	256	209	2.3
Cast-T4	228	177	4.6
Cast-T5	301	262	2.1
Cast-T6	327	279	3.3
As-extruded	312	274	4.8

续表

状态	抗拉强度/MPa	屈服强度/MPa	延伸率/%
Ext-T4	238	187	5.7
Ext-T5	370	319	4
Ext-T6	347	293	5.2
Ext + 0% pre-def	295	186	26
Ext + 4% pre-def	298	265	20.4
Ext + 8% pre-def	310	295	15
Ext + 12% pre-def	312	305	12.7
Ext + 0% pre-def + T5	335	225	16
Ext + 4% pre-def + T5	395	330	14.5
Ext + 8% pre-def + T5	410	365	12.8
Ext + 12% pre-def + T5	405	350	8

表 1.5　近年国内外设计研究出的 Mg-Gd 系合金时效后所报道的力学性能统计

合金	抗拉强度/MPa	屈服强度/MPa	延伸率/%	状态
Mg-7Gd-xY(x = 0 ~ 5%)	145 ~ 258	81 ~ 167	5.2 ~ 8.4	T6
Mg-13.5Gd-0.4Zr	298	231	17.1	Ext + T5
Mg-8Gd-xZn-0.4Zr (x = 0 ~ 3%)	253 ~ 314	171 ~ 217	11 ~ 17	Ext + T5
Mg-7Gd-4Y-0.6Zr	342	291	6.1	Ext + T5
Mg-9Gd-4Y-0.6Zr	370	319	4	Ext + T5
Mg-12Gd-3Y-0.4Zr	457.6	342.8	3.8	Ext + T5
Mg-15Gd-5Y-0.5Zr	276.9	254	0.5	T6
Mg-8.31Gd-1.12Dy-0.38Zr	355	261	3.8	T6
Mg-9Gd-4Y-0.65Mn	336	310	11.2	Ext + T6
Mg-18.6Gd-1.9Ag-0.24Zr	383.5	291	1.17	T6
Mg-9Gd-3Y-0.6Zn-0.5Zr	430	375	9.5	Ext + T5
Mg-12Gd-4Y-2Nd-0.3Zn-0.6Zr	310	280	2.8	T6
Mg-2Gd-0.6Zr	206	150	36.8	Ext
Mg-4Gd-0.6Zr	207	145	43.4	Ext

续表

合金	抗拉强度/MPa	屈服强度/MPa	延伸率/%	状态
Mg-6Gd-0.6Zr	237	168	33.4	Ext
Mg-6Gd-0.6Zr	243	175	31.7	Ext + T5

1.1.5　Mg-Li 合金

锂(Li)是密度最小的金属,Mg-Li 合金是密度低于纯镁的唯一镁合金,也是目前工程应用中最轻的金属结构材料。镁中 Li 含量小于 5.3wt.% 时,Li 固溶于合金中只形成密排六方结构 α-Mg 相,该相的晶格 c/a 轴比降低,同时在基面滑移系{0001}<11$\bar{2}$0>之外增加一个棱柱面滑移系{10$\bar{1}$0}<11$\bar{2}$0>,使镁合金出现<$c+a$>锥面滑移,合金延展性提高、塑性成形能力增强。镁中 Li 含量高于 5.3wt.% 时,合金中出现体心立方结构的 Li 基固溶体相(β-Li 相),此时合金中 α-Mg 相和 β-Li 相两相共存。当 Li 含量大于 10.7wt.% 时,合金中的 α-Mg 相消失,完全转变为只有 BCC 结构 β-Li 相的合金,其塑性远大于普通镁合金,在室温下就可塑性成形。

Mg-Li 合金具有好的塑性,即使在 -269 ℃ 极低温度下仍有较好的延展性。在常规 AZ31 镁合金中添加 1~5wt.% Li 元素后,挤压板材的基面织构强度得到明显弱化,同时基面极轴也发生了明显的偏转,使合金的各向异性及延伸率均明显改善。双相 Mg-Li 合金的塑性变形能力优于只含有 α-Mg 相或者 β-Li 相的单相 Mg-Li 合金,如 Mg-8~9Li 合金的室温延伸率能大于 50%。Mg-9Li-1Y 合金板材厚度降到 0.6 mm时,其 Erichsen 杯突值、极限拉伸系数和成形极限的最大值分别为 9 mm、2.15 和80%,表现出很好的塑性成形能力。

双相 Mg-Li 合金具有很好的超塑性,等径角挤出(equal channel angle extrusion, ECAE)的双相 Mg-Li 合金可以在 473 K 下得到高达 1 780% 的超高塑性。合金化可以降低获得 Mg-Li 合金超塑性的难度,较低含量的 Y 能大幅度提高 Mg-8.5Li 双相合金的塑性,而无须进行 ECAE 等复杂加工。例如,在温度 350 ℃、拉伸应变速率 2×10^{-4} s^{-1} 时,Mg-8.5Li 的最大伸长率为 590%,Mg-8.5Li-Y 在较高的速率(4×10^{-3} s^{-1})下就可以表现出超塑性,且最大伸长率可达390%。

1.1.6　Mg-Sn 合金

Mg-Sn 合金的研究历史较长,可追溯到 20 世纪 60 年代。室温下 Sn 元素在镁中的固溶度较低,但在高温下最大固溶度可达到 14.8wt.%,经时效处理可析出 Mg_2Sn。Mg_2Sn 析出相与基体的位向关系随着时效温度的升高而改变,130~200 ℃ 时效时 Mg_2Sn 与基体的位向关系为 $(111)_p//(0001)_m$,200~250 ℃ 时效时 Mg_2Sn 与基体的位向关系为$(110)_p//(0001)_m$，Mg_2Sn析出相平行于镁基体基面，对镁合金强度提升不明显。

添加 Zn 元素对 Mg-Sn 合金组织和性能有较大影响，在 170 ℃和 60 MPa 条件下合金几乎处于蠕变稳定阶段，其蠕变速率几乎为零，显著提高了合金的高温蠕变性能。Zn 的加入还可改变 Mg_2Sn 析出相与镁基体之间的位向关系，在 Mg-9.8Sn 合金中添加 Zn 元素后，Mg_2Sn 析出相与镁基体的位向关系从平行于基面变为$(101)_p//$ $(0001)_m$，$<111>_p//<11\bar{2}0>_m$，因此合金的时效强化能力显著提高，添加 1wt.% 的 Zn 可使合金峰值时效硬度增加到原来的 3 倍。

在 Mg-9.8Sn 合金中复合添加 1% Al 和 0.5% Zn，合金抗拉强度 354 MPa、屈服强度 308 MPa、延伸率为 12%，且可在较低温度（250 ℃）下进行挤压加工。尽管该合金的 Mg_2Sn 相与基面平行，但较多的 Sn 元素与微合金化元素 Al,Zn 的协同作用，有利于降低镁基体层错能，使合金强度提高、塑性改善。适当降低 Sn 含量至 8%，可优化合金强度与塑性匹配，获得更高的塑性。例如 Mg-8Sn-Al-Zn 在 250 ℃下挤压后的合金抗拉强度、屈服强度与延伸率分别为 310 MPa，250 MPa，18.5%。进一步降低 Sn 含量制备的 Mg-3Sn-Al 合金，其抗拉强度为 200 ~ 300 MPa，轧制变形量可达 80%、单次压下量最高可以达到 50%，为高塑性变形镁合金的开发提供了可能性。

重庆大学潘复生团队近年来对含 Sn 变形镁合金做了大量工作，采用提出的"固溶强化增塑"的合金设计理论，配合 Mg_2Sn 第二相控制，发展了一批延伸率高于 20% 的含 Sn 高塑性镁合金。详细内容将后面的章节中进行介绍。

1.1.7　高塑性镁合金加工技术的发展

变形加工镁合金产品在强度、塑性、性能可靠性等方面都显著优于铸造产品，提高塑性是变形镁合金开发的重要工作。除了发展高塑性镁合金，发展提高镁合金塑性的加工技术也是重要手段。由于镁合金板材常常需要进行冲压、拉深、弯折等二次加工，因此需要较高的塑性和成形性。近年来，针对镁合金高塑性加工技术的工作主要集中在镁合金板带材加工工艺的优化和改善等方面。改善镁合金板材各向异性和提高成形性能，已成为镁合金高塑性加工技术的研究热点，并在镁合金板材制备工艺、织构优化控制等方面取得了很大进展。

镁合金板材制备工艺以热轧开坯轧制为主，近几年随着镁合金材料的发展和应用，逐步开发出了连续铸轧开坯轧制、挤压开坯等加工技术。热轧开坯轧制可制备出各种厚度的镁合金板材，是镁合金板材制备的常用工艺。为了得到镁合金薄板，首先需要通过热轧工艺将铸锭轧制成为 8 ~ 10 mm 厚的镁合金板坯，然后经过多道次热轧和中间退火，可得到 1 ~ 3 mm 厚的镁合金板材。热轧开坯轧制工艺工序长，成品率不高，导致镁合金板材成本较高。近几年提出了高温大压下量轧制、侧向预压下轧制等新工艺,可在一定程度上降低成本和缩短流程,但不适合制备 1～3 mm 厚 AZ31 镁合金薄板。

连续铸轧开坯轧制是采用连续铸轧机组从镁合金熔体直接制备出厚度为 3～8 mm 的镁合金薄板坯,然后经在线热轧或传统热轧工艺获得 1～3 mm 厚的镁合金板材。镁合金板坯连续铸轧是近十年发展起来的新型技术,来自德国、澳大利亚、土耳其、韩国、日本等国的科研机构均在开展这项工作。东北大学、重庆大学、中南大学、南昌大学等高校正在开展关键技术研发,洛阳铜加工厂、山西闻喜银光、福建华镁等企业正在开展产业化工作。与热轧开坯工艺相比,连续铸轧工艺缩短了镁合金板材加工流程,而且还可在线获得成卷镁合金板坯,但镁合金板材存在的基面织构问题并没有得到有效解决,而且连续铸轧板坯具有较为显著的凝固组织特征,在后续轧制减薄过程中,累积压下量较低,对板材组织质量的改善和提升效果有限,目前还处于发展之中。

挤压开坯是利用挤压机和成形模具,将镁合金铸锭通过对称结构模具挤压成具有一定宽度的镁合金板材,所得板材的规格依挤压机的吨位有所不同,通常为 100～500 mm 宽、1～4 mm 厚。镁合金铸锭在挤压筒内经三向压应力的作用,通过挤压模具得到镁合金板材。由于挤压过程的可连续性,可根据需要挤压得到成卷镁合金板材。相对热轧开坯工艺,挤压开坯制备镁合金板材可显著缩短镁合金板材加工工序。采用该工艺,镁合金挤压板材的总体制备成本与热轧开坯轧制相比显著降低,而且基面结构有所弱化。但基面织构较强问题仍然没有得到根本解决,板材的后续加工(如冲压等)难度较大。

最近几年,诸多新工艺和新方法被用于镁合金板材织构控制,包括预变形工艺、异步轧制工艺、单向弯曲工艺和等通道轧制等。这些工艺就是在镁合金板材中引入非均匀应变,以改善镁合金板材的基面织构。它们正处于积极发展阶段,取得了若干进展,都能在不同程度上改善镁合金板材的基面织构。

上述常用镁合金板材加工工艺属于对称变形和均匀应变,极易形成强烈(0002)基面织构。尽管异步轧制、单向弯曲和等通道轧制等非对称变形工艺能在一定程度上弱化基面织构,但其成本较高,仍处于发展之中。

重庆大学潘复生团队发展了镁合金新型非对称加工技术,该技术改善了镁合金板材的织构分布、弱化了(0002)基面基面织构,从而改善了板材各向异性、提高了板材后续的塑性成形能力,是一种低成本的基面织构弱化新原理和新方法,因此进行了大量研究并实现了工业化应用。本方法利用模具结构设计和挤压工艺调控,控制铸锭沿模具型腔上下表面的合理差速流动,构建镁合金板材的非对称挤压过程,在挤压板材厚度方向上实现梯度应变。将板材的短流程挤压成形和梯度应变织构控制相结合,使镁合金板材的 c 轴向挤压方向倾转,将板材低成本挤压成形与织构弱化进行一体化调控。

　　通过新型挤压模具结构设计(图1.1),构建图1.1(b)所示的挤压剪切区,使铸锭坯的上下表面的金属流动存在显著的速度梯度[图1.2(a)],在挤压过程中构建类似于异步轧制"搓轧区"的剪切区,使板材上表面到下表面,存在明显的梯度剪切应变[图1.2(b)]。采用EBSD进行微观取向分析,结果表明,新型挤压模具结构制备的AZ31镁合金板材介于40°～90°取向差的大角度晶界的百分比从29.7%提高到54.4%,如图1.3所示,表明在梯度应变的作用下板材晶粒取向发生了明显的倾转。从EBSD和XRD织构分析结果看,相对于AZ31普通挤压板材,采用新型模具结构的AZ31镁合金挤压板材的(0002)基面织构强度从22.6降到了15～18,基面织构强度得到明显弱化,且c轴沿挤压方向(ED)倾转约12°,如图1.4所示,这与大角度晶界的百分比变化规律是一致的。

　　相对于传统挤压,具有梯度应变的新型非对称模具挤压板材的晶粒尺寸更为均匀,且晶粒取向发生了明显的倾转,板材各向异性得到显著改善,如图1.5所示。因此,镁合金板材新型非对称挤压加工技术可以在挤压过程中构建沿板材厚度方向的梯度应变,并可显著弱化(0002)基面织构,显著改善挤压板材的塑性成形性能。

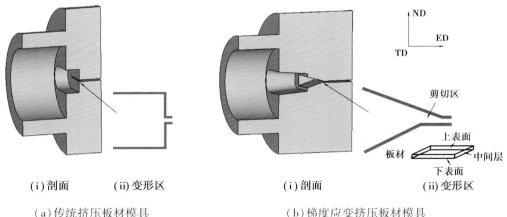

(i)剖面　　　　(ii)变形区　　　　　　　(i)剖面　　　　(ii)变形区

(a)传统挤压板材模具　　　　　　　　(b)梯度应变挤压板材模具

图1.1　传统挤压板材模具和梯度应变挤压板材模具结构

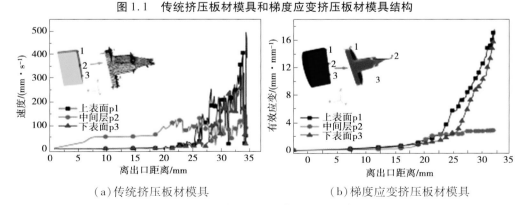

(a)传统挤压板材模具　　　　　　　　(b)梯度应变挤压板材模具

图1.2　铸锭坯上下表面金属流动

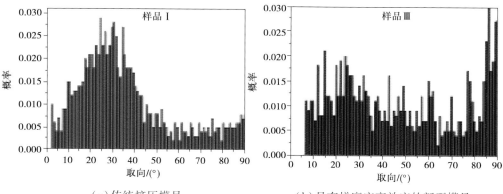

（a）传统挤压模具　　　　　　　（b）具有梯度应变效应的新型模具

图 1.3　挤压板材的晶粒取向差分布

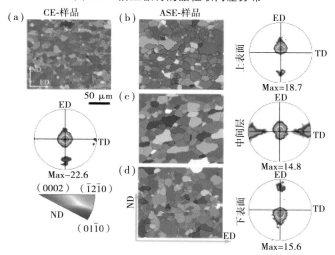

（a）传统挤压模具　　（b）~（d）具有梯度应变效应的新型模具挤压板材

图 1.4　（0002）基面极图和 EBSD 取向成像图

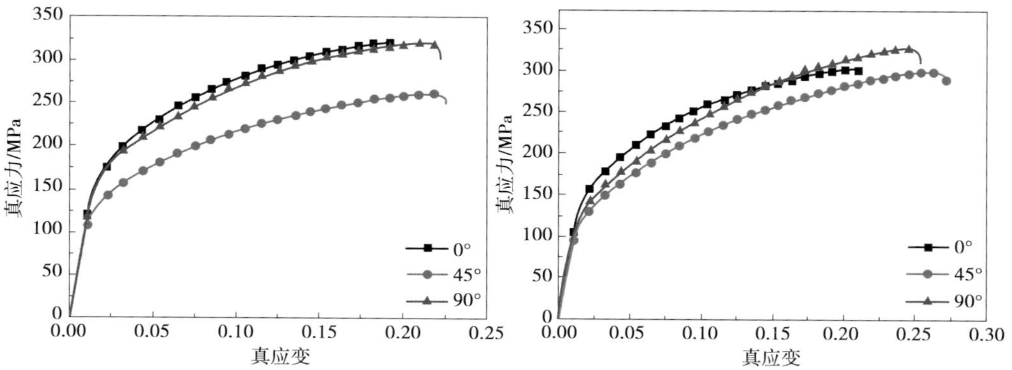

（a）传统挤压模具　　　　　　　（b）具有梯度应变效应的新型模具

图 1.5　挤压板材的力学性能

1.2　镁合金塑性的影响因素

实际工作中常见镁合金几乎全是多晶体,不同晶粒的晶体取向不同,晶粒之间的分界是晶界,晶粒内部和晶界处还可能存在硬质第二相。同时,绝大多数镁合金是密排六方晶体结构,与铁、铝金属的立方晶体结构存在巨大差异。因此,镁合金的塑性变形较为复杂、涉及因素较多。镁合金塑性源自其晶粒内部的滑移和孪生等变形机制,晶界以及相邻晶粒之间的取向对塑性也有很大影响。此外,镁合金变形温度、变形速率、变形状态、应力状态、不连续变形、变形体尺寸大小等外部因素也会对镁合金塑性产生重要影响。

晶粒和晶界在塑性变形过程中产生的相互作用主要有两类。第一类是晶粒间会存在变形差异与协调。相邻晶粒间最明显的差别,就在于晶粒取向的不同。镁合金在受到外力并发生变形时,不同取向的晶粒在滑移面可动滑移方向上的分切应力往往各不相同,先达到临界剪切应力的会首先发生滑移,进而发生塑性变形。有些晶粒属于硬取向,外加应力在滑移面可动滑移方向上的分切应力非常小,小于滑移系临界剪切应力,因而难以发生变形。但是,外加应力会在这些晶粒上产生一个作用力矩,使该晶粒整体发生一定的转动,从而协调相邻晶粒的变形。转动之后的晶粒,若取向合适,也可发生滑移而参与变形。

另一类是晶界自身对塑性变形有非常重要的影响。晶界两侧的晶粒取向不同,这就决定了组成晶界的原子在通常情况下呈不规则排列,有较大点阵畸变,因而晶界强度高于晶内。塑性变形过程中晶内的位错滑移可被晶界阻碍,并在晶界附近形成位错塞积。因此,多晶体的塑性除了与基体内发生的滑移、孪生等变形机制有关外,还与晶粒和晶界的相互作用有直接关联。相应的,凡是镁合金中与变形机制、晶粒和晶界相互作用相关的因素,都能对镁合金的塑性产生不同程度的影响。一般来说,主要有镁合金晶粒尺寸、层错能与轴比、织构等因素,其中,与层错能和轴比相关的临界剪切应力是最重要的综合因素之一。

1.2.1　晶粒尺寸

理论和实践表明,晶粒尺寸较小的镁合金,晶界协调变形性好,塑性相对较好。其原因主要有以下 3 个方面。

第一,晶粒尺寸越小,则一定体积内的晶粒数目越多,合金所承受的总变形量会分散到更多的晶粒,宏观变形就显得更为均匀。晶粒尺寸减少可降低位错滑移程度和应力集中的程度,合金能承受的总变形量也就越大。此外,较小的晶粒尺寸,可以加大晶界的曲折程度,晶粒内部裂纹扩展的难度也会加大,宏观表现就是合金的塑性更好。

第二,晶粒尺寸越小,塑性变形过程中晶粒转动所需的力矩就越小,晶界滑动所需的能量也就越小,晶粒转动和晶界滑动更加容易。若晶粒中的滑移系相对所受应力而言处于硬取向,则晶粒内部较难发生滑移,但这些晶粒可以在应力作用下发生一定程度的转动,多数情况下取向趋于变软,并在晶粒内部开始出现滑移,从而增加合金塑性。

第三,镁合金晶粒尺寸越小,在塑性加工过程中则有利于激活棱柱面和棱锥面等非基面滑移系。非基面滑移容易发生在晶界附近,镁合金晶粒尺寸 <100 μm 时,非基面滑移可以在距晶界 10 μm 范围内发生,当晶粒尺寸 <10 μm 时,晶粒内部空间可以被非基面滑移贯穿。因此,当镁合金的晶粒尺寸为 10~100 μm 时,晶粒尺寸越小,非基面滑移发生区域在晶粒中的体积占比也就越大,合金塑性变形能力也就越强。例如,冯小明等研究表明,通过 5 道次等通道角挤出得到的 AZ31 镁合金,晶粒尺寸由 120 μm 减小到 9 μm,室温下延伸率由 28% 增加到了 58%。Koike 等研究了具有细小晶粒尺寸的 AZ31B 合金,发现其室温延伸率达到 47%,采用 TEM 等手段观测细晶镁合金在拉伸变形量为 2% 时的非基面滑移系激活情况,发现非基面滑移系能够起到晶界处应力平衡的作用。

1.2.2　层错能

层错是晶体中普遍存在的材料本征特征,层错能则是对应于特定的相对滑动位移所形成的层错所需要的能量,研究认为镁合金层错能的变化与其非基面滑移系的启动有关。因此,层错及层错能与镁合金的变形机制存在密切关系,研究合金元素对层错能的影响,对开发新型高塑性变形镁合金具有重要指导作用。采用密度泛函理论(density functional theory,DFT)计算固溶原子种类对镁合金基面层错的影响,均发现 Al 和 Zn 等原子会增加层错能,而稀土原子(如 Pr,Nd,Gd,Tb,Dy,Y 等)会降低镁的稳定和不稳定层错能。同时,通过第一性原理计算 Mg-X(Al,Ca,Ce,Gd,Li,Si,Sn,Zn,Zr)二元合金的 $\{0002\}$ 基面与 $\{10\bar{1}1\}$ 锥面非稳定层错能,发现固溶原子可通过影响 $\{0002\}$ 基面与 $\{10\bar{1}1\}$ 锥面非稳定层错能的比值大小来促进 $<c+a>$ 位错形核和滑移。

Mg-Y 二元合金的试验观察则进一步证明层错可以作为 $<c+a>$ 位错的非均匀形核点,促进非基面位错形核从而提高活性,可进一步促进随机化织构。进一步,利用层错能和 Peierls-Nabarro 模型的关系,计算 Mg-X(Al,Ca,Ce,Gd,Li,Si,Sn,Zn,Zr)二元合金溶质原子对位错半宽的影响和合金元素对纯镁 $\{0002\}$ 基面非稳定层错能、$\{10\bar{1}0\}$ 棱柱面非稳定层错能的影响,利用它们的比值作为这些二元合金成形性指标,得到部分验证,为通过合金成分设计提高镁合金成形性能提供了重要参考。

　　因此,层错能的变化可能与非基面滑移系的启动及合金成形性能密切相关。但是,目前的层错能调控镁合金成形性能的研究还存在一些问题。

　　一是现有研究仅仅报道了部分合金元素对镁基二元合金层错能的影响。尽管这些元素对开发新型变形镁合金具有重要价值,但未开展系统深入的研究,同时缺乏对工业常用镁基三元合金的层错能研究。最近有研究发现,单个 Y 原子降低镁固溶体的层错能,单个 Zn 原子使镁固溶体层错能增加,但是 Y 和 Zn 同时添加时,层错能比单个 Y 添加时反而降得更多,表明在镁二元合金中引起层错能增加的某些合金元素在镁三元合金中反而会引起相反的作用,镁合金三元合金的层错能并不是二元的纯粹代数式叠加,说明现有二元合金层错能的研究结果对工程合金设计只能提供参考,缺乏可靠依据。因此,进一步系统研究镁基二元合金和多元合金的层错能,建立镁合金成分设计、层错能调控之间的理论途径,是发展新型高成形性变形镁合金需要迫切解决的关键基础问题之一。

　　二是目前有关层错能对镁合金成形性能的影响机制研究结论意见不一,究竟是合金元素通过降低基面稳定层错能,或是降低基面与锥面不稳定层错能的比值来促进 $<c+a>$ 位错形核和滑移,从而激活 $<c+a>$ 非基面滑移,进而提高合金成形性能,还是本质上通过影响滑移阻力影响成形,目前还没有定论,亟须进行全面系统的计算和实验研究。

　　三是激活非基面滑移的根本原因是降低非基面滑移的临界剪切应力(critical resolved shear stress,CRSS),使之更趋近于基面滑移的 CRSS,从而让非基面滑移更容易开动。现有层错能对镁合金成形性能的影响机制研究基本上并未涉及层错能对基面、非基面滑移 CRSS 的影响,因此实际上研究的是中间影响因素。事实上,层错能与 CRSS 是有很大关联的,Yasi 等通过修正 Fleischer 模型建立了部分二元固溶体合金基面层错能与基面滑移 CRSS 之间的表达关系,为研究者从层错能与 CRSS 的关系角度来揭示层错能对镁合金成形性能的影响机制提供了很好的参考。

1.2.3　轴比

　　在标准大气压和室温状态下,纯镁密排六方结构的晶格常数分别为 $a = 0.320\,92$ nm, $c = 0.521\,05$ nm,其轴比 $c/a = 1.623\,6$,非常接近密排六方结构轴比的理论值 1.632。温度变化时,镁的晶格常数会发生变化,轴比也会相应发生变动。如温度升高时,镁的轴比 c/a 有所增大。实际上,轴比的影响大多是通过改变滑移阻力发生作用的。

　　在镁中加入锂(Li)、钇(Y)、铟(In)、银(Ag)等合金元素,可以使镁合金轴比降低。如镁中 Li 含量从 0 增加到 5wt. % ,c/a 值从 1.625 降低到 1.610,镁中添加

3wt.% 的 Y 会使 c/a 值从 1.625 降低到 1.620。轴比的降低有利于激活镁晶格中的 $\{10\bar{1}0\}<11\bar{2}0>$ 等棱柱面滑移,进而提高合金的塑性。Li 和 Y 也能降低 $<c+a>$ 锥面滑移系的激活能,协调 c 轴方向的应变而提高压缩延展性。此外,不同轴比的密排六方结构金属晶体,孪生类型也有所不同。

镁晶格常数 a,c 与温度的关系如图 1.6 所示。

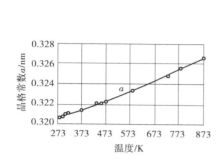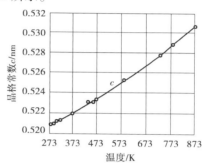

图 1.6　镁晶格常数 a、c 与温度的关系

镁锂二元合金的晶格常数如图 1.7 所示。

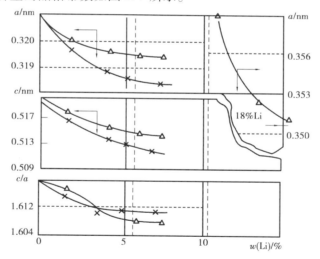

图 1.7　镁锂二元合金的晶格常数

室温下 Li 在 Mg 中的固溶度可以达到 5.5wt.%,这就意味着 Li 元素可以对镁合金的轴比产生重要影响。添加 Li 元素后合金的晶格常数列于表 1.6 中。从表中可以看出,添加 Li 元素后,轴比从 AZ31 镁合金的 1.624 逐渐降低到 LAZ531 合金的 1.608。因为轴比的减小,在镁合金中添加 Li 元素使得柱面 $<a>$ 滑移的启动更加容易。在塑性变形过程中,镁合金基轴向 TD 偏转主要与柱面滑移的启动有关,在 Mg-4.6Li 合金挤压板中也出现了类似于一种柱面滑移的织构。就像在 Ti 和 Zr 中一样,即使是在 $<c+a>$ 滑移出现的情况下 Mg-Li 合金中的柱面滑移也是非常重要的。

表 1.6　Li 元素的添加对合金的晶格常数的改变

合金	$a(\text{Å})$	$c(\text{Å})$	c/a
AZ31	3.2044 ± 0.002	5.2055 ± 0.004	1.6245 ± 0.001
LAZ131	3.1990 ± 0.004	5.1876 ± 0.006	1.6216 ± 0.002
LAZ331	3.1934 ± 0.004	5.1487 ± 0.002	1.6170 ± 0.002
LAZ531	3.1864 ± 0.004	5.1278 ± 0.004	1.6082 ± 0.001

1.2.4　织构

多晶体金属材料的晶粒在一定程度上具有单晶的结构特点,如各向异性等。通常所使用的各种技术,包括铸造和变形加工等,都只是在一定方向上对金属材料施加作用,将使具有各向异性的晶粒以非随机的形式分布在合金内部。合金中,若较多晶粒取向集中于某一个或者某几个取向,称为择优取向。多晶体这种具有择优取向的取向结构称为织构。在变形加工过程中,合金受到外力作用,合金晶粒滑移面大多趋向于分切应力接近零,使得合金晶粒的取向多平行(或垂直)于外力方向。比如,拉拔过程将使多数晶粒的某一晶向趋向于平行拉拔方向,形成丝织构(图 1.8);在轧制过程中,各个晶粒易开动的滑移面趋向于平行轧制平面,某一晶向平行于轧制主变形方向,形成板织构(图 1.9)。

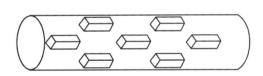

图 1.8　丝织构示意图

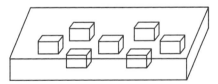

图 1.9　板织构示意图

镁合金晶体是密排六方结构,该结构在常温下只有两个独立滑移系,难以满足 von-Mises 塑性应变规则所需的 5 个独立滑移系的要求,故镁合金的塑性相对较低。此外,密排六方结构的镁合金还容易在塑性变形过程中形成择优取向。如变形加工过程中镁合金多是发生基面滑移,合金中大部分晶粒的基面趋向于朝向合金所受外力的方向和其垂直方向,因而变形态的镁合金往往具有较强的基面织构。在变形过程中,各向异性会导致金属材料在不同方向上具有不同的变形量,使得加工后的材料或器件边缘不齐整、壁厚不均匀,产生"制耳"现象(图 1.10),增加后续加工的难度,从而导致废品率的增加。

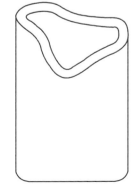

图 1.10　各向异性造成的
"制耳"现象示意图

1.3 镁合金塑性变形机制

1.3.1 滑移

在外加应力的作用下,晶体的一部分与另一部分沿一定的晶面与晶向发生相对运动,称为滑移。滑移本质上是位错的运动。在镁晶胞中,最容易发生滑移的方向为原子最密排的 $<11\bar{2}0>$ 方向、柏氏矢量为 $a/3<11\bar{2}0>$ 的位错为镁合金的 $<a>$ 位错。而镁晶体的 (0001) 基面,3 个 $\{10\bar{1}0\}$ 柱面和 6 个 $\{10\bar{1}1\}$ 锥面均可出现 $<a>$ 位错。因此,镁合金中常见的滑移系有基面 $<a>$ 滑移、柱面 $<a>$ 滑移和锥面 $<a>$ 滑移。镁晶体中另外一个潜在滑移方向是 $<11\bar{2}3>$、柏氏矢量为 $\sqrt{c^2+a^2}$ $<11\bar{2}0>$ 的全位错为镁合金的 $<c+a>$ 位错。可出现 $<c+a>$ 位错的晶面,主要有 $\{10\bar{1}1\}$,$\{11\bar{2}1\}$,$\{10\bar{1}2\}$ 和 $\{11\bar{2}2\}$ 等锥面。图 1.11 所示为镁合金中主要滑移系的示意图。

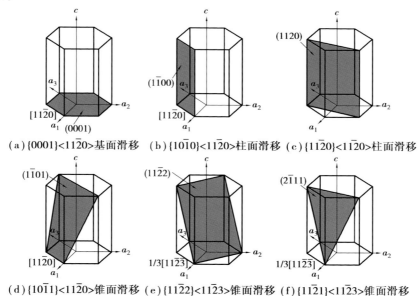

(a) $\{0001\}<11\bar{2}0>$ 基面滑移　(b) $\{10\bar{1}0\}<11\bar{2}0>$ 柱面滑移　(c) $\{11\bar{2}0\}<11\bar{2}0>$ 柱面滑移

(d) $\{10\bar{1}1\}<11\bar{2}0>$ 锥面滑移　(e) $\{11\bar{2}2\}<11\bar{2}3>$ 锥面滑移　(f) $\{11\bar{2}1\}<11\bar{2}3>$ 锥面滑移

图 1.11 镁合金主要滑移系示意图

镁合金的滑移可依据滑移方向与滑移面两种方式来分类。按滑移方向可将镁合金的滑移类型分为 $<a>$ 滑移和 $<c+a>$ 滑移;按滑移面则可分为基面滑移与非基面滑移。滑移面和该滑移面上的一个滑移方向共同组成一个滑移系。表 1.7 列出了镁合金常见的滑移系。

表 1.7　镁合金的主要滑移系

滑移类型		滑移面	滑移方向	滑移性质	独立滑移系数目
基面滑移		(0001)	$<11\bar{2}0>$	a 滑移	2
非基面滑移	柱面滑移	$\{10\bar{1}0\}$	$<11\bar{2}0>$	a 滑移	2
		$\{11\bar{2}0\}$			
	锥面滑移	$\{10\bar{1}1\}$	$<11\bar{2}0>$	a 滑移	4
		$\{11\bar{2}1\}$	$<11\bar{2}3>$	$c+a$ 滑移	5
		$\{11\bar{2}2\}$			

一般情况下,镁合金易开启的塑性变形模式为基面滑移。从晶体学角度看,基面滑移只能为镁合金的塑性变形提供两个独立的滑移系,另外一个基面滑移系可以由两个独立基面滑移系组合而得;同样的,柱面滑移也只能提供两个独立的滑移系。因此,即使镁合金的基面与柱面滑移同时启动,也只能提供 4 个独立的滑移系,不能满足 von-Mises 准则,即金属材料需要 5 个独立的滑移系才能实现良好的塑性成形性能。另外,基面与柱面滑移均为 $<a>$ 位错滑移,滑移方向是垂直于 c 轴且平行于基面的 $<11\bar{2}0>$ 方向,不能协调沿 c 轴上的应变。因此,只有通过充分开启锥面 $<c+a>$ 滑移系或借助孪生才能改善多晶镁合金的塑性变形能力。

大量研究表明,适当的合金化改性可以显著影响镁合金的滑移。一方面,合金元素可以改变镁合金的层错能,从而影响其滑移变形行为。层错能是形成单位面积层错增加的能量,可以用来描述位错的运动。层错能较低的材料位错运动的阻力小,因而通常具有较高的成形性能。已有的研究利用第一性原理计算发现,许多合金元素都能降低镁的层错能,如铝(Al)、钆(Gd)、锡(Sn)、钇(Y)、锌(Zn)。同时,实验也发现一些合金元素,如锂(Li)、钆(Gd)、钇(Y)、锌(Zn)等,均能使镁合金在室温下启动非基面滑移,从而改善镁合金的塑性成形性能。Mg-(1.0～4.4)wt.% Li 合金即使在 77～293 K 的超低温度范围内也能发生 $<c+a>$ 锥面滑移。另一方面,添加的合金元素可以改变镁合金的晶体结构,从而影响其滑移变形行为。例如,添加合金元素锂(Li)可使镁合金中出现体心立方(body centered cubic,BCC)结构的 β-Li 相(含 Mg 的 Li 基固溶体)。BCC 结构具有 12 个独立滑移系,在塑性变形时可很好地协调变形,从而使得含 β-Li 相的 Mg-Li 合金拥有优异的塑性变形能力。此外,锂(Li)、铟(In)、锌(Zn)、钇(Y)等元素还能降低镁合金的 c/a 轴比,提高镁合金的晶格对称性,进而启动非基面滑移。

此外,合金中的第二相对位错运动的阻碍作用可导致临界剪切应力增大,而合金元素还可改变镁合金第二相的结构及分布,进而影响镁合金的塑性变形行为。例如,Mg-3wt. ％ Nd 合金中的析出相大部分呈片层状沉积于棱柱面,而 Mg-3wt. ％ Nd-1.35wt. ％ Zn 合金的析出相则多以片层状沉积于基面。析出相沉积于基面时对 <a> 滑移的阻力较小,因此,Mg-3wt. ％ Nd-1.35wt. ％ Zn 合金的时效强化效果明显低于 Mg-3wt. ％ Nd 合金。

金属晶体在滑移时,滑移面沿着滑移方向发生相对滑动,此时需要滑移方向上有一定的分切应力,只有当这个分切应力达到一定值时,滑移才能启动。晶体在滑移面上位错开始运动所需的剪切应力值,称为该滑移系的临界剪切应力(critical resolved shear stress,CRSS)。

一个单晶体受到轴向拉伸力 F 的作用,滑移面的法向与拉伸力轴线方向的夹角为 φ,滑移方向与拉伸力轴线方向的夹角为 λ,如图 1.12 所示。从图中可以看出,外力在滑移面上沿滑移方向上的分切应力 τ 为:

$$\tau = \frac{F \cos \lambda}{\dfrac{A}{\cos \varphi}} = \frac{F}{A} \cos \lambda \, \cos \varphi \tag{1.1}$$

式中　A——试样与 F 垂直的截面积;

　　$\sigma = \dfrac{F}{A}$——作用在单晶体横截面上的拉伸正应力。

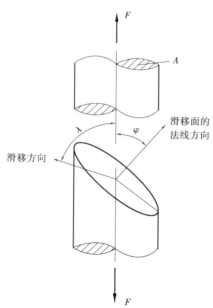

图 1.12　拉伸力在滑移系上的分切应力

当 τ 达到临界值 τ_c 时,滑移开始启动,在宏观上表现为发生了屈服,此时的拉伸正应力在宏观上表现为单晶体的屈服极限 σ_s,因此可以将式(1.1)写成:

$$\tau_c = \sigma_s \cos \lambda \, \cos \varphi \tag{1.2}$$

式中　τ_c——金属晶体的临界剪切应力 CRSS,是滑移系开动所需要的最小分切应力。它是晶体的本征参数,与加载力的方向、大小及晶体的晶粒取向

无关;

$m = \cos \lambda \cos \varphi$——外加力相对于晶体滑移系的取向因子(orientation factor),
又称施密特因子(schmid factor,SF),表征了滑移面和滑
移方向与外力的应力分量之间的取向关系。

在实际中,SF 值可以通过晶粒的取向、滑移系(的空间特征)、外部应力状态来共同确定。当外力方向与滑移面法线、滑移方向的两个夹角都是 45°时,这 3 个方向处在同一平面上,Schmid 因子具有最大值 0.5,此时最容易发生滑移变形,材料的屈服强度最低,这样的取向称为"软取向"。Schmid 因子数值越小,则滑移系发生滑移所需的外力越大,材料的屈服强度越高。当外力与滑移面平行($\varphi = 90°$)或垂直($\lambda = 90°$)时,Schmid 因子值为零,不管材料的 CRSS 如何,屈服强度都是无穷大,滑移系无法产生滑移,这种取向称为"硬取向"。

1.3.2　孪生

除了锥面 $<c+a>$ 滑移,镁合金的基面滑移和柱面滑移皆为 $<a>$ 滑移,滑移方向为垂直于 c 轴、平行于基面的 $<11\bar{2}0>$ 方向,在变形时无法协调晶体 c 轴上的应变。此时,另一种塑性变形方式——孪生,则在镁合金中扮演着协调晶体 c 轴方向应变的重要角色。孪生变形是指在切应力的作用下,晶体的一部分原子沿着一定的晶面(孪生面)和一定的晶向(孪生方向)发生协同位移(称为切变)。孪生变形后,晶体的变形部分(孪晶)与未变形部分(母晶粒)之间呈现出镜面对称的关系,孪晶与母晶粒之间存在一定的位向差。

镁合金中常见的孪生类型为 $\{10\bar{1}2\}$ 拉伸孪生及 $\{10\bar{1}1\}$ 压缩孪生,表 1.8 为这两种孪生模式的一些基本要素。从表中可以看出,$\{10\bar{1}2\}$ 拉伸孪生启动的临界剪切应力与切变量均小于压缩孪生,因此常规镁合金在轧制变形时出现的孪生通常为 $\{10\bar{1}2\}$ 拉伸孪生。但镁合金并不是在任何变形条件下都会发生 $\{10\bar{1}2\}$ 拉伸孪生,只有沿镁晶胞 c 轴受拉或垂直于 c 轴受压时才能发生。

表 1.8　镁合金中主要孪生模式的基本参数($r = c/a$)

孪生	$\{10\bar{1}2\}$	$\{10\bar{1}1\}$
类型	拉伸孪生	压缩孪生
临界剪切应力/MPa	2 ~ 2.8	76 ~ 753
取向差/(°)	86	56
孪生方向 η	$<10\bar{1}\bar{1}>$ $<\bar{1}011>$	$<10\bar{1}\bar{2}>$ $<30\bar{3}2>$
切变平面 P	$\{1\bar{2}10\}$	$\{1\bar{2}10\}$
切变量 s	$\dfrac{r^2-3}{r\sqrt{3}} = -0.13$	$\dfrac{4r^2-9}{4r\sqrt{3}} = 0.138$

续表

第一不变畸面 K_1	$\{10\overline{1}2\}$	$\{10\overline{1}1\}$
第二不变畸面 K_2	$\{10\overline{1}\overline{2}\}$	$\{101\overline{1}\,\overline{3}\}$

图 1.13 所示为密排六方晶体中不同轴比(c/a)下的孪晶类型,反映了 HCP 金属在不同的孪生切应力作用下孪生启动的条件。图中有正斜率的直线表示的孪生为压缩孪生,有负斜率的直线表示的孪生为拉伸孪生。压缩孪生发生的条件为:晶胞 c 轴缩短,即对 c 轴施压或垂直于 c 轴拉伸;拉伸孪生发生的条件为:晶胞 c 轴伸长,即沿晶粒 c 轴方向拉伸或垂直于 c 轴方向施压。由图 1.13 可以看出不同类型孪生的出现与晶体的轴比有密切的关系,镁的轴比为1.623 6,所以,镁中的 $\{10\overline{1}2\}$ 和 $\{11\overline{2}1\}$ 是拉伸孪生, $\{10\overline{1}1\}$ 和 $\{11\overline{2}2\}$ 是压缩孪生。

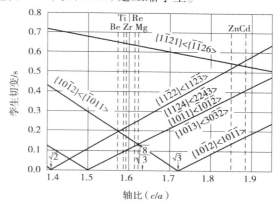

图 1.13　密排六方晶体中不同轴比(c/a)下的孪晶类型

通常条件下,晶体发生孪生的临界剪切应力要比滑移大。存在较多独立滑移系的面心立方(face center cubic,FCC)晶体与体心立方(BCC)晶体较难启动孪生;而对于 HCP 结构的镁晶体而言,室温下可启动的滑移系较少,孪生在室温塑性变形过程中便可发挥重要作用。

在镁合金塑性变形过程中,孪生的切变量通常要小于滑移导致的变形量,因此孪生变形对镁合金塑性变形的直接贡献并不大。但孪生可改变镁合金的晶粒取向(图 1.14),使原本不利于滑移的晶粒取向变得有利,为镁合金进一步的塑性变形提供了条件。研究表明,通过对 AZ31 镁合金板材进行预变形,引入 $\{10\overline{1}2\}$ 拉伸孪生,退火过后的板材成形性能得到了明显改善,杯突值(IE)由原来的 3.2 提高到了5.3。

滑移与孪生是两种既相互协同也相互竞争的塑性变形模式。尽管二者均能使材料发生塑性变形,但它们之间存在着显著差异。

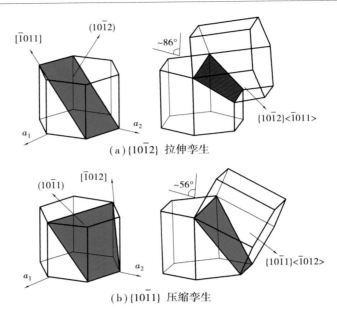

（a）{10$\bar{1}$2} 拉伸孪生

（b）{10$\bar{1}$1} 压缩孪生

图 1.14　镁合金中 {10$\bar{1}$2} 拉伸孪生与 {10$\bar{1}$1} 压缩孪生示意图

（1）变形区域不同

滑移的变形区域一般只集中在滑移面，且切变不均匀，而孪生时发生的切变可涉及整个孪晶带。

（2）原子移动距离不同

滑移时，原子移动的距离是滑移方向上原子间距的整数倍；而孪生时，原子移动的距离不是孪生方向上原子间距的整数倍（通常只有几分之一的原子间距）。

（3）晶粒取向不同

滑移时，滑移面两边的晶粒取向不发生变化；而孪生时，孪生的母晶粒与孪晶以孪生面呈镜面对称，孪生后晶粒的取向发生了变化。

（4）变形方向不同

滑移时，位错既可沿着滑移方向运动，又可沿着相反方向运动；而孪生时，位错只能沿着孪生方向运动。

（5）位错类型不同

滑移时，其位错类型既可以是全位错，又可以是不全位错；而孪生时，出现的位错一般都是不全位错。

虽然滑移与孪生存在着明显的差异，但在镁合金的塑性变形过程中，二者的协同作用却可有效地协调合金的变形。当镁晶体垂直于基面受压或平行于基面受拉时，其晶粒取向既不利于滑移也不利于孪生，此时镁合金变形困难。当垂直于基面受拉或平行于基面受压时，其晶粒取向对 < a > 滑移来说是硬取向，无法发生基面

$<a>$ 滑移或柱面 $<a>$ 滑移,但可发生孪生。孪生导致孪晶区域内晶粒取向发生改变,使基面逐渐偏离硬取向,孪生过后的晶粒满足滑移的条件而开始滑移。当晶粒沿着滑移面发生相对切动时,作用在晶体上的力将使晶体沿着拉伸方向发生转动,最终使滑移面的位向改变。于是随着孪生与滑移的进行,晶体塑性变形的最终结果是滑移面将平行于拉伸轴的方向,此时既不能发生滑移也不能发生孪生。

镁合金基体出现孪晶之后,若继续变形,还可能发生进一步孪生,即在已有孪晶的内部再次发生孪生。原有的孪晶称为一次孪晶(primary twin),或者母孪晶(parent twin),一次孪晶内部出现的孪晶称为二次孪晶(second twin)。如在 AZ31 合金中的 $\{10\bar{1}1\}$ 压缩孪晶的内部出现 $\{10\bar{1}2\}$ 拉伸孪晶,即 $\{10\bar{1}1\}$ - $\{10\bar{1}2\}$ 二次孪晶,其与基体的夹角为 38.5°。此外,还有关于三次孪晶的报道。

镁合金中的孪晶除了发生二次孪生这些进一步孪生的现象,还会在一定条件下,孪生区域重新变回基体,从而出现孪晶减少或消失的现象,即孪晶消失(untwinning)现象,称为退孪晶(detwinning)。

1.3.3 晶界运动

滑移与孪生都是镁合金晶内塑性变形机制。多晶镁合金中,尤其是变形镁合金中,除了合金的基体之外,晶界占有较大的比例,晶界对塑性变形起着重要作用。镁合金中最重要的晶粒之间的变形机制是晶界滑移(grain boundary sliding,GBS),即晶粒之间的相对滑动。GBS 在塑性变形中主要起到协调变形的作用,一是协调因晶粒取向较硬难以变形而引起的应变,二是协调基面和棱柱面 $<a>$ 滑移在 c 轴方向的应变及其所引起的应力集中。

普通镁合金中的 GBS 大多是发生在高温低应变速率过程中,此时,晶粒在较大的应变下也能保持原有形状,晶界取向差也不会发生明显变化。升高温度,能增大 GBS 对塑性的贡献。变形量较大,往往是 GBS 对塑性提高作用的结果。镁合金的超塑成形,往往是在较高温度下实现的,此时 GBS 是最主要的塑性变形机制。

1.4 镁合金塑性成形的表征

实际应用中,镁合金变形材大多以型材和板材形式存在。由于镁合金型材接近最终产品的形态,因此目前应用较多。而镁合金板材常常需要二次加工成为最终产品,轧制、挤压等变形加工使镁合金板材具有较强的各向异性,在后续的加工过程中容易出现"制耳"、毛刺等现象,成品率较低,使得镁合金板材的应用受到较大限制。因此,研究镁合金的塑性以及与塑性相关的镁合金微观结构特征,是变形镁合金研究的重要内容,也是发展镁合金板材冲压、弯曲等二次加工工艺的重要组成部分,对将镁合金板材更加高效制成接近最终产品的形态、扩大镁合金的应用范围具有重要意义。

　　需要表征的镁合金塑性特征,不仅有单一维度上的拉伸和压缩变形量,还有涉及两个或多个维度的各向异性和杯突值等。其中,镁合金的各向异性和杯突值,对镁合金板材冲压等深加工工艺具有重要的指导作用。由于镁合金材料容易形成织构,使得镁合金具有明显的各向异性。因此,在与塑性相关的微观结构特征测试中,对镁合金的织构进行考察,具有相当的重要性。但总体而言,至今为止世界范围内尚未提出科学合理的塑性成形性表征参数。如何像用延伸率表征材料塑性一样提出 1~2 个能科学表征材料塑性成形性的典型指标,是材料界必须关注的重要问题。

1.4.1　织构表征

　　织构可以分为宏观和微观两个层面进行考察。在宏观层面,主要是考察和统计多晶体中晶粒整体的择优取向,目前多用 X 射线衍射(X-ray diffraction,XRD)方法进行测定。在微观层面,主要是考察多晶体中的微区内晶粒取向分布,包括个体晶粒和晶界的取向与取向差分布,目前用得最多的是基于扫描电子显微镜(scanning electron microscope,SEM)开发出来的电子背散射衍射(electron back-scatter diffraction,EBSD)方法。对于微观结构均匀性良好的样品而言,理论上说,不同的观察面之间仅仅是观察角度的不同,各个观察面的织构可以通过彼此的角度关系进行转换。但是在实际的塑性加工制品中,特别对于板材,其平面上、下表面附近区域和中心区域等 3 个部分的微观结构往往存在一定的差异性,有时候这种差异还很明显。因此,织构测试时,应注意观察面的选取和测试时样品的正确放置。

(1)宏观织构

　　当用 X 射线照射合金样品时,不同取向的晶粒对 X 射线的反射不同,通过旋转样品,可以使反射后的 X 射线到达探测器,并被计数器记录,结合样品的朝向和计数器结果,就可以得到样品宏观织构的基础数据,基础数据经过处理之后,可以得到常用的数据和极图。如图 1.15 所示为常用且较为直观的 XRD 织构极图。

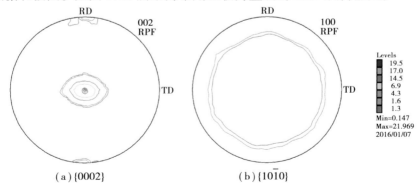

(a){0002}　　　　　　　　(b){10$\overline{1}$0}

图 1.15　轧制 AZ31 合金板材的 XRD 织构极图

图 1.15 中的极图主要包含以下信息：

①该极图所表示的平面 h,k,l 值，如图 1.15 中左图右上角的 002，表示该极图表征的是 $\{0002\}$ 基面的取向分布特征，而右图则是 $\{10\overline{1}0\}$ 棱柱面的极图。

②测试时所设定的样品方向，圆形的圆心一般用于表示样品所在平面（如图 1.15 中的 $\{0002\}$ 基面）的法向（normal direction，ND，即轧制/挤压平面的垂直方向），上顶点处的 RD/ED 表示圆形上下两个方向为样品所在平面的轧制/挤压方向，圆形右边的 TD（transverse direction）表示圆形左右两个方向为样品所在平面轧制/挤压方向的垂直方向。对样品而言，RD/TD-TD-ND 3 个方向是相互垂直的，而极图中圆形的上下、左右、中心 3 个位置点也在圆中呈互为 90° 的关系。测试时，应注意使样品的方向与所设定的方向保持一致。

③圆形中的封闭曲线为等密度线，表示该区域内晶粒取向密度相同。等密度线的密度值一般是以不同颜色来区分的，圆形右边的多颜色组成的方块则给出了不同颜色依次所对应的密度值大小。晶粒取向密度的最大和最小密度值，也在多颜色方块处一起给出。对于不同的合金样品而言，标定的标准一般会有不同，这会对极图中的最大和最小密度值、等密度线的密度值产生影响。因此，处理数据和导出极图以及将不同合金的织构进行比较时，要注意标定标准的统一。

具体来说，图 1.15 中合金织构是典型的镁合金轧制变形加工后的板织构。大多晶粒的基面朝向轧制平面的法向及其附近方向，且极密度峰值为 21.969，少量晶粒朝向轧制方向，两种朝向基面的 Schmid 因子都接近 0。而棱柱面则较为均匀地分布在轧制板材平面内的各个方向。这是由于轧制过程中所施加的外力来自平面的上下方，与外力分别平行和垂直的轧制方向和轧制平面法向是 Schmid 因子最小（接近 0）的方向，CRSS 最低、最容易启动的基面滑移系滑移到这两个方向时难以继续滑移，因而基面取向主要分布在这两个方向及其附近；而板材平面的法向是外力施加的方向，因此基面取向在这个方向的最多，并形成板织构最明显的特征；轧制板材平面内是不受外力作用的，因此棱柱面滑移之后均匀分布在轧制平面内。

（2）微观织构

微观织构常用于研究镁合金的塑性变形机理，一般采用 EBSD 进行测试。EBSD 样品制备类似光学金相样品，一般是先将切割好的样品研磨平整，然后用 1000# 以上的砂纸抛磨去除划痕，之后也是最重要的步骤，即消除磨抛产生的样品表面应力。通常可以使用机械抛光、电解抛光、聚焦离子束（FIB）、氩离子抛光等方法去掉样品表面因研磨而产生的应变层，以消除合金样品的表面应力，然后放入带 EBSD 功能的扫描电子显微镜（SEM）进行观察和测定。

在 EBSD 织构测定方法所得的结果数据中，一般可以获得镁合金晶粒的大体形状和尺寸、晶粒取向、微区织构、晶粒取向差（也称晶界角度）。图 1.16 所示的 EBSD

形貌图,能直观给出晶粒取向与形貌之间的对应关系,因此最为常用。图中晶粒多数被标记为蓝色,表示这些晶粒为$\{10\bar{1}0\}$取向,即其$\{10\bar{1}0\}$棱柱面的法向垂直于测试平面。图中贯通部分晶粒中的白色细线,为该晶粒中不大于10°(此角度可依具体设定而有所不同)的(亚)晶界。若统计EBSD测定区域内的晶粒取向,得到合金微区的织构,可以得到类似宏观织构的极图,进一步分析所测定区域在变形过程中的塑性变形行为。此外,也可结合样品变形,尤其对样品进行原位EBSD测试,可以将样品变形过程中微观织构演变过程直观地呈现出来。

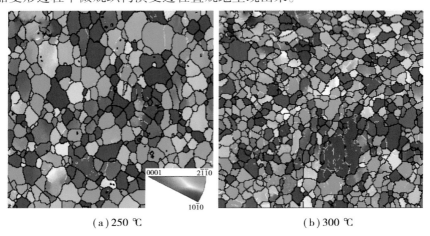

(a)250 ℃　　　　　(b)300 ℃

图1.16　不同挤压温度下M1合金棒材的EBSD图谱

1.4.2　静力拉伸测试

静力拉伸试验是工程和材料领域最基本、最常用的塑性表征方法,用于表征材料的基本力学性能。一般是利用万能试验机对镁合金的线型试样进行单向拉伸,可以很方便地获得合金样品在单一维度方向的塑性。依据《金属材料 拉伸试验 第1部分:室温试验方法》(GB/T 228.1—2010)和 *Metallic materials — Tensile testing — Part 1:Method of test at room temperature*(ISO 6892-1:2016),用所得到的伸长率或延伸率δ和断面收缩率φ来表示镁合金在单向拉伸条件下的塑性变形能力。本书使用延伸率δ作为塑性指标,按照标准方法采用引伸计测量试样标距长度,由式(1.3)确定延伸率数值:

$$\delta = \frac{L - L_0}{L_0} \times 100\% \qquad (1.3)$$

式中　L_0——拉伸试样变形前原始标距长度;

　　　L——拉伸试样断裂后的标距长度。

与拉伸相对应,也可以使用万能试验机对样品进行压缩,用以测定合金在受到压力时的力学性能。压缩塑性也可以用拉伸延伸率的公式来求取,所得结果为负数,结果中的负号就表示所得的结果是压缩变形量。

断面收缩率 φ 的值由式(1.4)确定:

$$\varphi = \frac{F - F_0}{F_0} \times 100\% \tag{1.4}$$

式中 F_0——拉伸试样变形前原始断面的面积;

F——拉伸试验变形破断处断面的面积。

断面收缩率受影响的因素较少,与试样标距长度、均匀变形区和集中变形区(即细颈区)长度的比例关系等无关,且其取值范围为 0 ~ 100%,因此,断面收缩率表征塑性比延伸率更为优越,而延伸率所需参数的测定简单方便,因而更为常用。

1.4.3 各向异性评定

狭义的各向异性,大多指单向拉伸或压缩力学性能的各向异性,也就是镁合金板材在板材平面各个方向上单向拉伸或压缩力学性能的差异性,主要用于评价采用轧制、挤压等工艺制备加工板材的力学性能。广义的各向异性,还包含镁合金材料的拉压不对称性等。

(1)拉压不对称性

镁合金在外力的拉伸或压缩作用下发生塑性变形,两种状态下镁合金的力学性能往往表现出较大差异,即为镁合金的拉压不对称性。镁合金的拉压不对称性会加大其塑性成形难度,因此,研究与调控镁合金的拉压不对称性具有重要的意义。

一般情况下,镁合金的拉压不对称性重点考察镁合金拉伸和压缩时屈服强度的不一致。镁合金的拉压不对称性,采用拉压不对称系数,即压缩屈服强度(compression yield strength,CYS)与拉伸屈服强度(tension yield strength,TYS)的比值来表示,比值越接近 1,代表拉压不对称性越弱。

产生拉压不对称性的原因在于拉伸和压缩过程中塑性变形机制不同,塑性变形初始阶段镁合金启动的变形机制不同,使镁合金在拉伸和压缩过程中具有不同的屈服强度。同时,拉伸和压缩过程中孪生对变形的贡献率也有着较大的不同。

(2)力学性能各向异性

镁合金力学性能各向异性的考察对象通常是板材,多指在板材平面各个方向上力学性能的差异,如轧制板材在与轧制方向成 0°,45°,90°(即平行轧制方向、轧制45°方向、垂直轧制方向)3 个方向上的力学性能差异。一般可以通过比较考察对象在各个方向上的力学性能在数值上的比例来表示,若这些力学性能的比值越接近 1,则说明其各向异性越小。各向异性较大的板材,在加工过程中,各个方向变形不均匀,容易出现"制耳"等现象。

(3)塑性应变比与平面各向异性系数

镁合金板材塑性的差异,除了表现在板材平面内各个方向之外,还可以表现在板材的宽度方向与厚度方向。板材样品在拉伸时,其宽度方向的应变(ε_b)和厚度方向的应变(ε_t)之比,称为塑性应变比(r 值)。r 值常用于表现镁合金板材在板材平面内抵抗变薄或变厚的能力,体现材料在平面和厚度两个方向上变形的难易。r 值可以通过式(1.5)得到。

$$r = \frac{\varepsilon_b}{\varepsilon_t} = \frac{\ln\left(\dfrac{b}{b_0}\right)}{\ln\left(\dfrac{t}{t_0}\right)} \tag{1.5}$$

$r > 1$ 的材料,宽度方向的应变大于厚度方向的应变,即在加工过程中,该材料更容易出现宽度变窄;$r < 1$ 的材料,厚度方向的应变较大,即在加工过程中,该材料更容易出现厚度变薄。r 值大的板材,容易成形为较深的杯状。

在板材加工成类似杯子的圆筒状器件的过程中,具有各向异性板材容易出现"制耳"现象,即器件口部出现凸耳。凸耳的高度越大,说明板材的各向异性越强,所得零件不同部位变形程度的差别就越大,壁厚越不均匀,则最后成形的零件质量就越差,而且口部需要去掉的部分越多,所需要板材的尺寸就越大。

为了更直观地表现材料形成凸耳的程度,可以考察板材平面内不同方向上厚向异性系数 r 的平均差别,即平面各向异性系数 Δr。Δr 的值可用式(1.6)求得。

$$\Delta r = \frac{r_0 + r_{90} - 2r_{45}}{2} \tag{1.6}$$

板材的塑性应变比 r 值是根据从 $0°,45°,90°$ 3 个方向截取的试样的测量值取平均数得到的,其计算方式如式(1.7)所示。

$$\bar{r} = \frac{r_0 + 2r_{45} + r_{90}}{4} \tag{1.7}$$

1.4.4　杯突试验

杯突试验也称埃里克森(Erichsen)杯突试验,用于表征平板试样的塑性成形能力。一般是用规定的球形冲头(或钢球)顶压由外环夹紧的板状试样,试样产生裂纹时的压入深度(mm)即为杯突深度,也杯突值或埃里克森值(IE 值)。杯突试验衡量的是合金板材冲压性能,如胀形类成型和复杂曲面拉伸工艺等,一般用于厚度在 2 mm 以下的金属板材。目前常用冲头或钢球直径,大多为 8 ~ 20 mm,以适应不同规格样品。

影响合金材料杯突测试结果的主要因素包括板材样品的厚度公差、试验的润滑条件、测试者对裂纹的判断等。在这些影响因素中,厚度公差与润滑的影响,可以通过提高试验控制精度来尽力避免,而测试者通过肉眼对裂纹的观察判断存在较大的偶然性。因此,一些新的自动判定方法已经开发出来,比如以载荷降低 5% 为判定标准。

　　尽管大家对镁合金成形性做了很多研究,但总体而言,镁合金成形性的量化表征没有科学的方法和指标,这需要各方面再做工作。

参 考 文 献

[1] 陈振华.变形镁合金[M].北京:化学工业出版社,2005.

[2] 宋孚群,张青来,徐永超,等.变形镁合金晶粒细化及热处理后的组织和性能[J].金属成形工艺,2004,22(3):46-49.

[3] BAE D H,LEE M H,KIM K T,et al. Application of quasicrystalline particles as a strengthening phase in Mg-Zn-Y alloys[J]. Journal of Alloys and Compounds,2002(342):445-450.

[4] 周海涛,曾小勤,刘文法,等.稀土铈对 AZ61 变形镁合金组织和力学性能的影响[J].中国有色金属学报,2004(1):99-104.

[5] 陈振华,严红革,陈吉华,等.镁合金[M]. 北京:化学工业出版社,2004.

[6] 刘子利,丁文江,袁广,等.镁铝基耐热铸造镁合金的进展[J].机械工程材料,2001(11):1-4,33.

[7] 关绍康,王迎新.汽车用高温镁合金的研究新进展[J].汽车工艺与材料,2003(4):3-8,24.

[8] 李亚国,段劲华,刘海林,等.钇稀土在 Mg-Zn-Zr 镁合金中的强化作用[J].现代机械,2003(5):86-88.

[9] 张洪杰,孟健,唐定骧.高性能镁-稀土结构材料的研制、开发与应用[J].中国稀土学报,2004,22(1):40-47.

[10] 吴安如,古一,夏长清.Mg-RE(Ce,Nd,Y)-Zn-Zr 合金显微组织及力学性能研究[J].热加工工艺,2004(12):21-23.

[11] 罗治平,张少卿,鲁立奇,等.热处理对 Mg-Nd-Zr 挤压合金性能与组织的影响[J].中国稀土学报,1994,12(2):183-185.

[12] 刘正,张奎,曾小勤.镁基轻质合金理论及其应用[M].北京:机械工业出版社,2002.

[13] 马春江,张荻,覃继宁,等.Mg-Li-Al 合金的力学性能和阻尼性能[J].中国有色金属学报,2000,10(增刊1):10-14.

[14] 李劲风,郑子樵,陶光勇.超轻 Mg-Li 合金[J].轻合金加工技术,2004,32(10):35-38.

[15] 陈斌,冯林平,钟皓,等.变形 Mg-Li-Al-Zn 合金的组织与性能[J].北京航空航天大学学报,2004,30(10):976-979.

[16] 沈枫,董强.稀土元素对 AZ31 镁合金组织和力学性能的影响[J].铸造技术,2016(8):1572-1574.

[17] 曹永亮.Ca 对 AZ40M、ZK61M 镁合金铸态组织和力学性能的影响[J].有色金属加工,2014(6):22-26.

[18] 康京京.Pr、Ti 复合添加对 AZ61 镁合金的强韧化研究[D].太原:太原理工大学,2012.

[19] 赵孚.Nd 和 Ca 对 AZ63 镁合金微观组织和力学性能的影响[D].太原:太原科技大学,2012.

[20] 时小宝.Ca 的添加对 AZ 系镁合金显微组织和力学性能的影响[D].太原:太原科技大

学,2016.

[21] 谷松伟,郝海,张爱民,等.Gd 对铸态 AZ31 合金组织和性能的影响[J].特种铸造及有色合金,2011,31(5):472-475.

[22] 杨玲,侯华,赵宇宏,等.T4、T6 处理对 AZ80 镁合金的强化作用[J].热加工工艺,2014,43(24):179-181.

[23] 陈雷,姜楠,孟令刚,等.稀土 Nd 对 AZ80 镁合金显微组织和力学性能的影响[J].特种铸造及有色合金,2017,37(5):576-580.

[24] WANG Y X,FU J W,YANG Y S. Effect of Nd addition on microstructures and mechanical properties of AZ80 magnesium alloys[J]. Transactions of Nonferrous Metals Society of China,2012,22(6):1322-1328.

[25] 杨钢.Y、Bi 元素对含锡 AZ80 镁合金组织及性能的影响[D].重庆:重庆大学,2015.

[26] 刘文健.复合添加 Sm、Nd 对 AZ81 镁合金组织和性能的影响[D].洛阳:河南科技大学,2014.

[27] 宋晓杰.稀土元素 Y、Gd 对 AZ61 镁合金组织及性能的影响[D].洛阳:河南科技大学,2014.

[28] 黄正华,刘汪涵博,戚文军,等.Sm 对 AZ91D 合金显微组织与力学性能的影响[J].中国有色金属学报,2015(10):2649-2655.

[29] 王慧玲,李尧,杨俊杰.稀土及热处理对 AZ91D 镁合金组织与性能影响[J].现代商贸工业,2016,37(32):190-192.

[30] ZHANG J,ZHANG D,ZHENG T,et al. Microstructures,tensile properties and corrosion behavior of die-cast Mg-4Al-based alloys containing La and/or Ce[J]. Materials Science and Engineering A,2007,489(1-2):113-119.

[31] 李冬升,李丹,佟雨燕,等.Sr 对 AM50 显微组织和力学性能的影响[J].材料导报,2010,24(10):47-49.

[32] WANG J,LIAO R,WANG L,et al. Investigations of the properties of Mg-5Al-0.3Mn-xCe(x=0-3,wt.%)alloys[J]. Journal of Alloys and Compounds,2009,477(1):341-345.

[33] 段成宇.AM60-Nd/Ce/Sc 镁合金的显微组织和力学性能研究[D].重庆:重庆理工大学,2015.

[34] 许婷熠.合金元素及凝固速度对 AM60 镁合金组织和性能影响[D].重庆:重庆大学,2016.

[35] 吴玉锋,杜文博,严振杰,等.Nd 对 Mg-6Al 铸态合金拉伸性能的影响[J].稀有金属材料与工程,2010,39(10):1749-1753.

[36] 姬国强.Sm 及 Sm、Ti 复合变质对 AM60 合金显微组织和力学性能的影响[D].太原:太原理工大学,2011.

[37] 张俊远.铸态 AM60 镁合金强韧化的研究[D].太原:太原理工大学,2008.

[38] 王利国,张保丰,关绍康,等.RE,B 对 AM60 合金显微组织和性能的影响[J].稀有金属材料与工程,2007,36(1):59-62.

[39] 徐道芬.Mg-4Al-1RE-xCa 耐热镁合金的组织和性能[J].特种铸造及有色合金,2015,35(4):419-422.

[40] 李长青. Sm、Ca 和 Sb 对 AE51 镁合金力学性能的影响[D]. 洛阳:河南科技大学,2011.

[41] ZHANG E L,HE W W,DU H L. Microstructure, mechanical properties and corrosion properties Mg-Zn-Y alloys with low Zn contet[J]. Materials Science and Engineering,2008(A488):102-111.

[42] YANG J,WANG J L,WANG L D,et al. Microstructure and mechanical properties of Mg-4.5Zn-xNd (x = 0,1 and 2,wt. %) alloys[J]. Materials Science and Engineering,2008(A479):339-344.

[43] 张新平,袁广银,刘勇. 合金元素对 Mg-Zn-Gd 合金组织和力学性能的影响[J]. 特种铸造及有色合金,2008,28(11):882-885,819.

[44] LI Q, WANG Q D, WANG Y G, et al. Effect of Nd and Y addition on microstructure and mechanical properties of as-cast Mg-Zn-Zr alloy[J]. Journal of Alloys and Compounds, 2007(427): 115-123.

[45] ALOK S, NAKAMURA M, WATANABE M, et al. Quasicrystal strengthened Mg-Zn-Y alloys by extrusion[J]. Scripta Materialia,2003(49):417-422.

[46] 闫蕴琪,邓炬,张延杰,等. Ce 元素对 ZK40 合金组织和室温拉伸性能的影响[J]. 热加工工艺,2004(4):4-6.

[47] 李杰华,乔万奇,杨光昱. 稀土元素 Gd 对 Mg-Zn-Zr 镁合金组织和性能的影响[J]. 稀有金属材料与工程,2008,37(9):1587-1591.

[48] 董定乾. 稀土 La 对 Mg-4.5%Zn 合金铸态组织细化的影响[J]. 轻合金加工技术,2008,36 (10):11-13.

[49] ROBERTS C S. Magnesium and its Alloys[M]. New York:John Wiley & Sons, Inc. ,1960.

[50] BYRNE J. Plastic deformation of Mg-Mn alloy single crystals[J]. Acta Metallurgica,1963,11 (9): 1023-1027.

[51] STRATFORD D,BECKLEY L. Precipitation Processes in Mg-Th,Mg-Th-Mn,Mg-Mn, and Mg-Zr Alloys[J]. Metal Science,1972,6(1): 83-89.

[52] SKJERPE P,SIMENSEN C. Precipitation in Mg-Mn alloys[J]. Metal Science,1983,17(8): 403-407.

[53] GANDEL D S,BIRBILIS N,EASTON M A,et al. Influence of manganese,zirconium and iron on the corrosion of magnesium[C]// Proceedings of ACA Corrosion & Prevention,2010:875-885.

[54] GANDEL D S,EASTON M A,GIBSON M A,et al. CALPHAD simulation of the Mg-(Mn,Zr)-Fe system and experimental comparison with as-cast alloy microstructures as relevant to impurity driven corrosion of Mg-alloys[J]. Materials Chemistry and Physics,2014,143(3): 1082-1091.

[55] GANDEL D,EASTON M,GIBSON M,et al. Influence of Mn and Zr on the Corrosion of Al-Free Mg Alloys:Part 2-Impact of Mn and Zr on Mg Alloy Electrochemistry and Corrosion[J]. Corrosion,2013,69(8): 744-751.

[56] GANDEL D,EASTON M,GIBSON M,et al. Influence of Mn and Zr on the Corrosion of Al-Free Mg Alloys:Part 1-Electrochemical Behavior of Mn and Zr[J]. Corrosion,2012,69(7): 666-671.

[57] CELIKIN M,KAYA A A,PEKGULERYUZ M. Effect of manganese on the creep behavior of magnesium and the role of α-Mn precipitation during creep[J]. Materials Science and Engineering A,

2012,534(1):129-141.

[58] BOHLEN J,YI S,LETZIG D,et al. Effect of rare earth elements on the microstructure and texture development in magnesium-manganese alloys during extrusion[J]. Materials Science and Engineering A ,2010,527(26):7092-7098.

[59] BORKAR H,HOSEINI M,PEKGULERYUZ M. Effect of strontium on the texture and mechanical properties of extruded Mg-1% Mn alloys[J]. Materials Science and Engineering A,2012,549 (15):168-175.

[60] STANFORD N,BARNETT M. Effect of composition on the texture and deformation behaviour of wrought Mg alloys[J]. Scripta Materialia,2008,58(3):179-182.

[61] STANFORD N. The effect of calcium on the texture,microstructure and mechanical properties of extruded Mg-Mn-Ca alloys[J]. Materials Science and Engineering A ,2010,528(1):314-322.

[62] STANFORD N,ATWELL D,BEER A,et al. Effect of microalloying with rare-earth elements on the texture of extruded magnesium-based alloys[J]. Scripta Materialia,2008,59(7):772-775.

[63] BARNETT M R,SULLIVAN A,STANFORD N,et al. Texture selection mechanisms in uniaxially extruded magnesium alloys[J]. Scripta Materialia,2010,63(7):721-724.

[64] STANFORD N,SHA G,LA FONTAINE A,et al. Atom probe tomography of solute distributions in Mg-based alloys[J]. Metallurgical and Materials Transactions A,2009,40(10):2480-2487.

[65] BORKAR H,PEKGULERYUZ M. Effect of extrusion parameters on texture and microstructure evolution of extruded Mg-1% Mn and Mg-1% Mn-Sr alloys[J]. Metallurgical and Materials Transactions A,2015,46(1):488-495.

[66] CELIKIN M,PEKGULERYUZ M. The Effect of Ce Addition on the Creep Resistant Mg-Sr-Mn Alloys[J]. Materials Science Forum,2014(784):358-362.

[67] CELIKIN M,KAYA A A,PEKGULERYUZ M. Microstructural investigation and the creep behavior of Mg-Sr-Mn alloys[J]. Materials Science and Engineering A ,2012,550(30):39-50.

[68] BORKAR H,HOSEINI M,PEKGULERYUZ M. Effect of strontium on flow behavior and texture evolution during the hot deformation of Mg-1wt. % Mn alloy[J]. Materials Science and Engineering A ,2012,537(1):49-57.

[69] MASOUMI M,PEKGULERYUZ M. Effect of Sr on the texture of rolled Mg-Mn-based alloys[J]. Materials Letters,2012,71(15):104-107.

[70] BORKAR H,PEKGULERYUZ M. Effect of extrusion conditions on microstructure and texture of Mg-1% Mn and Mg-1% Mn-1. 6% Sr alloys[C]//Magnesium Technology 2012. Orlando:TMS, 2012:461-464.

[71] BORKAR H,PEKGULERYUZ M. Microstructure and texture evolution in Mg-1% Mn-Sr alloys during extrusion[J]. Journal of Materials Science,2013,48(4):1436-1447.

[72] PEKGULERYUZ M,CELIKIN M. Creep resistance in magnesium alloys[J]. International Materials Reviews,2010,55(4):197-217.

[73] BOEHLERT C J,CHEN Z,CHAKKEDATH A,et al. In situ analysis of the tensile deformation

mechanisms in extruded Mg-1Mn-1Nd (wt. %) [J]. Philosophical Magazine, 2013, 93 (6): 598-617.

[74] HIDALGO-MANRIQUE P,YI S B,BOHLEN J,et al. Effect of Nd additions on extrusion texture development and on slip activity in a Mg-Mn alloy[J]. Metallurgical and Materials Transactions A,2013,44(10): 4819-4829.

[75] CHAKKEDATH A,BOHLEN J,YI S,et al. The effect of Nd on the tension and compression deformation behavior of extruded Mg-1Mn (wt pct) at temperatures between 298 K and 523 K (25 ℃ and 250 ℃)[J]. Metallurgical and Materials Transactions A,2014,45(8): 3254-3274.

[76] DUDAMELL N V,HIDALGO-MANRIQUE P,CHAKKEDATH A,et al. Influence of strain rate on the twin and slip activity of a magnesium alloy containing neodymium[J]. Materials Science and Engineering A ,2013,583(20): 220-231.

[77] ILLKOVA K. Acoustic emission study of the deformation behavior of Mg-Mn alloys containing rare earth Elements[J]. Acta Physica Polonica A,2012,122(3): 634-638.

[78] LENTZ M,KLAUS M,COELHO R S,et al. Analysis of the deformation behavior of magnesium-rare earth alloys Mg-2 pct Mn-1 pct rare earth and Mg-5 pct Y-4 pct rare earth by in situ energy-dispersive X-ray synchrotron diffraction and elasto-plastic self-consistent modeling[J]. Metallurgical and Materials Transactions A,2014,45(12): 5721-5735.

[79] HUPPMANN M U,GALL S,MU LLER S,et al. Changes of the texture and the mechanical properties of the extruded Mg alloy ME21 as a function of the process parameters[J]. Materials Science and Engineering A ,2010,528(1): 342-354.

[80] GALL S,COELHO R S,MU LLER S,et al. Mechanical properties and forming behavior of extruded AZ31 and ME21 magnesium alloy sheets[J]. Materials Science and Engineering A ,2013, 579(1): 180-187.

[81] GALL S,HUPPMANN M,MAYER H M,et al. Hot working behavior of AZ31 and ME21 magnesium alloys[J]. Journal of Materials Science,2013,48(1): 473-480.

[82] BRÖMMELHOFF K,HUPPMANN M,REIMERS W. The effect of heat treatments on the microstructure,texture and mechanical properties of the extruded magnesium alloy ME21: Dedicated to Prof. Dr. -Ing. Heinrich Wollenberger on the occasion of his 80th birthday[J]. International Journal of Materials Research,2011,102(9): 1133-1141.

[83] WANG J F,LU R P,QIN D Z,et al. A study of the ultrahigh damping capacities in Mg-Mn alloys [J]. Materials Science and Engineering A ,2013,560(10): 667-671.

[84] FANG C,ZHANG J,LIAO A L,et al. Hot compression deformation characteristics of Mg-Mn alloys [J]. Transactions of Nonferrous Metals Society of China,2010,20(10): 1841-1845.

[85] ZHANG J,FANG C,YUAN F Q,et al. A comparative analysis of constitutive behaviors of Mg-Mn alloys with different heat-treatment parameters[J]. Materials & Design,2011,32(4): 1783-1789.

[86] FANG D Q,MA N,CAI K,et al. Age hardening behaviors,mechanical and corrosion properties of deformed Mg-Mn-Sn sheets by pre-rolled treatment[J]. Materials & Design,2014,54: 72-78.

[87] SANG J,KANG Z X,LI Y Y. Corrosion resistance of Mg-Mn-Ce magnesium alloy modified by polymer plating[J]. Transactions of Nonferrous Metals Society of China,2008,18(S1): s374-s379.

[88] JIAN W W,KANG Z X,LI Y Y. Effect of hot plastic deformation on microstructure and mechanical property of Mg-Mn-Ce magnesium alloy[J]. Transactions of Nonferrous Metals Society of China,2007,17(6): 1158-1163.

[89] FANG X Y,YI D Q,NIE J F,et al. Effect of Zr,Mn and Sc additions on the grain size of Mg-Gd alloy[J]. Journal of Alloys and Compounds,2009,470(1): 311-316.

[90] XIAO Y,ZHANG X M,CHEN B X,et al. Mechanical properties of Mg-9Gd-4Y-0.6Zr alloy[J]. Transactions of Nonferrous Metals Society of China,2006,16(S3):1669-1672.

[91] 肖阳,张新明,陈健美,等. Mg-9Gd-4Y-0.6Zr 合金挤压 T5 态的高温组织与力学性能[J]. 中国有色金属学报,2006,16(4):709-714.

[92] 张家振,马志新,李德富. 预变性对 Mg-Gd-Y-Zr 合金力学性能的影响[J]. 稀有金属,2008(4):128-131.

[93] HAUSER F E,LANDON P R,DORN J E. Deformation and fracture of alpha solid solutions of lithium in magnesium[J]. Transactions of American Society for Metals,1958,50: 856-883.

[94] LI R H,PAN F S,JIANG B,et al. Effect of Li addition on the mechanical behavior and texture of the as-extruded AZ31 magnesium alloy[J]. Materials Science and Engineering A ,2013,562(1): 33-38.

[95] AGNEW S R,HORTON J A,YOO M H. Transmission electron microscopy investigation of $<c+a>$ dislocations in Mg and α-solid solution Mg-Li alloys[J]. Metallurgical and Materials Transactions A,2002,33(3): 851-858.

[96] TAKUDA H,KIKUCHI S,YOSHIDA N,et al. Tensile properties and press formability of a Mg-9Li-1Y alloy sheet[J]. Materials Transactions,2005,44(11): 2266-2270.

[97] GASIOR W,MOSER Z,ZAKULSKI W,et al. Thermodynamic studies and the phase diagram of the Li-Mg system[J]. Metallurgical and Materials Transactions A,1996,27(9): 2419-2428.

[98] METENIER P,GONZÁLEZ-DONCEL G,RUANO O A,et al. Superplastic behavior of a fine-grained two-phase Mg-9wt.% Li alloy[J]. Materials Science and Engineering A ,1990,125(2): 195-202.

[99] 小岛阳,井上诚,丹野敦. Mg-Li 系合金の超塑性[J]. 日本金属学会志,1990,54(3): 354-355.

[100] 二宫隆二,三宅行一. 超軽量·超塑性 Mg-Li 合金の研究[J]. 軽金属,2001,51(10): 509-513.

[101] 李瑞红,蒋斌,李付江. 高性能镁锂合金板材制备与加工[M]. 长春:吉林大学出版社,2014.

[102] 马春江,张荻,覃继宁,等. Mg-Li-Al 合金的力学性能和阻尼性能[J]. 中国有色金属学报,2000(S1): 10-14.

[103] YOSHIDA Y,CISAR L,KAMADO S,KOJIMA Y. Low temperature superplasticity of ECAE pro-

cessed Mg-10% Li-1% Zn alloy[J]. Materials Transactions,2002,43(10): 2419-2423.

[104] FURUI M,XU C,AIDA T,INOUE M,ANADA H,LANGDON T C. Improving the superplastic properties of a two-phase Mg-8% Li alloy through processing by ECAP[J]. Materials Science and Engineering A ,2005,410(25): 439-442.

[105] CHANG T C,WANG J Y,CHU C L,et al. Mechanical properties and microstructures of various Mg-Li alloys[J]. Materials Letter,2006,60(27): 3272-3276.

[106] LIU X H,WU R Z,NIU Z Y,et al. Superplasticity at elevated temperature of an Mg-8% Li-2% Zn alloy[J]. Journal of Alloys and Compounds,2012,541(15): 372-375.

[107] FURUI M,KITAMURA H,ANADA H,et al. Influence of preliminary extrusion conditions on the superplastic properties of a magnesium alloy processed by ECAP[J]. Acta Materials,2007,55(3): 1083-1091.

[108] NIE J F. Effects of precipitate shape and orientation on dispersion strengthening in magnesium alloys[J]. Scripta Materialia,2003,48(8): 1009-1015.

[109] PLANKEN J. Precipitation hardening in magnesium-tin alloys[J]. Journal of Materials Science,1969,4(10): 927-929.

[110] SASAKI T T,YAMAMOTO K,HONMA T,et al. A high-strength Mg-Sn-Zn-Al alloy extruded at low temperature[J]. Scripta Materialia,2008,59(10): 1111-1114.

[111] SASAKI T T,JU J D,HONO K,et al. Heat-treatable Mg-Sn-Zn wrought alloy[J]. Scripta Materialia,2009,61(1): 80-83.

[112] SASAKI T,OH-ISHI K,OHKUBO T,et al. Effect of double aging and microalloying on the age hardening behavior of a Mg-Sn-Zn alloy[J]. Materials Science and Engineering A ,2011,530(15):1-8.

[113] MENDIS C L,OH-ISHI K,HONO K. Enhanced age hardening in a Mg-2. 4at. % Zn alloy by trace additions of Ag and Ca[J]. Scripta Materialia,2007,57(6): 485-488.

[114] MENDIS C L,BETTLES C J,GIBSON M A,et al. An enhanced age hardening response in Mg-Sn based alloys containing Zn [J]. Materials Science and Engineering A, 2006, 435- 436 (5): 163-171.

[115] PARK S S,YOU B S. Low-temperature superplasticity of extruded Mg-Sn-Al-Zn alloy[J]. Scripta Materialia,2011,65(3): 202-205.

[116] HU G S,ZHANG D F,ZHAO D Z,et al. Microstructures and mechanical properties of extruded and aged Mg-Zn-Mn-Sn-Y alloys[J]. Transactions of Nonferrous Metals Society of China,2014,24(10): 3070-3075.

[117] WANG H Y,XUE E S,XIAO W,et al. Influence of grain size on deformation mechanisms in rolled Mg-3Al-3Sn alloy at room temperature[J]. Materials Science and Engineering A ,2011,528(29): 8790-8794.

[118] WANG H Y,ZHANG N,WANG C,et al. First-principles study of the generalized stacking fault energy in Mg-3Al-3Sn alloy[J]. Scripta Materialia,2011,65(8): 723-726.

[119] WANG H Y,NAN X L,ZHANG N,et al. Strong strain hardening ability in an as-cast Mg-3Al-3Sn alloy[J]. Materials Chemistry and Physics,2012,132(2-3): 248-252.

[120] LUO D,WANG H Y,CHEN L,et al. Strong strain hardening ability in an as-cast Mg-3Sn-1Zn alloy[J]. Materials Letters,2013,94(1): 51-54.

[121] 潘复生,韩恩厚. 高性能变形镁合金及加工技术[M].北京:科学出版社,2007.

[122] DING P D,JIANG B,WANG J,et al. Status and development of magnesium alloy thin strip casting[J]. Materials Science Forum,2007(546-549): 361-364.

[123] WANG J,JIANG B,DING P D,et al. Study on solidification microstructure of AZ31 alloy strips by vertical twin roll casting[J]. Materials Science Forum,2007(546-549): 383-386.

[124] 刘志民,邢书明,鲍培玮,等. AZ31B 铸轧镁合金板材的预变形温热拉深[J].中国有色金属学报,2010,20(4): 688-694.

[125] JIANG B,GAO L,HUANG G J,et al. Effect of extrusion processing parameters on microstructure and mechanical properties of as-extruded AZ31 sheets[J]. Transactions of Nonferrous Metals Society of China,2008,18(S1): 160-164.

[126] YANG Q S,JIANG B,DAI J H,et al. Mechanical properties and anisotropy of AZ31 alloy sheet processed by flat extrusion container[J]. Journal of Materials Research,2013,28(9):1148-1154.

[127] YANG Q S,JIANG B,HUANG X Y,et al. Influence of microstructural evolution on mechanical behaviour of AZ31 alloy sheet processed by flat extrusion container[J]. Materials Science and Technology,2013,29(8):1012-1016.

[128] SUZUKI K,CHINO Y,HUANG X S,et al. Elastic and damping properties of AZ31 magnesium alloy sheet processed by high-temperature rolling[J]. Materials Transactions,2011,52(11): 2040-2044.

[129] DAI Q,LAN W,CHEN X. Effect of initial texture on rollability of Mg-3Al-1Zn alloy sheet[J]. Journal of Engineering Materials and Technology,2014,136(1): 011005. 1-011005. 5.

[130] DHARMENDRA C,RAO K P,PRASAD Y V R K,et al. Hot workability analysis with processing map and texture characteristics of as-cast TX32 magnesium alloy[J]. Journal of Materials Science,2013,48(15): 5236-5246.

[131] SURESH K,RAO K P,PRASAD Y V R K,et al. Study of hot forging behavior of as-cast Mg-3Al-1Zn-2Ca alloy towards optimization of its hot workability[J]. Materials and Design,2014,57: 697-704.

[132] LIANG D,COWLEY C B. The twin-roll strip casting of magnesium. [J]. Journal of the Minerals,Metals & Materials Society,2004,56(5): 26-28.

[133] KAYA A A,DUYGULU O,UCUNCUOGLU S,et al. Production of 150 cm wide AZ31 magnesium sheet by twin roll casting[J]. Transactions of Nonferrous Metals Society of China,2008,18(S1): 185-188.

[134] BAE J H,RAO A K P,KIM K H ,et al. Cladding of Mg alloy with Al by twin-roll casting[J]. Scripta Materialia,2011(64):836-839.

[135] KIM H L,BANG W K,CHANG Y W. Deformation behavior of as-rolled and strip-cast AZ31 magnesium alloy sheets[J]. Materials Science and Engineering：A,2011,528(16)：5356-5365.

[136] MENDIS C L,BAE J H,KIM N J,et al. Microstructures and tensile properties of a twin roll cast and heat-treated Mg-2.4Zn-0.1Ag-0.1Ca-0.1Zr alloy[J]. Scripta Materialia,2011,64(4)：335-338.

[137] DING P D,PAN F S,JIANG B,et al. Twin-roll strip casting of magnesium alloys in China[J]. Transactions of Nonferrous Metals Society of China,2008,18(S1)：7-11.

[138] CARTER J T,KRAJEWSKI P E,VERMA R. The hot blow forming of AZ31 Mg sheet：Formability assessment and application development[J]. Journal of the Minerals,Metals & Materials Society,2008,60(11)：77-81.

[139] YANG Q S,JIANG B,TIAN Y,et al. A tilted weak texture processed by an asymmetric extrusion for magnesium alloy sheets[J]. Materials Letters,2013,100(1)：29-31.

[140] 冯小明,艾桃桃,张会. 等通道角挤压 AZ31 镁合金的微观组织与力学性能[J]. 特种铸造及有色合金,2008,28(7)：499-501.

[141] KOIKE J,KOBAYASHI T,MUKAI T,et al. The activity of non-basal slip systems and dynamic recovery at room temperature in fine-grained AZ31B magneium alloys[J]. Acta Materials,2003,51(7)：2055-2065.

[142] AGNEW S R,YOO M H,TOME C N. Application of texture simulation to understanding mechanical behavior of Mg and solid solution alloys containing Li or Y[J]. Acta Materials,2001,49(20)：4277-4289.

[143] MACKENZIE L W F,PEKGULERYUZ M. The influences of alloying additions and processing parameters on the rolling microstructures and textures of magnesium alloys[J]. Materials Science and Engineering A ,2008,480(1-2)：189-197.

[144] STYCZYNSKI A,HARTIG C,BOHLEN J,et al. Cold rolling textures in AZ31 wrought magnesium alloy[J]. Scripta Materials,2004,50(7)：943-947.

[145] KOIKE J. Enhanced deformation mechanisms by anisotropic plasticity in polycrystalline mg alloys at room temperature[J]. Metallurgical and Materials Transactions A,2005,36(7)：1689-1696.

[146] 刘庆. 镁合金塑性变形机理研究进展[J]. 金属学报,2010,46(11)：1458-1472.

[147] 宋波. 沉淀相与孪晶强化镁合金塑性变形行为及各向异性研究[D]. 重庆：重庆大学,2013.

[148] ZHANG H Y,WANG H Y,WANG C,et al. First-principles calculations of generalized stacking fault energy in Mg alloys with Sn,Pb and Sn + Pb dopings[J]. Materials Science and Engineering. A,2013(584)：82-87.

[149] WANG C,ZHANG H Y,WANG H Y,et al. Effects of doping atoms on the generalized stacking-fault energies of Mg alloys from first-principles calculations[J]. Scripta Materials,2013,69(6)：445-448.

[150] SANDLÖBES S,FRIÁK M,ZAEFFERER S,et al. The relation between ductility and stacking

fault energies in Mg and Mg-Y alloys[J]. Acta Materials,2012,60(6-7):3011-3021.

[151] YUASA M,HAYASHI M,MABUCHI M,et al. Improved plastic anisotropy of Mg-Zn-Ca alloys exhibiting high-stretch formability:A first-principles study[J]. Acta Materials,2014,65(15):207-214.

[152] YUASA M,MIYAZAWA N,HAYASHI M,et al. Effects of group Ⅱ elements on the cold stretch formability of Mg-Zn alloys[J]. Acta Materials,2015,83(15):294-303.

[153] ANDO S,TANAKA M,TONDA H. Pyramidal slip in magnesium alloy single crystals[J]. Materials Science Forum,2003(419-422):87-92.

[154] YAN H,CHEN R S,HAN E H. A comparative study of texture and ductility of Mg-1.2Zn-0.8Gd alloy fabricated by rolling and equal channel angular extrusion[J]. Materials Characterization,2011,62(3):321-326.

[155] WU D,CHEN R S,HAN E H. Excellent room-temperature ductility and formability of rolled Mg-Gd-Zn alloy sheets[J]. Journal of Alloys and Compounds,2011,509(6):2856-2863.

[156] SANDLÖBES S,ZAEFFERER S,SCHESTAKOW I,et al. On the role of non-basal deformation mechanisms for the ductility of Mg and Mg-Y alloys[J]. Acta Materials,2011,59(2):429-439.

[157] GANESHAN S,SHANG S L,WANG Y,et al. Effect of alloying elements on the elastic properties of Mg from first-principles calculations[J]. Acta Materials,2009,57(13):3876-3884.

[158] WILSON R,BETTLES C J,MUDDLE B C,et al. Precipitation hardening in Mg-3wt.% Nd (-Zn) casting alloys[J]. Materials Science Forum,2003,419-422:267-272.

[159] 侯增寿,卢光熙. 金属学原理[M]. 上海:上海科学技术出版社,1990.

[160] YOO M H. Slip,twinning,and fracture in hexagonal close-packed metals[J]. Metallurgical and Materials Transactions A,1981,12(3):409-418.

[161] CHRISTIAN J W,MAHAJAN S. Deformation twinning[J]. Progress in Materials Science,1995,39(1):1-157.

[162] ZHANG H,HUANG G S,WANG L F,et al. Improved formability of Mg-3Al-1Zn alloy by pre-stretching and annealing[J]. Scripta Materials,2012,67(5):495-498.

[163] ZHANG H,HUANG G S,LI J H,et al. Influence of warm pre-stretching on microstructure and properties of AZ31 magnesium alloy[J]. Journal of Alloys and Compounds,2013,563(25):150-154.

[164] XIN Y C,ZHOU X J,LIU Q. Suppressing the tension-compression yield asymmetry of Mg alloy by hybrid extension twins structure[J]. Materials Science and Engineering A ,2013,567(1):9-13.

[165] BARNETT M R,KESHAVARZ Z,BEER A G,et al. Non-Schmid behaviour during secondary twinning in a polycrystalline magnesium alloy[J]. Acta Materials,2008,56(1):5-15.

[166] MARTIN É,CAPOLUNGO L,JIANG L,et al. Variant selection during secondary twinning in Mg-3% Al[J]. Acta Materials,2010,58(11):3970-3983.

[167] MU S J,JONAS J J,GOTTSTEIN G. Variant selection of primary,secondary and tertiary twins in

a deformed Mg alloy[J]. Acta Materials,2012,60(5):2043-2053.

[168] KLEINER S,UGGOWITZER P J. Mechanical anisotropy of extruded Mg-6% Al-1% Zn alloy[J]. Materials Science and Engineering A ,2004,379(1-2):258-263.

[169] LOU X Y,LI M,BOGER R K ,AGNEW S R,et al. Hardening evolution of AZ31B Mg sheet[J]. International Journal of Plasticity,2007,23(1):44-86.

[170] WANG Y N,HUANG J C. The role of twinning and untwinning in yielding behavior in hot-extruded Mg-Al-Zn alloy[J]. Acta Materials,2007,55(3):897-905.

[171] PROUST G,TOMÉ C N,JAIN A,et al. Modeling the effect of twinning and detwinning during strain-path changes of magnesium alloy AZ31 [J]. International Journal of Plasticity,2009,25 (5):861-880.

第 2 章　镁合金的固溶强化增塑原理

　　镁合金是六方晶体结构,从晶体学角度看,镁合金只有两个独立滑移系,均在同一个滑移面,且基面滑移临界剪切应力远远低于锥面和柱面滑移临界剪切应力,这不仅导致镁合金塑性变形能力较差,而且在后续变形加工过程中极易产生基面织构,均匀成形能力较差。为了进一步提高镁合金的塑性和成形性能,必须从限制镁合金塑性的根本原因出发,发展强度和塑性同步提升的新理论和途径。

　　添加合适的合金元素对金属进行合金化固溶和随后的析出,是调控合金力学性能的重要途径。在立方金属中,特别是钢铁和铝合金材料中,固溶和析出强化的同时一般都要降低塑性。析出强化降低塑性同样已在镁合金中得到了大量的实验验证,但对其固溶处理研究却发现了一些新现象,即部分元素可以在实现固溶强化的同时改善塑性。基于这一现象,我们从理论设计出发,通过实验验证和理论应用,提出了合金设计的新原理。

2.1　"固溶强化增塑"合金设计理论的思路

　　自 2002 年以来,重庆大学潘复生团队等针对合金元素影响镁合金强度和塑性的机理做了大量研究,如 Ag、Nd、Zn、Mn、Sn、Er、Al、Y、Ca、Ce、Li、Gd、Sc、Sr 等合金元素。这些研究中,有关析出强化的研究,普遍现象是合金的强度提高,塑性下降。重庆大学镁合金科研团队重点突出了元素固溶后基面与非基面滑移阻力变化如何影响塑性的研究。研究发现,某些特定元素原子固溶在镁中具有降低基面与非基面滑移阻力差异的独特作用,有利于非基面滑移的启动,进而提高镁合金的塑性。在 2005 年前后,潘复生及其合作者结合国内外研究工作提出了"固溶强化增塑"的合金设计思想,其主要思路如图 2.1 所示。

　　从图 2.1 可以看出,合金元素固溶在镁基体中,可增大或减小镁基面或非基面滑移阻力。当合金元素固溶后增大(或减小)基面和非基面的滑移阻力时,固溶体基面与非基面滑移阻力差值 $\Delta\tau'$ 和镁基面与非基面滑移阻力差值 $\Delta\tau$,存在 $\Delta\tau'\approx\Delta\tau$,$\Delta\tau'>\Delta\tau$,$\Delta\tau'<\Delta\tau$ 3 种情况。

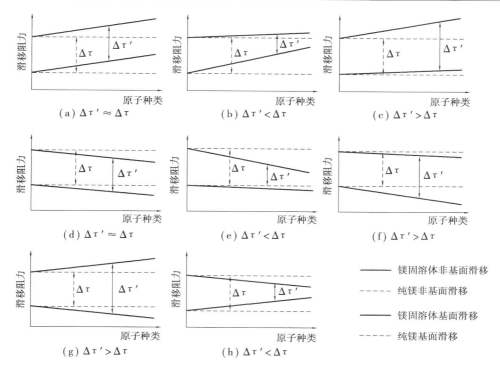

图 2.1 "固溶强化增塑"合金设计理论思路

当 $\Delta\tau'\approx\Delta\tau$ 时[图 2.1(a),(d)],元素固溶对基面与非基面滑移阻力差值的影响不大,并不能促进非基面滑移的开启,提高镁合金塑性;$\Delta\tau'>\Delta\tau$ 时[图 2.1(c),(f),(g)],元素固溶增大了基面与非基面滑移阻力差值,使非基面滑移的启动更为困难,不利于镁合金塑性的改善;当 $\Delta\tau'<\Delta\tau$ 时[图 2.1(b),(e),(h)],元素固溶减小了基面与非基面滑移阻力差值,有利于非基面滑移的开启,镁合金均匀塑性变形能力提高。而基面滑移阻力的减小不利于合金强度的提升,图 2.1(e)所示情况只能改善塑性,但会损失一定的强度,使材料的工业应用受限。

图 2.1(b)和图 2.1(h)是合金设计中应追求的方向,其中图 2.1(h)所示情况最有利于同时提高强度和塑性。因此,当设计合金成分时,选用能够使基面滑移阻力增加且基面与非基面滑移阻力差值减小的合金元素,既可以产生强化提高合金强度,又可以促进非基面滑移提高合金塑性,达到同时提高合金强度和塑性的效果,实现"固溶强化增塑"的合金设计目的。

2.2 "固溶强化增塑"合金设计的理论计算

早期研究表明,对密排六方结构的镁来说,c/a 轴比的变化将会改变原子间距,激发非基面滑移,从而提高镁合金的塑性。而后有越来越多的研究发现,轴比的增大或减小与开启非基面滑移的难易程度没有对应关系,由此可见,轴比的变化并不是激发非基面滑移的关键因素。

层错是晶体中普遍存在的材料本征特征,层错能则是对应于特定相对滑动位移所形成的层错所需要的能量。近年来,大量研究认为层错能的变化与基面、非基面滑移系的启动及合金塑性变形能力有关。重庆大学潘复生团队研究了多种固溶原子对镁层错能的影响,研究发现:合金元素 Al、Bi、Ca、Dy、Er、Ga、Gd、Ho、In、Lu、Nd、Pb、Sm、Sn、Y、Yb 可明显降低 I_1 层错能;合金元素 Ca、Dy、Er、Gd、Ho、Lu、Nd、Sm、Y、Yb 能大幅度降低柱面滑移系的非稳定层错能,有利于降低柱面位错滑移的临界分切应力;合金元素 Ag、Al、Ca、Dy、Er、Ga、Gd、Ho、Li、Lu、Nd、Sm、Y、Yb、Zn 有利于锥面滑移系的开启并提高镁合金的本征塑性。

Yasi 等通过第一性原理计算建立了部分二元镁固溶体合金基面层错能与基面滑移 CRSS 之间的定量关系,证明了镁合金层错能与 CRSS 的直接关联。近年来,随着计算机技术和方法的发展,对于密排晶体结构金属,基于局域密度泛函方程的理论模型能够对层错能进行可靠的计算,而且在很多情况下这种计算甚至比一般条件下测得的实验值更精确。采用相关计算方法已在镁合金领域取得了重要结果和进展,为高塑性镁合金理论计算提供了现实条件。

2.2.1 合金元素对层错能的影响

密排六方结构是以密排面(0001)按照…ABABAB…顺序堆垛而成。为了方便,常用符号"△"表示 AB,BC,CA 的堆垛顺序,用符号"▽"表示 BA,AC,CB 的堆垛顺序。因此,密排六方的堆垛方式可以表示为…△▽△▽…。如果在某一层原子面产生了错排,形成了面缺陷,堆垛顺序变为…▽△▽△▽…或…▽△▽▽△▽…,这种缺陷即为堆垛层错。

堆垛层错的形成破坏了晶体的完整性和周期性,使晶体的能量升高。堆垛层错能(γ)定义为由层错引起的单位面积升高的能量。假使完美晶体的能量为 E_0,形成层错后晶体的能量变为 E_γ,则层错能的表达式为:

$$\gamma = \frac{E_\gamma - E_0}{A} \tag{2.1}$$

式中 A——晶体(0001)密排面的面积。

因此,只要用第一性原理方法计算出完美晶体的能量(E_0)和形成层错后晶体的能量(E_γ),通过式(2.1)便可计算出堆垛层错能。

当晶体的一部分相对于另一部分发生相对切动产生堆垛错排,若此时将切动的位移作为横坐标,单位面积变化的系统总能作为纵坐标,得到的曲线则为广义层错能曲线。

（1）镁基面 I_2 型堆垛层错能

计算模型采用 $2\times2\times6$ 个超胞点阵，包含 24 个 Mg 原子，其原子层堆垛排列为：BABABABABABA。其中 A 原子层代表基面（0001），B 代表（0002）面，如图 2.2（a）所示。为了在基面引入堆垛层错，使某一基面原子层及其以上所有原子层以 1/3 $[\bar{1}\bar{1}20]$ 和 $[\bar{1}100]$ 线性组合的方式平移 $n\times0.1a$ 距离（a 代表镁晶胞的点阵常数），如图 2.2（b）所示，计算纯镁基面堆垛层错能变化曲面。

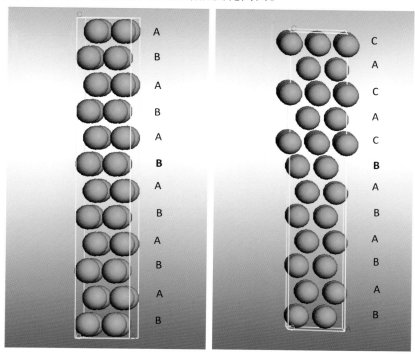

（a）$2\times2\times6$超胞　　　　（b）引入I_2层错的$2\times2\times6$超胞

图 2.2　镁基面层错能计算模型

图 2.3 表示了密排六方晶体典型的间隙位子，分别用 A，B，C 表示。由密排六方晶体的原子堆垛方式可以看出，其原子堆垛方式为 BABABABABABA。I_2 型层错的产生，可以看成密排六方晶体的某一密排面（A）被抽调，然后被抽掉这层原子以上的所有层原子沿着 1/3 $[\bar{1}010]$ 矢量发生剪切平移。因此，抽掉层以上 B 层原子移动到 C 间隙位子，抽掉层以上 A 层原子移动到 B 间隙位子。剪切平移后的原子堆垛方式变为：BABABABC′ACACAC，如图 2.3 所示。由此，根据层错的定义，在晶体中基面（0001）构建了密排六方晶体典型的稳定抽出型内生层错 I_2。

图 2.4 所示为第一性原理计算所得纯 Mg 基面层错能分布曲面，其 x 轴沿着 $a/3[\bar{1}\bar{1}20]$ 方向，y 轴沿着 $a[\bar{1}100]$ 方向。由图 2.4 可以看出，纯 Mg 基面层错能沿着晶向变化很大。

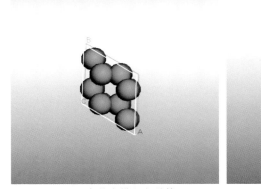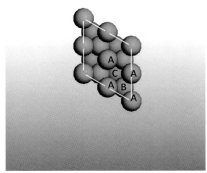

(a)完美密排六方晶体　　　　　　(b)引入I₂层错的密排六方晶体

图 2.3　密排六方晶体的原子堆垛方式(投影图)

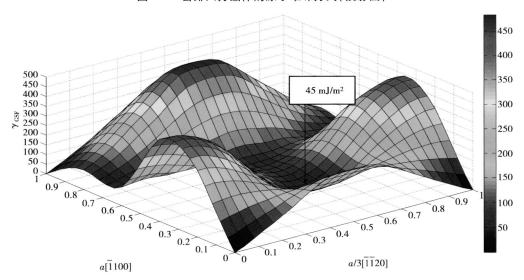

图 2.4　镁基面堆垛层错能曲面

图 2.5 和图 2.6 分别列出了镁基面沿着[$\bar{1}010$]方向和 1/3[$\bar{1}\bar{1}20$]方向的堆垛层错能(γ_{GSF})曲线变化情况。图 2.5 表明镁基面沿着[$\bar{1}010$]方向的稳定层错能(γ_{is})为 45 mJ/m²,其不稳定层错能(γ_{us})为 101 mJ/m²。图 2.6 表明镁基面沿着 1/3[$\bar{1}\bar{1}20$]方向不存在稳定层错能,其 γ_{us} 高达 280 mJ/m²,表明镁基面沿着 1/3[$\bar{1}\bar{1}20$]方向产生全位错需要克服较高的能量,从热力学角度考虑则说明镁基面沿着 1/3[$\bar{1}\bar{1}20$]方向产生的全位错具有不稳定性。同样,镁基面沿着[$\bar{1}010$]方向产生的位错具有较高的稳定性。因此,能量较高方向的位错就会自发地向能量较低方向的位

错产生位错扩展,由此推测,$a/3[\bar{1}\bar{1}20]$ 的全位错在位错运动中可能发生如下位错反应:

$$\frac{1}{3}[\bar{1}\bar{1}20] \rightarrow \frac{1}{3}[\bar{1}010] + \frac{1}{3}[0\bar{1}10] \quad (2.2)$$

其与密排六方结构材料的经典位错理论完全一致。

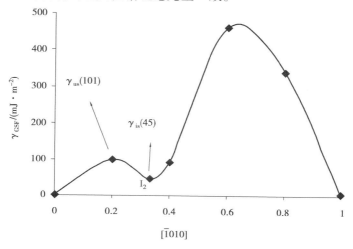

图 2.5　镁基面沿着 $[\bar{1}010]$ 方向的堆垛层错能(γ_{GSF})曲线

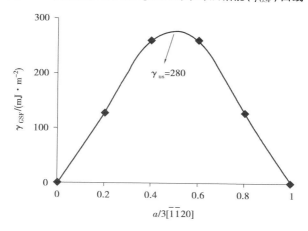

图 2.6　镁基面沿着 $1/3[\bar{1}\bar{1}20]$ 方向的堆垛层错能(γ_{GSF})曲线

另外,I_2 型堆垛层错对应的方向为 $1/3[\bar{1}010]$,其稳定层错能为 25 meV/m²(45 mJ/m²),与文献中报导的 23 meV/m² 吻合很好。以上对纯 Mg 基面层错能分布的计算证明了第一性原理计算方法的可行性和可靠性,为后续计算合金元素对镁合金层错能的影响奠定了基础。

（2）合金元素对镁基面 I_2 型堆垛层错能的影响

如图 2.7 所示，用 VASP 建立 $2\times2\times6$ 个超胞，共 48 个原子，分别置换固溶一个 Y，Zn 原子（即固溶度 2.08at.%），通过引入 I_2 型层错[Mg 晶胞某一（1000）晶面以及以上所有原子层沿着 $1/3[10\bar{1}0]$ 矢量滑移]，计算合金元素（Y 和 Zn）对 Mg 典型低能堆垛层错（I_2）能的影响。添加 2.08at.% Y，Zn 时，镁合金基面 I_2 型堆垛层错能见表 2.1。

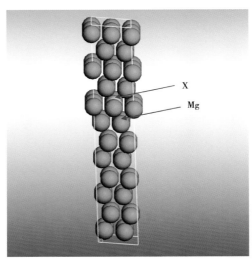

图 2.7　合金元素 Y，Zn 对 Mg 基面层错能影响计算模型

表 2.1　添加 2.08at.% Y，Zn 时镁基面 I_2 型堆垛层错能和化学错配

合金元素	$\gamma_{I_2}/(\mathrm{mJ\cdot m^{-2}})$	$\dfrac{\Delta\gamma_{I_2}}{\gamma_{I_2}}/\%$	$\varepsilon_{\mathrm{SFE}}$
Mg	45.0	0	—
Y	35.0	-22.2	-0.88
Zn	45.3	$+0.67$	$+0.04$

由表 2.1 对 Mg 基面 I_2 型堆垛层错能的计算结果可以看出，固溶合金元素 Zn 的添加使 Mg 基面层错能（SFE）由 45 mJ/m^2 变为 45.3 mJ/m^2，变化幅度为 $+0.67\%$，"$+$"代表合金元素使层错能"增加"。说明合金元素 Zn 的添加稍微增大了 Mg 基面 I_2 型堆垛层错能，合金元素 Y 则显著降低了 I_2 型层错能，使镁基面 I_2 型稳定堆垛层错能，由 45 mJ/m^2 降低到 35 mJ/m^2，其层错能变化率为 -22.2%，"$-$"代表合金元素使层错能"降低"。

$$\varepsilon_{\mathrm{SFE}}=\frac{E_{\mathrm{displaced}}(\mathrm{solute})-E_{\mathrm{undisplaced}}(\mathrm{solute})-2\sqrt{3}a^2\gamma_{I_2}}{\dfrac{\gamma_{I_2}\sqrt{3}a^2}{2}} \qquad (2.3)$$

　　然而,目前尚无合金元素对 Mg 基面层错能影响的定量实验研究,为了验证以上关于 Y 和 Zn 对 Mg 基面堆垛层错(I_2)能影响计算结果的可靠性,运用式(2.3)对合金元素在 Mg 中化学错配(ε_{SFE})进行计算。式中,γ_{I_2} 为纯 Mg 的层错能,"displaced" and "undisplaced" 分别代表第一性原理计算模型超胞中"引入"和"未引入"层错,E 代表体系的总能,$\sqrt{3}\,a^2/2$ 为计算模型中 Mg 基面的面积。因此,$E_{displaced}$(solute) $-$ $E_{undisplaced}$(solute)代表了晶胞存在合金元素时产生层错引起的能量变化,$E_{displaced}$(solute) $-E_{undisplaced}$(solute) $-2\sqrt{3}\,a^2\gamma_{I_2}$ 则代表了合金元素的加入引起 Mg 基面层错能的变化。因此,ε_{SFE} 实际上也反映了合金元素对 Mg 基面层错能的影响,ε_{SFE} 的符号为"$+$",代表合金元素使层错能"增加",ε_{SFE} 的符号为"$-$",代表合金元素使层错能"降低",ε_{SFE} 数值的大小代表合金元素使 Mg 层错能变化的幅度。

　　表 2.1 列出了 Y 和 Zn 在 Mg 中化学错配(ε_{SFE})的计算结果。Y 和 Zn 的 ε_{SFE} 分别为 -0.88 和 $+0.04$,表明 Y 的添加能使 Mg 的层错能降低,而 Zn 使 Mg 的层错能增大,而且 Y 使 Mg 的层错能变化幅度显著大于 Zn 使 Mg 的层错能变化幅度。Yasi 等的计算结果也显示,Y 和 Zn 的 ε_{SFE} 分别为 -1.70 和 $+0.32$,表明 Y 的添加能降低 Mg 的层错能,而 Zn 使 Mg 的层错能增大,Y 使 Mg 的层错能变化幅度显著大于 Zn 使 Mg 的层错能变化幅度。一般来说,层错能越低,合金中产生层错的概率越大。实验观察到 Mg-Zn-Zr-Y 合金中 LPSO 相的析出伴随着层错的产生,说明合金元素 Y 大幅度降低合金的层错能导致合金中较容易出现层错。

2.2.2　合金元素对临界剪切应力(CRSS)的影响

　　变形镁合金在室温下非基面与基面滑移的临界剪切应力(CRSS)比值较大,非基面滑移难以启动,室温独立滑移系少,导致变形镁合金的室温成形性能较差。研究表明,适当的合金化改性可使镁合金在室温塑性变形时启动非基面滑移。例如,合金元素 Li,Y,Zn,Ca,Gd 等,可使镁合金开启非基面滑移,使镁合金在室温下同样表现出较好的成形性能。

　　Akhtar 等研究发现 Zn 元素可以提高镁合金基面的 CRSS,同时降低柱面的 CRSS。Herrera-Solaz 等利用晶体塑性有限元分析发现,Nd 元素可以使纯镁各个滑移系的 CRSS 升高,而使非基面与孪晶 CRSS 的比值降低。但目前关于其他合金元素影响镁合金非基面与基面滑移 CRSS 的系统研究较少。

　　首先利用第一性原理计算出不同的溶质原子(Al,Gd,Li,Mn,Sn,Y,Zn)在镁晶体中的掺杂位置,并用实验验证这种计算方法的可行性。再找出与 Li 原子固溶于镁晶体中有相同固溶特性的元素,计算出这些溶质原子(包括 Li 原子)掺杂至镁晶体后基面与非基面滑移理论临界剪切强度(τ_{max})的变化。具体思路和步骤如下:首先对掺杂了溶质原子的镁晶胞进行结构驰豫,获得平衡的晶体结构,找出最稳定的掺杂位置,同时利用实验验证计算结果;其次,找出与 Li 原子在镁晶体中掺杂位置一致的原子后,计算出含有这些原子的镁晶体基面与非基面滑移的广义层错能;最后,利用广义层错能曲线计算出相应滑移系的 τ_{max},对比掺杂溶质原子前后非基面与基面 τ_{max} 比值的变化情况。

(1)临界剪切应力的计算方法

对单晶试样进行压缩试验可确定晶体材料的临界剪切应力。常见的单晶制备方法有高温梯度定向凝固法、水平 Bridgman 法以及 Czochralski 法等。然而受到单晶制备条件的限制,一些特定成分或者特殊相态(如单相固溶体态)的金属与合金单晶较难制备。

合金元素在镁中有限的固溶度使得合金化后的镁合金通常存在第二相,加之变形前的镁合金的晶粒取向随机,这都使得通过实验手段测定镁合金的临界剪切应力变得困难。利用计算模拟可以定性或半定量地考察不同合金元素对镁合金临界剪切应力的影响,不但为评估各种合金元素对镁合金成形性能的影响提供一种便捷有效的方法,而且对深入了解镁合金塑性变形行为有着重要的意义,同时为实验合金元素的选择和设计提供理论指导。

依据佩尔斯-纳巴罗模型(Peierls-Nabarro Model),位错移动时所受阻力 F 是周期性的,只有在外加切应力能克服 F_{max} 时,位错才可能运动。使位错克服错排能势垒(点阵阻力)而运动的外加切应力称为临界切应力,用 σ_{P-N} 表示,该临界切应力又被称为佩尔斯-纳巴罗应力(Peierls-Nabarro force),相当于理想晶体中克服点阵阻力移动一个位错所需的临界切应力,Perierls 力可表示为:

$$\sigma_{P-N} = \frac{2\mu}{q} \exp\left(-\frac{2\pi a}{qb}\right) \tag{2.4}$$

式中　a——位错宽度;

　　　b——柏氏矢量;

　　　μ——切变模量;当位错类型为螺型位错时,$q = 1$,当位错类型为刃型位错,$q = 1 - \nu$,其中 ν 为泊松比。

位错滑移最容易在最小的 σ_{P-N} 力方向进行,根据式(2.4),对同种材料,切变模量 μ 与 q 是一定的,最密排面对应较小的位错宽度和较小的柏氏矢量。因此,晶内的位错滑移变形容易在密排面上沿着最密排方向进行。

B. Joós 在 P-N 模型的基础上,对之前所熟知的只对宽位错有效的公式进行了广义化改进,得到的公式有定量预测能力,可通过广义层错能而直接评估 Perierls 力,对宽位错及窄位错均有效。依据连续理论,在位错线上某点 x' 上产生的力场与在点 $1/(x - x')$ 上产生的力场是成比例的,可得到 P-N 公式的微积分形式:

$$\frac{K}{2\pi}\int_{-\infty}^{+\infty} \frac{1}{x - x'} \frac{df(x')}{dx'} dx' = F_b(f(x)) \tag{2.5}$$

式中　K——弹性常数,与位错类型及柏氏矢量的方向有关;

　　　$F(f)$——广义层错能。

在原始的 P-N 模型中引入一个简单的正弦剪切应力,同时引入理论剪切强度的概念,晶体的一部分沿着某一晶向发生滑动的理论临界剪切强度是衡量晶内临界剪切力的一个重要参数,用 τ_{max} 表示,得到:

$$F_b(f(x)) = \tau_{max}\sin\frac{2\pi f(x)}{b} \tag{2.6}$$

根据式(2.6)的近似,式(2.5)存在一个弧子解:

$$f(x) = \frac{b}{\pi}\tan^{-1}\frac{x}{\xi} + \frac{2}{b} \tag{2.7}$$

式中　$\xi = \dfrac{Kb}{4\pi}\dfrac{}{\tau_{max}}$,该值表示位错的半宽。

在无位错的情况下,x 方向上的原子面间距定义为 a'。在 u 位置上引入位错,晶体垂直于位错线上半部分的位置为 ma',此平面将沿着柏氏矢量替换下半部分的晶面,运算式为 $f(ma'-u)$。错配能是每部分原子面错配能的总和,可写为:

$$W(u) = \sum_{-\infty}^{+\infty}\gamma[f(ma'-u)]a' = \gamma[f(-u)]a' = \frac{Kb^2a'}{4\pi^2}\frac{\xi}{\xi^2+u^2} \tag{2.8}$$

从而得到:

$$\sigma(u) = \frac{1}{b}\frac{dW}{du} = -\frac{Kba'}{2\pi^2}\frac{\xi u}{(\xi^2+u^2)^2} \tag{2.9}$$

得到一个最大值:

$$\sigma_{P-N} = \frac{3\sqrt{3}}{8}\tau_{max}\frac{a'}{\pi\xi} \tag{2.10}$$

在此边界条件内得到一个更普遍的形式,可应用于非正弦剪切力上,此时式(2.9)可写为:

$$\sigma(u) = \frac{1}{b}\frac{dW}{du} = \frac{a'}{b}\frac{d\gamma[f(-u)]}{df}\frac{df}{du} \tag{2.11}$$

与式(2.7)类似,在式(2.11)中引入一个 $\tan^{-1}$,式(2.11)可写为:

$$\sigma(u) = -\frac{a'}{\pi}\frac{d\gamma[f(-u)]}{df}\frac{\xi}{u^2+\xi^2} \tag{2.12}$$

结合式(2.7)与式(2.12),得到:

$$\sigma_{P-N} = \frac{a'}{\pi\xi}\max\left[\frac{d\gamma(f)}{df}\sin^2\frac{\pi f}{b}\right] \tag{2.13}$$

理想晶体在某一晶面沿着某一晶向位错发生滑动的理论剪切强度 τ_{max},由式(2.10)与式(2.13)可得到:

$$\tau_{max} = \frac{8\sqrt{3}}{9}\max\left[\frac{d\gamma(f)}{df}\sin^2\frac{\pi f}{b}\right] \tag{2.14}$$

式中　$\dfrac{d\gamma(f)}{df}$——物理意义为晶体沿某一滑移系位错发生滑移时的广义层错能曲线的导数。

理论临界剪切强度 τ_{max} 的物理意义为,完美晶体在发生滑移变形时,晶内位错沿着滑移面上的滑移方向发生滑动所需的最小切应力。τ_{max} 是基于晶体的电子结构与化学键直接揭示材料本身的本征参数。实际金属材料往往存在各种点、线和面缺陷,在晶体沿着某个滑移面的滑移方向运动前已储备有一定的能量,故 τ_{max} 在数值上往往比材料本身的 CRSS 大,但二者的变化规律是一致的,因此可通过考察镁晶体滑移过程中 τ_{max} 的变化规律定性地考察此时 CRSS 的变化规律。从理论上说,如果含合金元素的镁晶体非基面与基面 τ_{max} 的比值变小,说明此时 CRSS 的比值也在变小,进而说明该合金系的非基面滑移较纯镁容易启动。

(2)溶质原子在镁晶体中固溶位置

1)第一性原理计算

基于晶体的结构对称性,在计算溶质原子在镁晶体中掺杂位置时,从大体系的镁超胞[图2.8(a)]中选取中心的一小部分[图2.8(b)]作为研究对象,利用小体系计算的结果推测出大体系下溶质原子的掺杂位置。在进行第一性原理计算过程中,构建了 $3 \times 3 \times 2$ 的镁超胞,超胞内含36个原子,如图2.8(c)所示。为了利用溶质原子的掺杂位置确定原子优先占位的晶面,设定每个超胞中包含3个溶质原子(3个原子可组成一个原子面)。基于滑移系考虑多种掺杂方式,溶质原子分别占位在镁晶体的 $\{0001\}$ 基面、$\{10\bar{1}0\}$ 柱面、$\{11\bar{2}0\}$ 柱面、$\{11\bar{2}1\}$ 锥面、$\{11\bar{2}2\}$ 锥面、$\{10\bar{1}1\}$ 锥面和 $\{10\bar{1}2\}$ 锥面,如图2.9所示。在构建的 $Mg_{33}X_3$ 固溶体模型中,溶质原子浓度为 8.33 at.%。

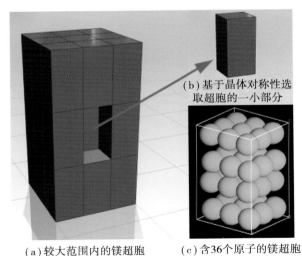

(b)基于晶体对称性选取超胞的一小部分

(a)较大范围内的镁超胞　　(c)含36个原子的镁超胞

图2.8　基于晶体对称性构建的镁超胞

第一性原理计算采用基于密度泛函理论(density functional theory,DFT)从头量子力学的 VASP(Vienna Ab initio Simulation Package)程序包。交换相关能用广义梯度近似(generalized gradient approximations,GGA)来处理,GGA 的优点是同时获得高

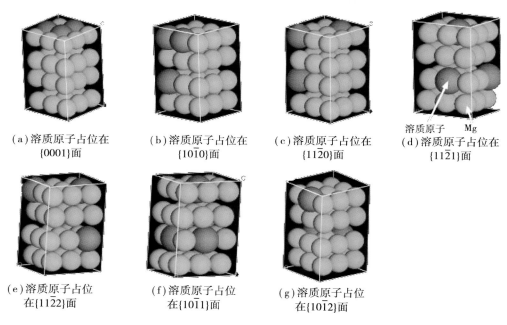

(a)溶质原子占位在　　　(b)溶质原子占位在　　　(c)溶质原子占位在　　　(d)溶质原子占位在
　　{0001}面　　　　　　　　{10$\bar{1}$0}面　　　　　　　　{11$\bar{2}$0}面　　　　　　　　{11$\bar{2}$1}面

(e)溶质原子占位　　　　　(f)溶质原子占位　　　　　(g)溶质原子占位
　在{11$\bar{2}$2}面　　　　　　　在{10$\bar{1}$1}面　　　　　　在{10$\bar{1}$2}面

图2.9　用于计算溶质原子在镁晶体中占位的超胞

计算精度和快的收敛速度;电子和离子之间的相互作用关系选取投影扩充波函数 PAW(Projector Augmented Wave)赝势方法来描述;平面波截断能取 400 eV;k 点网孔用 Monkhorst-Pack 方法产生,选取为 $7 \times 7 \times 7$;能量计算收敛精度为 1.0×10^{-5} eV/atom。

　　镁晶体的建模及相关的晶体学数据处理采用 VESTA(Visualization for Electronic and STructural Analysis)软件包。该软件可以精确地构建出晶体模型,且操作简便,既可以为 VASP 生成坐标文件,又可以处理 VASP 结构优化完成后的输出文件。

　　图 2.10 是镁中几种常见溶质原子在不同晶面的系统总能。图 2.10 中 1~7 分别代表镁晶体的{0001}面、{10$\bar{1}$0}面、{11$\bar{2}$0}面、{11$\bar{2}$1}面、{11$\bar{2}$2}面、{10$\bar{1}$1}面与{10$\bar{1}$2}面,系统总能数值越低表示体系越稳定,溶质原子在该体系固溶时最易稳定存在,在图 2.10 中最低系统总能对应的晶面认为是溶质原子优先固溶的晶面。将图 2.10 中各溶质原子在镁晶体中优先固溶晶面的结果统计于表 2.2 中。从表中可以看出,Gd,Sn,Y 原子固溶的晶面与 Li 原子一致,均在{11$\bar{2}$0}面。其他溶质原子 Al,Mn,Zn 则分别优先固溶在{10$\bar{1}$0}面、{0001}面和{11$\bar{2}$2}面。

　　Gd,Li,Sn,Y 元素的电子结构分别为 $4f^7 5d^1 6s^2$,$2s^1$,$5s^2 5p^2$,$4d^1 5s^2$,可以看出,在以上 4 个元素中,只有 Gd 元素含有 f 层电子。f 层电子属于强关联电子,而传统密度泛函理论计算中的 GGA,LDA 交换关联势都忽略了其强关联的特性。在利用 GGA 交换关联势的第一性原理计算研究 Gd 元素对镁晶体理论临界剪切强度 τ_{max}

的影响时,f 层电子的存在将使得第一性原理计算结果不收敛,从而影响计算精度,因此本书将不对 Mg-Gd 晶体进行 τ_{max} 的计算,仅对与 Li 原子有相同固溶特性的 Sn,Y 原子(包括 Li 原子)进行 τ_{max} 的计算。

表2.2　溶质原子在镁晶体优先固溶的晶面

溶质原子	固溶晶面
Al	$\{10\bar{1}0\}$
Gd	$\{11\bar{2}0\}$
Li	$\{11\bar{2}0\}$
Mn	$\{0001\}$
Sn	$\{11\bar{2}0\}$
Y	$\{11\bar{2}0\}$
Zn	$\{11\bar{2}2\}$

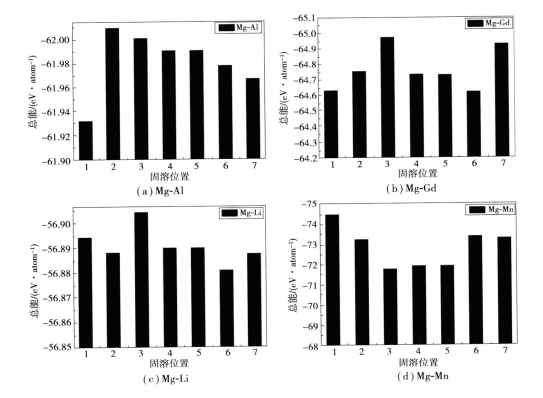

（a）Mg-Al　　　　　　　　　（b）Mg-Gd

（c）Mg-Li　　　　　　　　　（d）Mg-Mn

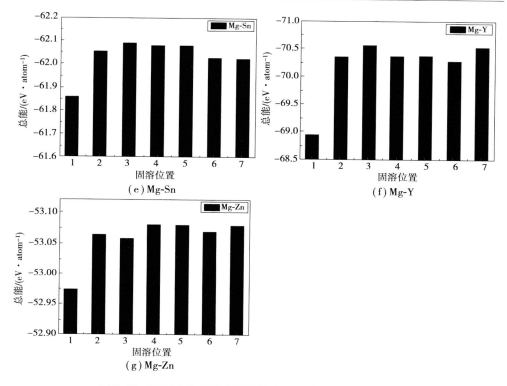

图 2.10　不同合金元素在不同掺杂位置的系统总能柱状图

2)元素固溶位置的 XRD 验证

晶体结构的特点是原子在空间规则排列,所以把原子视为单独的散射源可利于分析晶体的衍射。在分析晶体材料的衍射时,将波长为 λ 和强度为 I_0 的 X 射线入射到多晶样品上,单位晶胞体积为 V_0,被照射晶体的体积为 V。如果在与入射夹角成 2θ 的方向上出现了 $\{hkl\}$ 晶面的衍射,此时在距离试样平面 R 处探测到了单位长度为 L 的积分强度,该强度为绝对强度,但实验工作中一般只需考虑强度的相对值。对同一个衍射花样中间同一种物相所对应的各条衍射线,只需要考虑每条衍射线之间的相对积分强度 I:

$$I = P \mid F_{hkl} \mid^2 \frac{1 + \cos^2 2\theta}{\sin^2 \theta \cos \theta} A(\theta) e^{-2M} \tag{2.15}$$

式中　P——多重性因数;

　　　2θ——衍射角;

　　　$A(\theta)$——吸收因数;

　　　e^{-2M}——温度因数;

　　　$\mid F_{hkl} \mid^2$——结构因数。

多重性因数 P 与晶面指数和晶体对称性有关。晶体中同一晶面族 $\{hkl\}$ 的所有

晶面的原子排列相同、晶面间距相等,在多晶衍射中它们的衍射角是一样的,均为 2θ,所以同一晶面族的晶面(称为等同晶面)在衍射时会重叠在同一个衍射环上。当某一晶面族上等同晶面的数量增加时,该晶面衍射的可能性也就变大,其对应的衍射峰也就增强。而多重性因数就是指某晶面族等同晶面的数量。以 Mg-Sn 合金为例,Sn 原子的固溶并没有改变镁的密排六方结构,因此不管是纯镁,还是 Mg-Sn 合金,晶体对称性是一致的,对于 Mg-Sn 合金的特定晶面族(以柱面$\{11\bar{2}0\}$为例)与纯镁的同一晶面族,其 P 值也是相同的。Mg 的 X 射线衍射图谱中,$\{11\bar{2}0\}$晶面对应的入射角均为 57.28°,Sn 原子的固溶并没有改变镁的密排六方结构,因此,衍射角也是一定的。对于圆柱试样的衍射,当 θ 变化时,温度因数与吸收因数的变化趋向相反,二者的影响大约可抵消。结构因数$|F_{hkl}|^2$表征了单胞的衍射强度,反映了单胞中原子种类、原子数目及原子位置对(hkl)晶面衍射方向上衍射强度的影响。

综上所述,在利用 X 射线对镁晶体进行衍射分析时,合金元素影响镁晶体特定晶面峰强的因素只有结构因数$|F_{hkl}|^2$,$|F_{hkl}|^2$可表示为:

$$|F_{hkl}|^2 = \left[\sum_{j=0}^{n} f_j \cos 2\pi(Hx_j + Ky_j + Lz_j)\right]^2 + \left[\sum_{j=0}^{n} f_j \sin 2\pi(Hx_j + Ky_j + Lz_j)\right]^2$$

$$(2.16)$$

式中,单胞中任一个原子为 j,其坐标为 x_j, y_j, z_j,该原子的散射因数为 f_j,晶面指数为(hkl)。

图 2.11 为溶质原子固溶于镁晶体$(11\bar{2}0)$晶面的晶体模型,含 36 个原子的 $3 \times 3 \times 2$ 镁超胞中 3 个溶质原子掺杂于$(11\bar{2}0)$晶面,该晶面的原子排列如图 2.11(b)所示。为了方便运算,以溶质原子为原点建立正交坐标系,$(11\bar{2}0)$晶面上有 12 个原子,其中有 3 个溶质原子,标号为 1,5 和 6,其余的为 Mg 原子。图 2.12 中 12 个原子的坐标见表 2.3(a 与 c 代表镁合金的点阵常数)。

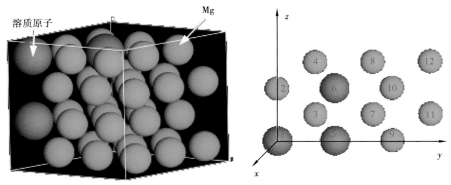

(a)溶质原子在镁超胞内的分布   (b)$(11\bar{2}0)$晶面的原子排列

图 2.11　溶质原子固溶于镁晶体$(11\bar{2}0)$面的模型

表 2.3　图 2.11(b)中 12 个原子相应的坐标(a 与 c 代表相应镁合金的点阵常数)

No.	x_j	y_j	z_j
1	0	0	0
2	0	0	c
3	0	$2a/\sqrt{3}$	$2/c$
4	0	$2a/\sqrt{3}$	$3c/2$
5	0	$\sqrt{3}a$	0
6	0	$\sqrt{3}a$	c
7	0	$5a/\sqrt{3}$	$2/c$
8	0	$5a/\sqrt{3}$	$3c/2$
9	0	$2\sqrt{3}a$	0
10	0	$2\sqrt{3}a$	c
11	0	$8a/\sqrt{3}$	$2/c$
12	0	$8a/\sqrt{3}$	$3c/2$

由表 2.3 可知,在正交坐标系下,12 个原子的 x_j 均为 0,并且(hkl) = (110),此时,$Hx_j + Ky_j + Lz_j = Ky_j$,因此 $|F_{hkl}|^2$ 可表示为:

$$|F_{hkl}|^2 = \left[\sum_{j=0}^{n} f_j \cos 2\pi(Ky_j)\right]^2 + \left[\sum_{j=0}^{n} f_j \sin 2\pi(Ky_j)\right]^2$$

$$= \left\{\sum_{j=1}^{2} f_j + \sum_{j=3}^{4} f_j \cos 2\pi\left(\frac{2a}{\sqrt{3}}\right) + \sum_{j=5}^{6} f_j \cos 2\pi(\sqrt{3}a) + \right.$$

$$\sum_{j=7}^{8} f_j \cos 2\pi\left(\frac{5a}{\sqrt{3}}\right) + \sum_{j=9}^{10} f_j \cos 2\pi(2\sqrt{3}a) + \left.\sum_{j=11}^{12} f_j \cos 2\pi\left(\frac{8a}{\sqrt{3}}\right)\right\}^2 + $$

$$\left\{\sum_{j=3}^{4} f_j \sin 2\pi\left(\frac{2a}{\sqrt{3}}\right) + \sum_{j=5}^{6} f_j \sin 2\pi(\sqrt{3}a) + \sum_{j=7}^{8} f_j \sin 2\pi\left(\frac{5a}{\sqrt{3}}\right) + \right.$$

$$\left.\sum_{j=9}^{10} f_j \sin 2\pi(2\sqrt{3}a) + \sum_{j=11}^{12} f_j \sin 2\pi\left(\frac{8a}{\sqrt{3}}\right)\right\}^2 \tag{2.17}$$

X 射线衍射线采用电子束轰击铜靶获得,铜靶产生的 X 射线的波长 λ = 0.154 06,而入射角为 57.28°,$\lambda^{-1}\sin\theta = 5.46$。假设图 2.12 中的溶质原子为 Sn,查手册得到对应 $\lambda^{-1}\sin\theta = 5.46$ 的原子散射因数 $f_{Mg} = 4.8$,$f_{Sn} = 25.6$,即 $f_1 = f_5 = f_6 = f_{Sn} = 25.6$,$f_{2-4} = f_{7-12} = f_{Mg} = 4.8$,令:

$$2\pi\left(\frac{2a}{\sqrt{3}}\right) = M_1;$$

$$2\pi(\sqrt{3}a) = M_2;$$

$$2\pi\left(\frac{5a}{\sqrt{3}}\right) = M_3;$$

$$2\pi(2\sqrt{3}a) = M_4; \qquad (2.18)$$

$$2\pi\left(\frac{8a}{\sqrt{3}}\right) = M_5$$

则在 Mg-Sn 体系中,

$$|F_{hkl}|^2_{\text{Mg-Sn}} = [30.4 + 51.2 \times \cos M_2 + 9.6 \times (\cos M_1 + \cos M_3 + \cos M_4 + \cos M_5)]^2 +$$
$$[51.2 \times \sin M_2 + 9.6 \times (\sin M_1 + \sin M_3 + \sin M_4 + \sin M_5)]^2$$

$$(2.19)$$

而在纯镁体系中,

$$|F_{hkl}|^2_{\text{Mg}} = [9.6 \times (1 + \cos M_1 + \cos M_2 + \cos M_3 + \cos M_4 + \cos M_5)]^2 +$$
$$[9.6 \times (\sin M_1 + \sin M_2 + \sin M_3 + \sin M_4 + \sin M_5)]^2$$

$$(2.20)$$

Ganeshan 等总结并计算了不同的合金元素对镁晶体点阵常数的影响,发现二元镁基固溶体的点阵常数中的 a 值为 3.177 ~ 3.252。因此,溶质原子的固溶对 $M(1 \sim 5)$ 值(与 a 值相关)的影响较小,其影响相对于 f_j(与原子种类相关)来说可忽略不计。

因此可以看出:$|F_{hkl}|^2_{\text{Mg-Sn}} > |F_{hkl}|^2_{\text{Mg}}$。除了 B,C 与 N 元素外,大部分原子特定晶面的 f_j 值大于纯镁。因此,当单相固溶体合金的 X 射线衍射图谱相对纯镁的标准图谱出现强度异常的峰时,该峰所对应的晶面是溶质原子大量固溶的晶面。

将单相固溶体合金均匀化退火处理后,取样品的同一部位进行 XRD 分析,得到各单相固溶体合金的 XRD 图谱,如图 2.12 所示。从图 2.12 中可以看出,纯镁 XRD 图谱对应的三强峰分别出现在 $\{0002\}$,$\{10\bar{1}1\}$ 和 $\{10\bar{1}0\}$ 晶面,合金元素固溶后,三强峰的位置发生了变化。纯镁与固溶体合金三强峰出现的晶面统计至表 2.4 中。从表中可以看出,与纯镁的三强峰相比,Mg-Gd,Mg-Sn 和 Mg-Zn 合金均出现了一个强度异常的峰,分别对应 $\{11\bar{2}0\}$,$\{11\bar{2}0\}$ 和 $\{11\bar{2}2\}$ 晶面,溶质原子 Gd,Sn 与 Zn 分别优先固溶于 $\{11\bar{2}0\}$,$\{11\bar{2}0\}$ 与 $\{11\bar{2}2\}$ 晶面,这与第一性原理计算结果是吻合的。

(3)理论临界剪切强度的计算

依据 B. Joós 提出的模型,理想晶体在某一晶面沿着某一晶向位错发生滑动的理论临界剪切强度 τ_{max} 可表示为:

$$\tau_{\text{max}} = \frac{8\sqrt{3}}{9}\max\left\{\frac{\mathrm{d}\gamma(f)}{\mathrm{d}f}\sin^2\frac{\pi f}{b}\right\} \qquad (2.21)$$

式中　f——位错移动的瞬时位移;

　　　b——柏氏矢量;

　　　$\dfrac{\mathrm{d}\gamma(f)}{\mathrm{d}f}$——晶体沿某一滑移系位错发生滑移时的广义层错能曲线的导数。

表 2.4　纯镁与固溶体合金 XRD 图谱中的三强峰对应的晶面

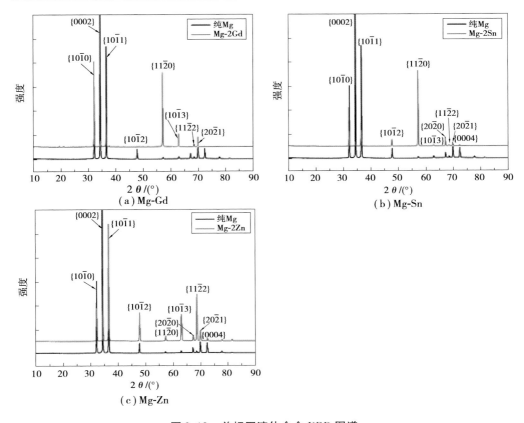

图2.12　单相固溶体合金 XRD 图谱

合金	1 强峰	2 强峰	3 强峰
纯 Mg	{0002}	{10$\bar{1}$1}	{10$\bar{1}$0}
Mg-2Gd	{10$\bar{1}$1}	{11$\bar{2}$0}	{10$\bar{1}$1}
Mg-2Sn	{11$\bar{2}$0}	{0002}	{10$\bar{1}$1}
Mg-2Zn	{10$\bar{1}$1}	{10$\bar{1}$0}	{11$\bar{2}$2}

　　将合金元素原子在固溶位置上替换对应的镁原子,计算出镁合金基面与非基面滑移的广义层错能,结合式(2.8)计算出相应体系的 τ_{max},最后比较掺杂前后镁晶体非基面与基面 τ_{max} 比值的变化情况。参与计算的滑移系有:基面{0001} <11$\bar{2}$0> 滑移系和锥面{11$\bar{2}$2} <11$\bar{2}$3> 滑移系。

　　计算广义层错能所用到的超胞模型如图2.13所示,超胞中包含 48 个原子,其中 3 个溶质原子,溶质原子浓度为 6.25 at.%。基于晶体的对称性,VASP 在计算过程中采用了周期性边界条件。为避免相邻超胞在计算过程中带来的影响,在超胞的上下方分别添加 10Å 的"真空层"。构建超胞时,x 设为滑移方向,y 设为滑移面内

与滑移方向垂直的方向,z 设为垂直于滑移面的方向。在计算层错能的过程中,为了模拟滑移过程,将超胞的上下两部分沿着 x 方向进行相对切动,每一步的切变量为 $|b|/50$,b 表示各滑移系的柏氏矢量。层错能的计算参照式(2.1)。为了保证计算的精度,在计算切动过程中形成层错的晶体能量 E_n 时,将 x 方向固定不动,而同时允许超胞的形状和大小发生弛豫。在此基础上计算得到如图 2.14 所示的各滑移系的理论剪切强度曲线。

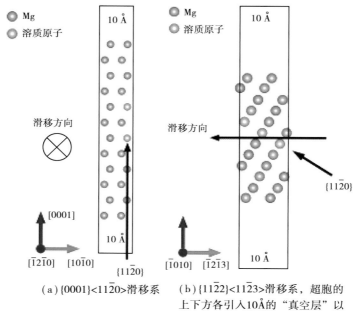

(a){0001}<11$\bar{2}$0>滑移系　　(b){11$\bar{2}$2}<11$\bar{2}$3>滑移系,超胞的
　　　　　　　　　　　　　　　上下方各引入10Å的"真空层"以
　　　　　　　　　　　　　　　消除周期性边界条件带来的影响

图 2.13　用于计算广义层错的超胞模型

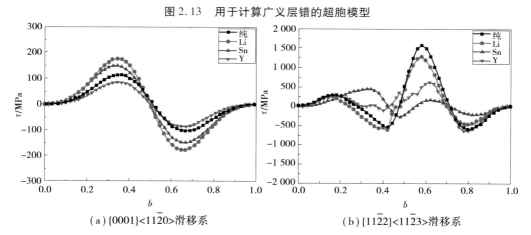

(a){0001}<11$\bar{2}$0>滑移系　　　　　(b){11$\bar{2}$2}<11$\bar{2}$3>滑移系

图 2.14　各滑移系的理论剪切强度曲线

进一步,通过图 2.14 的曲线得到非基面与基面理论临界剪切强度 τ_{max} 的比值,见表 2.5。例如,Li,Sn 与 Y 合金元素均能降低镁晶体非基面与基面 τ_{max} 的比值。因此可以推测,这 3 种合金元素也能降低镁合金非基面与基面 CRSS 的比值。

为了与实验数据更好地进行对接,将各溶质原子掺杂至镁晶体后单位原子及单位质量的 τ_{max} 比值改变率列举出来。在用于计算广义层错能曲线的超胞模型中,各溶质原子的原子浓度均为 6.25 at.%,Li,Sn,Y 原子的质量百分比分别为 1.87wt.%,24.56wt.%,19.61wt.%。由表 2.5 可以看出,单位原子的合金元素减小镁晶体非基面/基面 τ_{max} 比值顺序为:Sn > Li > Y;单位质量的合金元素减小其非基面/基面 τ_{max} 比值顺序为:Li > Sn > Y。

表 2.5　各二元镁合金非基面/基面理论临界剪切强度 τ_{max} 的比值

合金	非基面/基面 τ_{max} 比值	比值 改变率/%	单位原子比值 改变率 /at.%	单位质量比值 改变率/wt.%
纯 Mg	13.7	0.0	0.00	0.00
Mg-Li	7.2	47.7	7.63	25.49
Mg-Sn	3.0	78.2	12.51	3.18
Mg-Y	7.5	45.7	7.32	2.33

2.2.3　修正的层错能与 CRSS 计算

有关层错能的研究大多基于 0 K 下的第一性原理计算,为了更好地从理论上解释层错能与基面、非基面滑移系的启动及合金塑性变形能力之间的关系,有必要将 0 K 下对层错能的研究推广至有限温度。

潘复生团队利用分子动力学模拟,采用次近邻修正嵌入原子势方法描述原子间的相互作用,研究了不同温度下多种合金元素对镁层错能的影响。对固溶含量为 0 ~ 3at.% 的 Mg-Al,Mg-Zn 和 Mg-Y 3 种合金,研究了基面 $<11\bar{2}0>$、基面 $<10\bar{1}0>$、柱面 $\{10\bar{1}0\}<11\bar{2}0>$ 和锥面 $\{11\bar{2}2\}<11\bar{2}3>$ 4 个滑移系在 0 ~ 500 K 的温度下的广义层错能,重点探究了固溶原子含量变化和温度对层错能的影响,以及层错能与微观塑性变形模式的联系。为了更好地解释层错能对各滑移系开动情况的影响,对 Moitra 等[81] 提出的塑性成形参数 χ 进行了修正,定义了基面和柱面滑移开动相关的参数 χ_1 及基面和锥面滑移开动相关的参数 χ_2,来说明同一温度下层错能与镁合金塑性成形能力之间的关系,分别如式(2.22)、式(2.23)所示:

$$\chi_1 = \frac{(\gamma_{sf}^B / \gamma_{usf}^B)_X}{(\gamma_{sf}^B / \gamma_{usf}^B)_{Mg}} / \frac{(\gamma_{sf}^M)_X}{(\gamma_{sf}^M)_{Mg}} \qquad (2.22)$$

$$\chi_2 = \frac{(\gamma_{sf}^B / \gamma_{usf}^B)_X}{(\gamma_{sf}^B / \gamma_{usf}^B)_{Mg}} \Big/ \frac{(\gamma_{sf}^{Pyr} / \gamma_{usf}^{Pyr})_X}{(\gamma_{sf}^{Pyr} / \gamma_{usf}^{Pyr})_{Mg}} \qquad (2.23)$$

式中　γ_{sf}^B——基面 $\{0001\}<10\bar{1}0>$ 滑移系的稳定层错能；

γ_{usf}^B——该滑移系中的不稳定层错能 γ_{usf}^l；

γ_{sf}^M——柱面滑移系稳定层错能和不稳定层错能的替代值；

γ_{sf}^{Pyr}，γ_{usf}^{Pyr}——分别代表二级锥面上的稳定层错能 γ_{sf} 和不稳定层错能 γ_{usf}^l；

Mg——纯 Mg 的情况；

X——代表含 Mg-X 合金的情况。

由式(2.22)、式(2.23)可知,纯镁的 χ_1 和 χ_2 值为 1,当 χ_1 和 χ_2 值大于 1 时,这时合金的塑性更好。图 2.15 是不同温度下 Mg-Al,Mg-Zn 和 Mg-Y 合金的 χ_1 和 χ_2 值随固溶原子增加的变化情况。可见 Mg-Al 合金的 χ_1 和 χ_2 值在各成分和温度下基本小于 1,且都随着 Al 的增加有轻微的下降。而 Mg-Zn 和 Mg-Y 合金的 χ_1 和 χ_2 值基本均大于 1,这两个合金的 χ_1 值都随着固溶原子的增加而上升,柱面滑移开动的倾

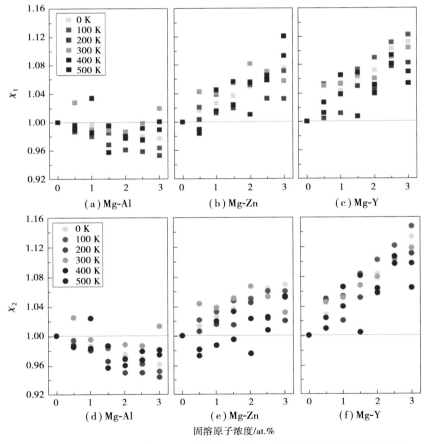

图 2.15　Mg-Al,Mg-Zn 和 Mg-Y 合金的 χ_1 和 χ_2 值随固溶原子增加的变化

向增加。χ_2 值则随着 Zn 原子含量增加有微弱地上升趋势。Mg-Y 中 χ_1 和 χ_2 值都随着 Y 的增加有明显的增加趋势,且都高于 Mg-Zn 的计算结果。由 χ_1 和 χ_2 的计算结果可知,在同一温度下,固溶 Al 原子含量的增加并没有显著地改善镁合金非基面滑移开动的趋势,Zn 含量的增加有利于镁合金非基面滑移系的开动,而 Y 含量的提高则明显地增加了镁合金非基面滑移开动的可能性。

目前,大多数有关层错能变化对镁合金塑性影响的分析仅限于层错能增大或减小对位错滑移开启难易程度的影响。事实上,激活非基面滑移的根本是缩小基面与非基面滑移阻力的差距 $\Delta\tau$,而层错能与各滑移系滑移阻力有着直接关联。Yasi 等通过修正 Fleischer 模型建立了 0 K 时部分二元固溶体合金基面层错能与基面滑移阻力 CRSS 之间的表达关系,如式(2.24)所示:

$$\Delta\tau_{\text{crss}(0001)} \approx (38.9)\left\{(\varepsilon_b/0.176)^2 + (\varepsilon_{\text{SFE}}/0.176)^2 - \varepsilon_b\varepsilon_{\text{SFE}}/2.98^{\frac{3}{2}} \cdot c_S^{\frac{1}{5}}\right\}$$

$$(2.24)$$

式中 $\Delta\tau_{\text{crss}(0001)}$ ——与纯镁相比固溶合金基面 CRSS 的变化,MPa;

　　　ε_b ——固溶原子引起的尺寸错配;

　　　ε_{SFE} ——固溶原子引起的化学错配(即层错能变化);

　　　c_S ——固溶原子浓度,at.%。

此研究结果表明层错能与固溶原子引起的尺寸错配能影响着基面滑移阻力 CRSS,为定量分析层错能与滑移阻力之间的关系奠定了理论基础。在此基础上,作者应用式(2.24)计算了部分合金元素固溶后对镁基面滑移阻力 CRSS 变化的影响,包括合金元素在最大固溶度时基面滑移阻力 CRSS 变化 $\Delta\tau_{\text{crss}}^M$ 和固溶量为 1at.% 时基面滑移阻力 CRSS 变化 $\Delta\tau_{\text{crss}}^1$,结果见表 2.6。

表 2.6 不同固溶元素 Mg 的基面滑移阻力 CRSS 变化

元素	最大固溶度 c_M/at.%	$\Delta\tau_{\text{crss}}^M$/MPa	$\Delta\tau_{\text{crss}}^1$/MPa
Al	11.5	7.08	2.09
Zn	2.69	5.23	3.19
Mn	0.996	10.13	(10.04)
Sc	15	6.11	1.58
Si	1.16	4.75	4.41
La	0.14	6.95	—
Sn	3.35	2.34	1.28
Y	3.4	16.71	9.06
Dy	4.83	18.89	8.6
Ag	3.83	8.54	4.37

续表

元素	最大固溶度 c_M/at.%	$\Delta\tau_{crss}^{M}$/MPa	$\Delta\tau_{crss}^{1}$/MPa
Ti	0.12	0.49	—
Yb	1.2	11.15	10.18
Ca	0.44	6.85	—
Zr	1.04	1.00	0.98
Er	6.9	19.05	7.25
Fe	0.000 43	0.24	—
Gd	4.53	23.22	10.91
Li	17	4.80	1.17

从表 2.6 可知,Al,Zn,Y,Gd,Mn,Yb,Ag,Dy,Er 等元素均可增加镁基面滑移阻力,$\Delta\tau_{crss}^{M}$ 和 $\Delta\tau_{crss}^{1}$ 的值均为正值。比较 $\Delta\tau_{crss}^{1}$ 的值可知,相同含量下,Gd,Yb 和 Mn 增加镁基面滑移阻力的效果最佳,其次为 Y,Dy 和 Er。其中,Mn 是这些元素中成本最低的元素,对发展高塑性低成本镁合金非常有利,但 Mn 的固溶度较低,最大固溶度也只接近 1at.%。如何利用 Mn 的最大固溶度提高塑性和如何利用 Mn 的细小析出相细化晶粒进一步提高塑性是 Mn 在镁合金应用时必须同时考虑的问题。

从表 2.6 同样可以看出,对于 Mg-Al、Mg-Zn 和 Mg-Y 合金而言,Al,Zn,Y 均可增加基面滑移阻力。对比 $\Delta\tau_{crss}^{1}$ 的值可知,在相同含量下,Y 增加镁基面滑移阻力的效果最佳,其次为 Zn,Al。由此可见,Al,Zn,Y 固溶在镁基体中基面滑移阻力增加,使得基面位错运动困难,产生基面的固溶强化,从而使合金的屈服强度提高。结合分子动力学模拟结果,Zn,Y 固溶有利于非基面滑移系的开启,提高合金的塑性。由此可见,Zn,Y 固溶在镁基体中可同时提高合金的屈服强度和塑性,即 Zn,Y 固溶实现了"固溶强化增塑"。有关 Zn,Y 固溶对非基面滑移阻力影响的详细结果待后续报道。

2.3 "固溶强化增塑"合金设计理论的实验验证

"固溶强化增塑"合金设计理论可以采用应力应变曲线并结合黏塑性自洽(Visco-Plastic Self-Consistent)模型进行间接验证。图 2.16(a)所示为 Mg-X 二元系合金拉伸工程应力-应变曲线,包括 Mg-2wt.% Al,Mg-2wt.% Y 两个二元合金。由图 2.16(a)可知,添加 Al 和 Y 可明显提高纯镁的屈服强度和断裂延伸率,Mg-2Al 合金的强度最高,Mg-2Y 合金的断裂延伸率最高。

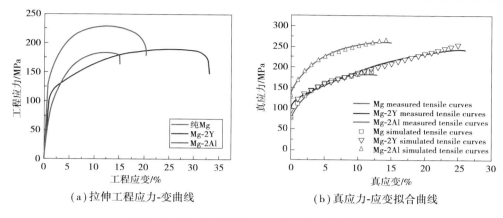

（a）拉伸工程应力-变曲线　　　　（b）真应力-应变拟合曲线

图 2.16　Mg,Mg-2Al,Mg-2Y 合金应力-应变曲线

对纯 Mg,Mg-2Al,Mg-2Y 合金采用黏塑性自洽模型模拟了室温拉伸真应力-应变拟合曲线[图 2.16(b)]，并分析了 Al 和 Y 固溶对纯镁基面与非基面滑移阻力差值的影响，结果见表 2.7。表 2.7 中 $\Delta \tau^{Basal}$,$\Delta \tau^{Prismatic}$,$\Delta \tau^{Pyramidal}$ 分别为 Al 和 Y 固溶后镁基面、柱面、锥面滑移阻力的变化，正值表示增加，负值表示减少；$\Delta \tau^{Pr\text{-}B}$ 和 $\Delta \tau^{Py\text{-}B}$ 分别代表合金柱面与基面滑移阻力差值和锥面与基面滑移阻力差值。当 Al 固溶到 Mg 中，基面滑移阻力 $\Delta \tau^{Basal}$ 增加，产生固溶强化，锥面与基面滑移阻力差值 $\Delta \tau^{Py\text{-}B}$ 变化不大，对锥面滑移系开启的影响不明显，而柱面与基面滑移阻力差值 $\Delta \tau^{Pr\text{-}B}$ 增大，柱面滑移启动较为困难。当 Y 固溶到 Mg 中，基面滑移阻力 $\Delta \tau^{Basal}$ 小幅度增加，产生固溶强化，柱面与基面滑移阻力差值 $\Delta \tau^{Pr\text{-}B}$ 大幅下降，锥面与基面滑移阻力差值 $\Delta \tau^{Py\text{-}B}$ 明显下降，均有利于柱面和锥面滑移的启动，从而提高合金均匀塑性变形能力。进一步，Mg-2Al 合金基面滑移阻力增量较 Mg-2Y 合金大，因此 Mg-2Al 合金的屈服强度更高，而 Mg-2Y 合金的 $\Delta \tau^{Pr\text{-}B}$ 和 $\Delta \tau^{Py\text{-}B}$ 值比 Mg-2Al 合金的小很多，更有利于非基面滑移系的开启，故 Mg-2Y 合金比 Mg-2Al 合金的断裂延伸率高，塑性更好。由此可见，Al,Y 添加对纯 Mg 塑性变形能力的影响规律与分子动力学模拟计算结果相同。

表 2.7　纯 Mg,Mg-2Al,Mg-2Y 合金力学性能及滑移阻力数据

合金	拉伸强度/MPa	拉裂延伸率/%	$\Delta \tau^{Basal}$ /MPa	$\Delta \tau^{Prismatic}$ /MPa	$\Delta \tau^{Pyramidal}$ /MPa	$\Delta \tau^{Pr\text{-}B}$ /MPa	$\Delta \tau^{Py\text{-}B}$ /MPa
Mg	75.5	15.3	—	—	—	145	180
Mg-2Al	151.6	20.2	13	30	15	162	182
Mg-2Y	110.7	32.6	3	−90	−70	52	167

表 2.8 所示为一些二元镁合金实验和文献报道的力学性能数据。从表 2.8 可以看出，添加 Al,Y,Mn,Gd,Zn,Er 等合金元素均可提高纯镁的抗拉强度、屈服强度

和断裂延伸率。还可看出,在相同工艺下,随着 Gd,Zn 等合金元素含量的增加,二元合金的强度和断裂延伸率随之增加。尽管有晶粒细化、析出强化、合金纯化等方面的影响,但实验和文献报道的二元合金变形和热处理工艺均在 400 ℃左右,体现了固溶元素对合金性能的影响,且从实验和文献报道数据均可看出合金元素固溶可同时提高纯镁的强度和塑性的趋势,进一步验证了合金元素在镁中的"固溶强化增塑"作用。

表 2.8　一些二元镁合金力学性能数据

合金/(wt.%)	抗拉强度/MPa	断裂强度/MPa	断裂延伸率/%	加工路径
Mg	76	183	15.3	420 ℃热处理 12 h,−350 ℃挤压
Mg-2Al	152	228	20.2	420 ℃热处理 12 h,−350 ℃挤压
Mg-3Al	158	241	20.8	420 ℃热处理 12 h,−350 ℃挤压
Mg-4Al	162	252	20.8	420 ℃热处理 12 h,−350 ℃挤压
Mg-2Y	111	190	32.6	520 ℃热处理 12 h,−450 ℃挤压
Mg-2Y	92	189	21	480 ℃热处理 12 h,−420 ℃挤压
Mg-1.0Mn	178	217	18.3	500 ℃热处理 12 h,−350 ℃挤压
Mg-0.89Mn	204.3	234.1	38.8	As-挤压
Mg-1.0Gd	80	186	25.5	520 ℃热处理 12 h,−450 ℃挤压
Mg-3.0Gd	78	187	31.8	520 ℃热处理 12 h,−450 ℃挤压
Mg-0.75Gd	145	210	12	400 ℃热轧, −380 ℃退火 1 h
Mg-2.75Gd	160	205	21	400 ℃热轧, −380 ℃退火 1 h

续表

合金 /(wt.%)	抗拉 强度/MPa	断裂 强度/MPa	断裂 延伸率/%	加工路径
Mg-4.65Gd	165	210	26	400 ℃热轧, -380 ℃退火 1 h
Mg-1Zn	126	215	17.3	400 ℃热处理 24 h,-350 ℃挤压
Mg-2Zn	129	217	20.0	400 ℃热处理 24 h,-350 ℃挤压
Mg-4Zn	139	242	25.1	400 ℃热处理 24 h,-350 ℃挤压
Mg-2Er	83	251	19.6	520 ℃热处理 48 h,-400 ℃挤压, -400 ℃退火 1 h
Mg-4Er	80	184	28.4	520 ℃热处理 48 h,-400 ℃挤压, -400 ℃退火 20 min
Mg-8Er	153	260	44	As-挤压

2.4　"固溶强化增塑"合金设计理论的应用

利用"固溶强化增塑"合金设计理论并结合长程有序相控制等途径,重庆大学镁合金科研团队开发了 20 余种新型高性能镁合金,包括超高强变形镁合金、超高强铸造镁合金、超高塑性镁合金、低成本高塑性镁合金、超轻合金、高电磁屏蔽性能镁合金、高导热性能镁合金等。图 2.17 分别是重庆大学镁合金科研团队开发的超高强变形镁合金[图 2.17(a)]、高塑性含锰镁合金[图 2.17(b)]、高强度高塑性铸造合金[图 2.17(c)]、超高塑性镁合金[图 2.17(d)]的拉伸力学性能曲线。此外,表 2.9 还列出了重庆大学镁合金科研团队开发的部分新型高性能镁合金及其性能。这些新开发的合金中,有 16 个已批准为国家标准牌号合金,9 个已批准为国际标准牌号合金。

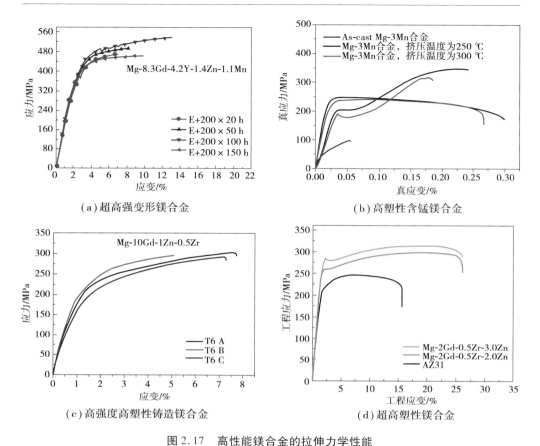

图 2.17　高性能镁合金的拉伸力学性能

表 2.9　重庆大学开发的部分新型高性能镁合金列表

合金	系列	断裂抗拉强度 /MPa	断裂延伸率 /%
超高塑性镁合金	Mg-X-Gd	200~250	50~63
高塑性变形镁合金	Mg-Zn-Zr-Nd(Er)	230~300	20~40
低成本变形镁合金	Mg-Mn-Al	280~330	20~23
未添加稀土变形镁合金	Mg-Zn-Mn-Sn	380~400	8~10
超高强度变形镁合金	Mg-Gd-Y-Zn	500~550	10~13
高强度铸造镁合金	Mg-Gd-Y-Zn	330~380	9~12
变形镁合金	Mg-Zn-Zr-Y-Ce	400~420	9~12
超轻镁合金	Mg-Li-Al-X	200~230	20~25

如何提高镁合金室温塑性和低温热成形能力是镁合金推广应用中亟待解决的

问题。镁合金"固溶强化增塑"理论可以为高塑性镁合金的开发提供一条合金设计的新思路,在实现强度提高的同时改善镁合金的塑性。在"固溶强化增塑"的合金设计思路中,Mn 的应用极有价值,一方面是因为 Mn 元素的成本极低,另一方面是因为 Mn 的低温固溶增塑效果非常显著且有明显的析出效应,对发展低温成形的低成本超细晶变形镁合金有重要意义。由于镁合金的阻尼性能也和位错的可动性密切相关,"固溶强化增塑"理论也可以为解决在强度提高的同时阻尼性能变差的矛盾提供新的解决思路,即可以通过固溶合金的设计尝试实现"固溶强化增阻"。另外,钛合金、铍合金、锌合金等六方晶体结构金属的材料塑性都比较差,用"固溶强化增塑"来提高塑性和成形性也是值得探索的工作。

本章小结

本章针对镁合金在固溶强化时表现出的塑性提高现象,从理论和实验两个方面进行了阐述,提出了镁合金"固溶强化增塑"合金化设计新原理和新理论。

(1)提出了同时改善镁合金强度和塑性的新设计理论——固溶强化增塑。利用第一性原理计算了 Al,Gd,Li,Mn,Sn,Y,Zn 等多种元素在镁中固溶后的层错能和 CRSS,并在实验和应用中得到验证,表明镁合金"固溶强化增塑"在理论上是可靠的,在实践中是可行的。

(2)在"固溶强化增塑"的合金设计思路中,发现 Mn 和 Gd 两种元素的效果非常明显,其中 Mn 的应用极有价值,一方面是因为 Mn 元素的成本极低,另一方面是因为 Mn 的低温固溶增塑效果非常显著并且有明显的析出效应,对发展低温成形的低成本超细晶变形镁合金有重要意义。

(3)镁合金"固溶强化增塑"理论可以为高塑性镁合金的开发提供一条合金设计的新思路。由于镁合金的阻尼性能也和位错的可动性密切相关,"固溶强化增塑"理论也可以为解决在强度提高的同时阻尼性能变差的矛盾提供新的解决思路,即可以通过固溶合金的设计尝试实现"固溶强化增阻"。另外,钛合金、铍合金、锌合金等六方晶体结构金属的材料塑性都比较差,用"固溶强化增塑"来提高塑性和成形性也是值得探索的工作。

(4)"固溶强化增塑"原理在新型镁合金设计和开发中的准确应用还需要在多个方面进一步完善和发展。一是不同温度下合金元素影响非基面阻力的准确计算难度很大,特别是多个元素交互作用下计算难度更大,其中也包括多元合金层错能精准计算难度极大;二是实验验证的有效性和准确性有待进一步改善;三是缺乏大量准确的镁合金多元相图,合金元素固溶量变化目前并不完全清楚,大量热力学和动力学研究还亟待加强;四是在镁合金固溶、析出和位错等方面的研究中,热力学、动力学研究和微观组织精准研究脱节现象依然严重,协同研究非常重要。

参 考 文 献

［1］ YASI J A,HECTOR J L G,TRINKLE D R. First-principles data for solid-solution strengthening of magnesium：From geometry and chemistry to properties［J］. Acta Materialia,2010,58(17)：5704-5713.

［2］ WEN L,CHEN P,TONG Z F,et al. A systematic investigation of stacking faults in magnesium via first-principles calculation［J］. The European Physical Journal B,2009,72(3)：397-403.

［3］ WANG Y,CHEN L Q,LIU Z K,et al. First-principles calculations of twin-boundary and stacking-fault energies in magnesium［J］. Scripta Materialia,2010,62(9)：646-649.

［4］ 石德珂. 材料科学基础［M］. 北京：机械工业出版社,2003.

［5］ HIRTH J P,LOTHE J. Theory of Dislocations［M］. New York：John Wiley and Sons,1982.

［6］ CHETTY N,WEINERT M. Stacking faults in magnesium［J］. Physical Review B,1997,56(17)：10844-10851.

［7］ TABACHE M G,BOURRET E D,ELLIOT A G. Measurements of the critical resolved shear stress for indium-doped and undoped GaAs single crystals［J］. Applied Physics Letters,1986,49(5)：289-291.

［8］ 吴东海,胡赓祥,等. TiAl 单晶中〈011〉超点阵位错滑移的临界分切应力（CRSS）与晶体取向的关系［J］. 金属学报,1999,35(4)：337-342.

［9］ 朱明,王乐酉,宋高峰,等. Cu-Al-Ni-Be 形状记忆合金单晶制备及其性能特性研究［J］. 功能材料,2007,38(9)：1474-1477.

［10］ 陈亚军,陈琦,王自东,等. Al-1％Si 单晶制备工艺及微观组织分析［J］. 北京科技大学学报,2005,27(1)：50-54.

［11］ MONNET G,POUCHON M A. Determination of the critical resolved shear stress and the friction stress in austenitic stainless steels by compression of pillars extracted from single grains［J］. Materials Letters,2013,98(1)：128-130.

［12］ YOKOYAMA Y, NOTE R,KIMURA S, et al. Preparation of decagonal Al-Ni-Co single quasicrystal by Czochralski method［J］. Materials Transactions JIM,1997,38(11)：943-949.

［13］ HUNTINGTON H. Modification of the Peierls-Nabarro model for edge dislocation core［J］. Proceedings of the Physical Society,1955,68(12)：1043-1048.

［14］ JOOS B,DUESBERY M. The Peierls stress of dislocations：an analytic formula［J］. Physical Review Letters,1997,78(2)：266-269.

［15］ ANDO S,TONDA H. Non-basal slip in magnesium-lithium alloy single crystals［J］. Materials Transactions JIM,2000,41(9)：1188-1191.

［16］ AGNEW S R,HORTON J A,YOO M H. Transmission electron microscopy investigation of $<c+a>$ dislocations in Mg and α-solid solution Mg-Li alloys［J］. Metallurgical and Materials Transactions A,2002,33(3)：851-858.

［17］ KANG F,LI Z,WANG J T,et al. The activation of $<c+a>$ non-basal slip in Magnesium alloys

[J]. Journal of Materials Science,2012,47(22): 7854-7859.

[18] LI R H,PAN F S,JIANG B,et al. Effect of Li addition on the mechanical behavior and texture of the as-extruded AZ31 magnesium alloy[J]. Materials Science and Engineering A,2013,562(1): 33-38.

[19] ZENG Y,JIANG B,LI R H,et al. Effect of Li content on microstructure,texture and mechanical properties of cold rolled Mg-3Al-1Zn alloy[J]. Materials Science and Engineering A,2015,631 (17): 189-195.

[20] YUASA M,HAYASHI M,MABUCHI M,et al. Improved plastic anisotropy of Mg-Zn-Ca alloys exhibiting high-stretch formability: A first-principles study[J]. Acta Materials,2014,65(15): 207-214.

[21] YUASA M,MIYAZAWA N,HAYASHI M,et al. Effects of group II elements on the cold stretch formability of Mg-Zn alloys[J]. Acta Materials,2015,83(15): 294-303.

[22] YAN H,CHEN R S,HAN E H. A comparative study of texture and ductility of Mg-1.2Zn-0.8Gd alloy fabricated by rolling and equal channel angular extrusion[J]. Materials Characterization, 2011,62(3): 321-326.

[23] WU D,CHEN R S,HAN E H. Excellent room-temperature ductility and formability of rolled Mg-Gd-Zn alloy sheets[J]. Journal of Alloys and Compounds,2011,509(6): 2856-2863.

[24] ZHANG H Y,WANG H Y,WANG C,et al. First-principles calculations of generalized stacking fault energy in Mg alloys with Sn,Pb and Sn + Pb dopings[J]. Materials Science and Engineering A,2013,584(1): 82-87.

[25] WANG C,ZHANG H Y,WANG H Y,et al. Effects of doping atoms on the generalized stacking-fault energies of Mg alloys from first-principles calculations[J]. Scripta Materialia,2013,69(6): 445-448.

[26] AKHTAR A,TEGHTSOONIAN E. Supplement to Trans[J]. JIM,1968(9): 692-697.

[27] AKHTAR A,TEGHTSOONIAN E. Solid solution strengthening of magnesium single crystals— I alloying behaviour in basal slip[J]. Acta Metallurgica,1969,17(11): 1339-1349.

[28] AKHTAR A,TEGHTSOONIAN E. Solid solution strengthening of magnesium single crystals—II the effect of solute on the ease of prismatic slip[J]. Acta Metallurgica,1969,17(11): 1351-1356.

[29] HANTZSCHE K,BOHLEN J,WENDT J,et al. Effect of rare earth additions on microstructure and texture development of magnesium alloy sheets[J]. Scripta Materialia,2010,63(7): 725-730.

[30] KRESSE G,HAFNER J. Ab initio molecular dynamics for open-shell transition metals[J]. Physical Review B,1993,48(17): 13115-13118.

[31] KRESSE G,FURTHMÜLLER J. Efficiency of ab-initio total energy calculations for metals and semiconductors using a plane-wave basis set[J]. Computational Materials Science,1996,6(1): 15-50.

[32] MOMMA K,IZUMI F. VESTA 3 for three-dimensional visualization of crystal,volumetric and morphology data[J]. Journal of Applied Crystallography,2011,44: 1272-1276.

[33] 谈育煦,胡志忠. 材料研究方法[M]. 北京:机械工业出版社,2004.

[34] JOOS B,DUESBERY M. The Peierls stress of dislocations:an analytic formula[J]. Physical Review Letters,1997,78(2):266-269.

[35] ZHANG J,DOU Y C,DONG H B. Intrinsic ductility of Mg-based binary alloys:A first-principles study[J]. Scripta Materialia,2014,89(15):13-16.

[36] VÍTEK V. Intrinsic stacking faults in body-centred cubic crystals[J]. Philosophical Magazine,1968,18(154):773-786.

[37] 孙刚,王少华,张显峰,等. 固溶处理及预拉伸变形对 2197 铝锂合金组织与性能的影响[J]. 金属热处理,2011,36(10):75-78.

[38] 张继明,喻春明. 时效对含 Nb 低合金高强钢显微组织和力学性能的影响[J]. 材料热处理学报,2019,40(6):123-129.

[39] YU Z J,HUANG Y D,QIU X,et al. Fabrication of a high strength Mg-11Gd-4. 5Y-1Nd-1. 5Zn-0. 5Zr(wt. %)alloy by thermomechanical treatments[J]. Materials Science and Engineering A,2015,622:121-130.

[40] HUANG H,MIAO H W,YUAN G Y,et al. Fabrication of ultra-high strength magnesium alloys over 540 MPa with low alloying concentration by double continuously extrusion[J]. Journal of Magnesium and Alloys,2018,6(2):107-113.

[41] LI J C,HE Z L,FU P H,et al. Heat treatment and mechanical properties of a high-strength cast Mg-Gd-Zn alloy[J]. Materials Science and Engineering A ,2016,651(10):745-752.

[42] HUANG H,YUAN G Y,CHU Z H,et al. Microstructure and mechanical properties of double continuously extruded Mg-Zn-Gd-based magnesium alloys[J]. Materials Science and Engineering A ,2013,560(10):241-248.

[43] DING W J,LI D Q,WANG Q D,et al. Microstructure and mechanical properties of hot-rolled Mg-Zn-Nd-Zr alloys[J]. Materials Science and Engineering A,2008(483-484):228-230.

[44] NIE J F. Precipitation and Hardening in Magnesium Alloys[J]. Metallurgical and Materials Transactions A,2012,43(11):3891-3939.

[45] HE S M,ZENG X Q,PENG L M,et al. Microstructure and strengthening mechanism of high strength Mg-10Gd-2Y-0. 5Zr alloy[J]. Journal of Alloys and Compounds,2007,427(1-2):316-323.

[46] WANG J F ,WANG K,HOU F,et al. Enhanced strength and ductility of Mg-RE-Zn alloy simultaneously by trace Ag addition[J]. Materials Science and Engineering A,2018,728(13):10-19.

[47] MIAO J S,SUN W H,KLARNER A D,et al. Interphase boundary segregation of silver and enhanced precipitation of $Mg_{17}Al_{12}$ Phase in a Mg-Al-Sn-Ag alloy[J]. Scripta Materialia,2018,154:192-196.

[48] ZHAO Y Z,PAN F S,PENG J,et al. Effect of neodymium on the as-extruded ZK20 magnesium alloy[J]. Journal of Rare Earths,2010,28(4):631-635.

[49] ARRABAL R,MINGO B,PARDO A,et al. Role of alloyed Nd in the microstructure and atmos-

pheric corrosion of as-cast magnesium alloy AZ91[J]. Corrosion Science,201,97: 38-48.

[50] PAN F S,MAO J J,ZHANG G,et al. Development of high-strength,low-cost wrought Mg-2.0 mass% Zn alloy with high Mn content[J]. Progress in Natural Science: Materials International,2016,26 (6): 630-635.

[51] KOIZUMI T,EGAMI M,YAMASHITA K,et al. Platelet precipitate in an age-hardening Mg-Zn-Gd alloy[J]. Journal of Alloys and Compounds,2018(752): 407-411.

[52] SHE J,PAN F S,GUO W,et al. Effect of high Mn content on development of ultra-fine grain extruded magnesium alloy[J]. Materials & Design,2016(90): 7-12.

[53] WANG J F,SONG P F,HUANG S,et al. High-strength and good-ductility Mg-RE-Zn-Mn magnesium alloy with long-period stacking ordered phase[J]. Materials Letters,2013(93): 415-418.

[54] JIANG B,ZENG Y,ZHANG M X,et al. Effects of Sn on microstructure of as-cast and as-extruded Mg-9Li alloys[J]. Transactions of Nonferrous Metals Society of China,2014,23(4): 904-908.

[55] YU Z,YAN Y,YAO J,et al. Effect of tensile direction on mechanical properties and microstructural evolutions of rolled Mg-Al-Zn-Sn magnesium alloy sheets at room and elevated temperatures[J]. Journal of Alloys and Compounds,2018(744): 211-219.

[56] ZHANG J,MA Q,PAN F. Effects of trace Er addition on the microstructure and mechanical properties of Mg-Zn-Zr alloy[J]. Materials & Design,2010,31(9): 4043-4049.

[57] ZHANG J,LI W G,ZHANG B X,et al. Influence of Er addition and extrusion temperature on the microstructure and mechanical properties of a Mg-Zn-Zr magnesium alloy[J]. Materials Science and Engineering A ,2011,528(13-14): 4740-4746.

[58] ZHANG J,ZHANG X F,LI W G,et al. Partition of Er among the constituent phases and the yield phenomenon in a semi-continuously cast Mg-Zn-Zr alloy[J]. Scripta Materialia,2010,63(4): 367-370.

[59] ZHANG J,LIU M,DOU Y C,et al. Role of alloying elements in the mechanical behaviors of an Mg-Zn-Zr-Er Alloy[J]. Metallurgical and Materials Transactions A,2014,45(12): 5499-5507.

[60] WANG Z J,JIA W P,CUI J Z. Study on the deformation behavior of Mg-3.6% Er magnesium alloy[J]. Journal of Rare Earths,2007,25(6): 744-748.

[61] XUA J,JIANG B,SONG J,et al. Unusual texture formation in Mg-3Al-1Zn alloy sheets processed by slope extrusion[J]. Materials Science and Engineering A,2018(732): 1-5.

[62] ZHAO Z,SUN Z,Wei L,et al. Influence of Al and Si additions on the microstructure and mechanical properties of Mg-4Li alloys[J]. Materials Science and Engineering A,2017(702): 206-217.

[63] WANG Q,SHEN Y,JIANG B,et al. A good balance between ductility and stretch formability of dilute Mg-Sn-Y sheet at room temperature[J]. Materials Science and Engineering A,2018(736): 404-416.

[64] TAN J,SUN Y H,XIE H B,et al. Atomic-resolution investigation of Y-rich solid solution with an invariable orientation in Mg-Y binary alloy[J]. Journal of Alloys and Compounds,2018(766): 716-720.

[65] JIANG B,LIU W J,QIU D,et al. Grain refinement of Ca addition in a twin-roll-cast Mg-3Al-1Zn alloy[J]. Materials Chemistry and Physics,2012,133(2-3):611-616.

[66] WANG F,HU T,ZHANG Y,et al. Effects of Al and Zn contents on the microstructure and mechanical properties of Mg-Al-Zn-Ca magnesium alloys[J]. Materials Science and Engineering A,2017,704:57-65.

[67] YIN H M,JIANG B,HUANG X Y,et al. Effect of Ce addition on microstructure of Mg-9Li alloy[J]. Transactions of Nonferrous Metals Society of China,2013,23(7):1936-1941.

[68] YANG Q S,JIANG B,JIANG W,et al. Evolution of microstructure and mechanical properties of Mg-Mn-Ce alloys under hot extrusion[J]. Materials Science and Engineering A,2015,628:143-148.

[69] LI R H,PAN F S,JIANG B,et al. Effects of yttrium and strontium additions on as-cast microstructure of Mg-14Li-1Al alloys[J]. Transactions of Nonferrous Metals Society of China,2011,21(4):778-783.

[70] JIANG B,YIN H M,YANG Q S,et al. Effect of stannum addition on microstructure of as-cast and as-extruded Mg-5Li alloys[J]. Transactions of Nonferrous Metals Society of China,2011,21(11):2378-2383.

[71] LIU S,WANG K,WANG J,et al. Ageing behavior and mechanisms of strengthening and toughening of ultrahigh-strength Mg-Gd-Y-Zn-Mn alloy[J]. Materials Science and Engineering A,2019,758:96-98.

[72] TONG X,YOU G Q,WANG Y C,et al. Effect of ultrasonic treatment on segregation and mechanical properties of as-cast Mg-Gd binary alloys[J]. Materials Science and Engineering A,2018,731:44-53.

[73] LIU T T,PAN F S,ZHANG X. Effect of Sc addition on the work-hardening behavior of ZK60 magnesium alloy[J]. Materials & Design,2013(43):572-577.

[74] JIANG B,ZENG Y,YIN H M,et al. Effect of Sr on microstructure and aging behavior of Mg-14Li alloys[J]. Progress in Natural Science:Materials International,2012,22(2):160-168.

[75] WU L,PAN F S,YANG M B,et al. As-cast microstructure and Sr-containing phases of AZ31 magnesium alloys with high Sr contents[J]. Transactions of Nonferrous Metals Society of China,2011,21(4):784-789.

[76] WANG L F,HUANG G S,QUAN Q,et al. The effect of twinning and detwinning on the mechanical property of AZ31 extruded magnesium alloy during strain-path changes[J]. Materials & Design,2014(63):177-184.

[77] JIANG B,ZHOU G Y,DAI J H,et al. Effect of second phases on microstructure and mechanical properties of as-cast Mg-Ca-Sn magnesium alloy[J]. Rare Metal Materials and Engineering,2014,43(10):2445-2449.

[78] CHINO Y,KADOB M,MABUCHI M. Enhancement of tensile ductility and stretch formability of magnesium by addition of 0.2wt.%(0.035 at.%)Ce[J]. Materials Science and Engineering A,

3.2　固溶态 Mg-Gd-Zr 合金组织与性能

在确保合金元素固溶的前提下,尽量选取较低温度的固溶可降低合金组织粗化对其性能的影响。因此,需要对合金的固溶工艺进行探索。

3.2.1　固溶温度对 VK61 合金组织与性能的影响

从图 3.4 所示的铸态合金 DSC 曲线中可以知道,VK61 合金在 648 ℃发生熔化,而合金中第二相的溶解则发生在两个宽化的吸热峰对应温度区间中,即 280 ~ 375 ℃和 445 ~ 523 ℃。因此选择合金固溶温度分别为 400 ℃和 500 ℃对合金进行固溶处理,结果如图 3.5 所示。铸态 VK61 合金中存在的大量 Mg_2Gd,Mg_3Gd 相经过 400 ℃固溶处理后,在 20°附近出现了新相 Mg_5Gd 的峰,而 28°附近的 Mg_2Gd 峰变弱 (图 3.5),即可能发生了一个类似于包析反应的新反应:

$$\alpha\text{-Mg} + Mg_2Gd \longrightarrow Mg_3Gd$$

$$\alpha\text{-Mg} + Mg_3Gd \longrightarrow Mg_5Gd$$

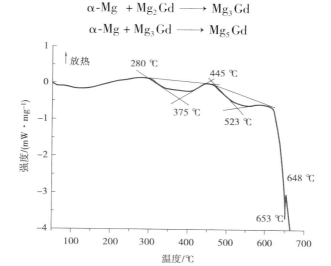

图 3.4　VK61 合金的 DSC 曲线

结合 DSC 曲线,可知该反应是一个吸热反应,在 280 ℃时开始发生,反应的峰值温度为 375 ℃。反应完成后 Mg_2Gd 和 Mg_3Gd 趋于消失,生成大量的 Mg_5Gd 相。随着温度继续升高,Mg_5Gd 相在 445 ℃时开始熔融,在 523 ℃熔融结束。第二个吸热反应在 445 ℃发生,523 ℃达到峰值。

为获得最佳的合金固溶温度,对 Gd 含量最高的 VK61 合金进行了不同工艺的固溶处理,如图 3.6 所示。固溶工艺为 300 ℃(保温 6 h)+ 400 ℃ /420 ℃ /440 ℃ / 460 ℃ /480 ℃ /500 ℃(保温 10 h)+ 水淬。图中,大块的黑色区和灰色区为金相处

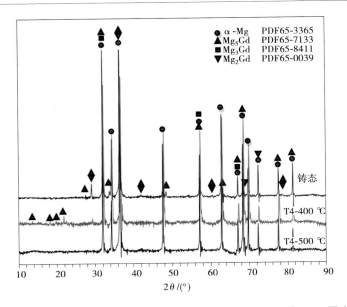

图 3.5　铸态 VK61 合金在 400 ℃和 500 ℃固溶处理后的 XRD 图谱

理不够好而留下的污渍和水印。随着固溶温度的升高,合金中的第二相含量逐渐减少,颗粒尺寸减小,且分布方式逐渐由沿晶界连续密集分布的方式[400 ℃,图 3.6 (a)]向不连续分布方式转变[420 ℃,图 3.6(b)]。固溶处理温度的继续升高,在 [440 ℃,图 3.7(c)]时晶界和晶内有非常少量细小的第二相颗粒存在,晶粒发生轻微长大。在[460 ℃,图 3.6(d)]时,第二相颗粒全部溶解于基体中,晶粒则继续缓慢长大;当合金固溶温度为 480 ℃和 500 ℃[图 3.6(e),(f)]时,组织发生粗化,发生晶粒吞并长大的现象。因而,在相同的保温时间下,随着固溶处理温度的升高,440 ℃和 460 ℃的固溶效果相对较好,而温度继续升高,则会引起晶粒粗化和轻微过烧现象。在保证第二相充分溶解的前提下,VK61 合金的最佳固溶处理工艺为 300 ℃(保温 6 h)+460 ℃(保温 10 h)+水淬。

　　对不同温度固溶处理后的 VK61 合金显微硬度进行测量,结果如图 3.7 所示。固溶温度的升高对合金显微硬度影响不大,但存在一定的趋势性。随着固溶处理温度的升高,合金显微硬度呈增加趋势,并在 420 ℃时达到峰值。随着温度继续升高,合金显微硬度在 440 ℃和 460 ℃的处理温度时呈现相对较低的数值,固溶温度再升高,则其发生轻微增加。这是因为在固溶温度较低时,固溶效果不理想,合金中主要以第二相强化为主(400 ℃),随着温度升高,开始出现固溶强化与第二相强化并存而继续升高(420 ℃),第二相的溶解使合金硬度值有所下降(440 ℃和 460 ℃),更高温度的固溶则受组织粗化影响有轻微波动。固溶后的组织均匀性在 440 ℃和 460 ℃时相对较好,因此,可进一步确定 VK61 合金的最佳固溶处理工艺为 300 ℃ (保温 6 h)+460 ℃(保温 10 h)+水淬。

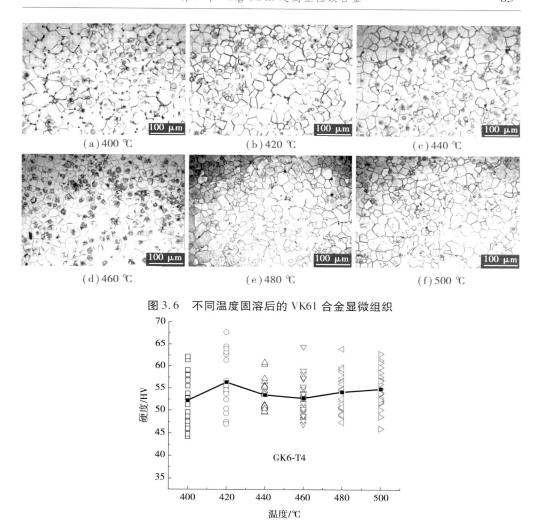

图 3.6 不同温度固溶后的 VK61 合金显微组织

图 3.7 不同温度固溶处理的固溶态 VK61 合金硬度值

3.2.2 Gd 含量对固溶态 Mg-xGd-0.6Zr 合金组织与性能的影响

图 3.8 所示为 Mg-xGd-0.6Zr($x=2,4,6$wt.%)固溶处理后合金显微组织,固溶工艺为 400 ℃(保温 6 h)+500 ℃(保温 10 h)+水淬。随着 Gd 含量的增加,固溶态合金组织发生轻微细化。与铸态合金相比,较低 Gd 含量的 VK21 和 VK41 组织有所粗化,特别是 VK41 中有明显的晶粒吞并长大的现象。VK61 由于合金中第二相的存在,阻碍了晶粒的长大,使合金组织出现细化,且组织均匀性显著提高。图中,除晶界外,还有一些黑色点状相存在,其他大块的黑色区和灰色区为金相处理不够好而留下的污渍和水印。

（a）VK21　　　　　　　　（b）VK41　　　　　　　　（c）VK61

图 3.8　固溶态 Mg-Gd-Zr 合金显微组织

为确定合金高温固溶的效果，对其中 Gd 含量最高的 VK61 进行第二相和元素扫描分析，如图 3.9 所示。合金中只有少量细小的含 Gd 第二相和富 Zr 相存在，说明第二相在高温处理时发生了溶解，并在高温固溶度的驱使下加速了 Gd 在基体中的固溶行为。因为，500 ℃时 Gd 在镁中的固溶度可以达到 22wt.％，远远超过合金中 Gd 的添加量。但 Gd 在基体中的分布并不是完全均匀的，而是在能量较低的晶界出现了富集，高温固溶也只是让晶界附近的 Gd 呈扩散分布。

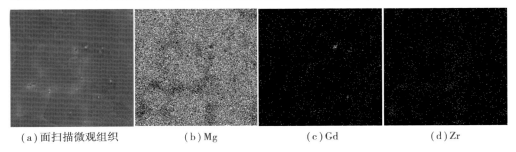

（a）面扫描微观组织　　　（b）Mg　　　　　　　（c）Gd　　　　　　　（d）Zr

图 3.9　固溶态 VK61 合金的元素分布

图 3.10 所示为固溶态 Mg-xGd-0.6Zr(x = 2,4,6wt.％)合金的 XRD 图谱。3 种合金都只出现了基体 α-Mg 的峰，而无富 Gd 第二相的峰，说明低 Gd 含量的 VK21 和 VK41 固溶效果非常好，Gd 基本已经完全溶于基体中，而 Gd 含量相对较高的 VK61 中的富 Gd 第二相由于含量太低设备已经检测不出来。Zr 由于与 Mg 的晶格结构相同，都为密排六方，在 XRD 结果中峰值与 Mg 峰发生了重合，同时固溶后 Zr 在合金中的含量较少，在 XRD 结果中表现并不明显。

从图 3.11 的基体衍射峰偏移图中可以看出，合金（110）晶面的峰随 Gd 含量的增加向小角度发生偏移。这是由于大量的 Gd 元素固溶到基体中，使得晶面间距增大，相应晶面发生衍射的衍射角减小，而导致峰向小角度偏移。为了进一步量化 Gd 元素固溶引起的峰偏移，拟采用 Vegard's 经验公式计算 Gd 添加所引起的晶格参数变化量。

Vegard's 法则是表述两种单个物质与其固溶体晶格参数之间的一种经验关系式，它通常用来描述合金或两种混合物。最初是 Vegard 提出来表述 KBr 和 KCl，他

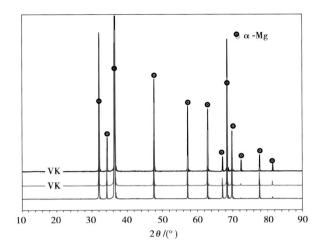

图 3.10　固溶态 Mg-xGd-0.6Zr 合金的 XRD 图谱

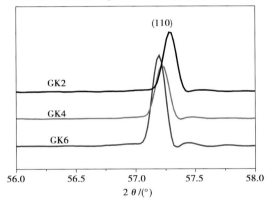

图 3.11　固溶态 Mg-xGd-0.6Zr 合金的 XRD 图谱因 Gd 的加入而引起的峰偏移

认为可以通过 KBr 和 KCl 晶格参数分别的比重来计算出它们化合物晶体的晶格参数。其后有很多研究工作者也提出这样的看法,并在大量实验中得到认证。Vegard's 法则的最简单数学表达式为:

$$a(\text{mixture}) = (1 - x)a_1 + xa_2$$

式中　$a_n(n=1,2)$——分别表示单相和固溶体的晶格参数;

　　　　x——其中一种单相物质的摩尔百分比。

通过大量实验经验修正后的公式如下:

$$a^3(\text{mixture}) = (1 - x)a_1^3 + xa_2^3$$

在本章中,运用该公式定量计算固溶于基体中的 Gd 含量所引起的晶格参数的变化百分比。在计算前,将引起基体晶格参数变化的因素分为两类:一是 Gd 的添加,二是能引起峰偏移的其他因素,如 Zr 的添加、残余应力以及测试设备等。

基于图 3.10 固溶态合金的 XRD 结果,计算得到固溶后的合金基体晶格参数见

表 3.2。与铸态 Mg-Gd-Zr 合金 XRD(图 3.2)晶格参数的计算结果(表 3.1)相比,固溶处理后由于 Gd 元素的充分固溶使得基体晶体常数 a 和 c 均增大。而合金的 c/a 轴比只有 VK21 有所下降,VK41 和 VK61 的则是有所增加,特别是 VK61 增加较多。

表 3.2　合金中基体 α-Mg 固溶体的晶格参数 $a,c(\text{Å})$

合　金	$a/\text{Å}$	$c/\text{Å}$
VK61	3.217 98	5.218 13
VK41	3.216 10	5.217 89
VK21	3.213 46	5.215 67

使用 Mg 的晶格数据 $a = 3.208\,90$,$c = 5.210\,20$ 和 Gd 的晶格参数 $a = 5.400\,00$,根据 Vegard's 经验公式计算得到 Gd 在晶体中 a,c 两个方向上的固溶摩尔百分比,见表 3.3。比较 a,c 两个方向计算出的 Gd 的固溶量,c 方向 Gd 的固溶量远大于 a 方向 Gd 的固溶量,因此随着 Gd 含量的增加,VK41 和 VK61 的 c 值将比 a 值增大更多,从而使合金的 c/a 值较铸态时增大。选择以 c 方向 Gd 的固溶量标定为基体中 Gd 的固溶量,结果见表 3.4。基于 Vegard's 经验公式计算得到的 Gd 固溶后基体晶格参数 c 较 XRD 衍射计算结果(表 3.2)要小。这可能是由于计算过程中忽略了 Zr 在合金中的固溶作用和残余应力引起的峰偏移等因素影响。从偏移百分数来看,随着 Gd 含量的增加,偏移量增大,这与 XRD 衍射峰偏移(图 3.11)的结果一致。该方法也能在一定程度上量证明 Gd 在镁基体中的良好固溶效果。

表 3.3　通过 Vegard's 经验公式计算得到的固溶 Gd 的摩尔百分比

合金	$X_1(a/\text{Å})$/摩尔百分比	$X_2(c/\text{Å})$/摩尔百分比
VK61	0.414 40	4.178 08
VK41	0.328 60	4.051 63
VK21	0.208 11	2.881 98

表 3.4　基于 Vegard's 法则计算的 Gd 含量对合金基体晶格参数的影响

合金	Gd 的实际添加量/摩尔百分比	Gd 固溶后的基体晶格参数/$c/\text{Å}$	Gd 固溶结果所占晶格改变量的百分比/%
VK61	1.291	5.212 30	26.48
VK41	0.720	5.211 40	15.60
VK21	0.320	5.210 72	9.51

为进一步研究 Gd 固溶对合金性能的影响,固溶态 Mg-xGd-0.6Zr 合金的显微硬度分布测试结果如图 3.12 所示。固溶处理后的低 Gd 含量合金 VK21 和 VK41 的显

微硬度几乎无变化,此时 Gd 元素的固溶没有明显影响强度上的变化。而 Gd 含量相对较高的 VK61 合金的显微硬度有轻微下降,这可能是因为第二相溶解所带来的强度上的降低比固溶强化的效果更显著,从而引起合金显微硬度有所下降。同时,低 Gd 含量合金的均匀性在固溶处理后变得更好。

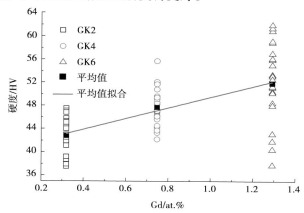

图 3.12　固溶态 Mg-Gd-Zr 合金显微硬度分布

3.3　挤压态 Mg-Gd-Zr 合金组织与性能

前面的研究结果显示,Gd 在镁合金中的固溶行为使基体晶格常数增大,但 c/a 轴比较纯镁发生降低,同时固溶后的合金显微硬度均有所下降,组织均匀性变得更好。因此,固溶处理可为挤压工艺的实施提供良好的铸锭坯。本节将对不同前处理工艺的铸锭坯进行挤压,研究其变形态合金的组织与性能。挤压工艺为:480 ℃预热 20 min 后在 450 ℃挤压成型,挤压比 28,挤压速率 2.1 m/min。

3.3.1　前处理对挤压态 Mg-xGd-0.6Zr 合金组织与性能的影响

图 3.13 所示为无前处理的 Mg-xGd-0.6Zr(x = 2,4,6wt.%)挤压态合金显微组织,由细小的等轴晶和少量粗晶组成。挤压过程中的动态再结晶较为完全,合金中的第二相颗粒和以偏聚形式固溶的 Gd 原子均为再结晶的发生提供了形核点。与铸态合金相比,挤压后的显微组织更细小均匀,其平均晶粒尺寸均在 10 μm 以下,见表 3.5。与无前处理的合金挤压态组织不同,经固溶前处理后的合金组织由较多的粗晶和少量细晶组成,如图 3.14 所示。高温固溶使 Gd 原子大量固溶于镁基体中,成为挤压变形过程中的位错运动障碍物,其挤压变形过程主要受固溶效果的影响。因 3 种合金的 Gd 元素添加均在固溶度范围之内,其固溶效果相差不大,导致 Gd 含量的增加对合金显微组织几乎无影响,它们的平均晶粒尺寸在 10 μm 左右(表 3.5),

但较无前处理的挤压态合金晶粒尺寸有所增加。此时,微量合金元素的固溶可实现高添加量的效果。为在固溶的基础上获得细小的析出相来成为再结晶形核点,提出了"固溶＋时效"的前处理方法,其挤压态合金的显微组织较无前处理的有轻微粗化,但较固溶前处理的要细小,如图 3.15 所示。此时的合金挤压过程受固溶效果和第二相特征的共同作用,低 Gd 含量合金变形主要受前一个因素影响,而高 Gd 含量合金变形主要受后一个因素影响。

(a) VK21　　　　　　　(b) VK41　　　　　　　(c) VK61

图 3.13　铸态-挤压 Mg-xGd-0.6Zr 合金显微组织

(a) VK21　　　　　　　(b) VK41　　　　　　　(c) VK61

图 3.14　固溶-挤压态 Mg-xGd-0.6Zr 合金显微组织

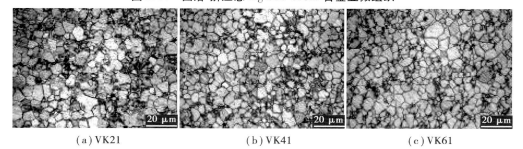

(a) VK21　　　　　　　(b) VK41　　　　　　　(c) VK61

图 3.15　固溶时效-挤压态 Mg-xGd-0.6Zr 合金显微组织

表 3.5　各个合金的平均晶粒度/μm

处理状态	VK21	VK41	VK61
F-Ext	8.1	7.0	6.9
T4-Ext	10.9	9.4	11.4
T6-Ext	9.0	7.6	8.0

对应合金显微组织的宏观力学性能表现见表 3.6。Gd 含量相对较低的 VK21 和 VK41 合金的抗拉强度和屈服强度非常接近,VK61 表现出最高的抗拉强度和屈服强度。前处理中只有高温固溶的前处理使合金的强度有轻微下降,"固溶 + 时效"前处理则使其挤压态合金的强度有了一定程度的恢复,但仍然比无前处理的挤压态合金强度要低。考虑 Gd 元素添加后一部分固溶于基体中产生固溶强化,超过固溶部分的 Gd 则与 Mg 反应生成稳定的化合物产生第二相强化。由此低 Gd 含量的合金强度主要源于固溶强化,而高 Gd 含量的合金强度源于固溶强化和第二相强化的综合作用,使得 VK61 表现出最高的强度。固溶前处理在增加固溶强化贡献效果的时候减弱了第二相强化的效果,而"固溶 + 时效"则是以牺牲部分固溶强化来增加第二相强化效果,但两种前处理均使合金的强度较无前处理的有所下降。铸态直接挤压获得的 VK 系合金具有较好的强度表现。

延伸率作为合金塑性变形能力评估的重要指标,在固溶强化为主的合金成分范围内,随着 Gd 含量的增加而降低,反之则随 Gd 含量的增加而增加。在无前处理的挤压态合金中,VK41 合金的延伸率最大,达到43.3% ,VK21 和 VK61 的延伸率有所下降,分别为36.8% 和33.4% 。虽有下降,但该合金系仍具有较好的塑性。依据 Moitra 等计算的固溶对镁基二元合金滑移的影响结果,可知固溶原子 Gd 可通过降低基面与棱锥面不稳定层错能的比值,来促进 $<c + a>$ 位错的形核和滑移,提高合金的成形系数。同时 Gd 原子在镁合金中还会产生固溶强化。因此,Gd 元素固溶对镁合金的强度和塑性均有重要作用,特别是对合金塑性的贡献在理论和实践上均具有良好的效果。

表 3.6　不同状态下 Mg-Gd-Zr 合金的力学性能

合金	抗拉强度/MPa	屈服强度/MPa	延伸率/%
VK21-EXT	207	150	36.8
VK41-EXT	206	145	43.4
VK61-EXT	237	168	33.4
VK21-T4-EXT	192	125	33.9
VK41-T4-EXT	189	112	41.8
VK61-T4-EXT	216	137	30.9
VK21-T6/10h-EXT	204	137	45.6
VK41-T6/10h-EXT	206	136	44.0
VK61-T6/10h-EXT	228	159	37.9

3.3.2 Gd 添加对挤压态合金晶格参数的影响

铸态 Mg-xGd-0.6Zr 合金挤压变形后的 XRD 结果,如图 3.16 所示。3 种合金中均只有 α-Mg 基体相,未检测到第二相,说明合金中即使存在第二相,其含量也非常低。Gd 含量最高的 VK61 合金中第二相的消失一方面是被挤压破碎后弥散分布于基体中,另一方面则是在挤压温度下破碎的弥散合金相通过扩散等作用部分固溶于基体中。对 Gd 添加后的挤压态合金基体峰偏移结果,如图 3.17 所示,(110) 晶面的峰随 Gd 含量的增加向小角度发生偏移。挤压变形使合金的晶面间距减小,相应晶面发生衍射的衍射角增大,随之峰向大角度偏移。采用 XRD 软件对图 3.17 中的合金基体晶格参数进行计算,结果见表 3.7。与铸态合金的晶格参数相比,挤压变形后的晶格参数 a,c 均增大,而 c/a 轴比值只有 VK21 是有所降低的,另外两个合金都是升高的。这在理论上意味着挤压变形后的 VK21 具有更好的塑性变形能力。

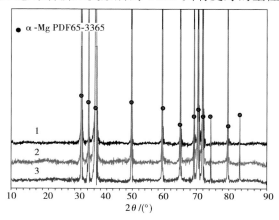

图 3.16　铸态挤压 Mg-xGd-0.6Zr 合金的 XRD 图谱
1—VK61;2—VK41;3—VK21

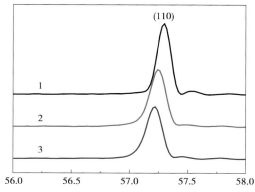

图 3.17　铸态挤压 Mg-xGd-0.6Zr 合金 XRD 图谱因 Gd 添加引起的峰偏移
1—VK61;2—VK41;3—VK21

表 3.7　由图 3.17 获得的铸态挤压 Mg-xGd-0.6Zr 的基体晶格参数

合金	$a/Å$	$c/Å$	c/a
VK21-Ext	3.218 18	5.220 45	1.622 17
VK41-Ext	3.215 28	5.217 28	1.622 65
VK61-Ext	3.212 66	5.216 38	1.623 70

3.4　Mg-Gd-Zr 合金高塑性机理

事实上,Mg-Gd 合金中塑性的变化可以从固溶度变化和固溶强化增塑理论来进行分析。固溶的 Gd 原子可以显著提升基面临界剪切应力,降低锥面临界剪切应力,使得 Mg-Gd 固溶体在受力变形时可以启动更多滑移系,从而提高 Mg-Gd 固溶体塑性。在达到最大固溶度之前,镁合金的塑性随着 Gd 固溶量的增加而增加,当合金中的 Gd 含量超过固溶度后,由于第二相的形成,合金的塑性开始下降。因此,对含 Gd 的高塑性镁合金而言,如果希望获得超高塑性,Gd 的含量最好不要超过最大固溶度。本合金中,6% 已超过最大固溶度,因此塑性开始下降。

从前面的研究中可以看出,VK21 中的 Gd 可较好地完全固溶在 α-Mg 中,起到了非常好的固溶强化增塑效果;VK41 中随 Gd 含量增加而含有少量第二相,其固溶强化增塑效果和第二相强化效果均能有效体现;而 VK61 中由于第二相含量的增加,合金强度提高,但同时固溶增塑效果被抵消。

合金延伸率 δ 可以简化为受固溶增塑和析出降塑两个因素影响:

$$\delta = k_1 c_1 + k_2 c_2$$

式中　c_1——固溶 Gd 原子比;

　　　c_2——析出 Gd 原子比;

　　　k_1,k_2——分别是相应系数。

计算得 $k_1 \approx 106$,$k_2 \approx -2\ 500$。可以看出,第二相析出对延伸率有较大降低。

为了进一步通过调整挤压参数、优化热处理工艺,调控合金组织,改善合金综合力学性能,建立基于常规快速挤压成形的工艺参数-显微组织-力学性能之间的对应关系,实现超高塑性 Mg-Gd-Zr 镁合金组织可调、性能可控,显然 Gd 可以完全固溶的 VK21 合金是最佳研究对象。

3.4.1　铸态和挤压态 VK21 合金组织与塑性

VK21 镁合金铸态及挤压态的金相显微组织如图 3.18 所示。可以看出,铸态合金组织均匀,呈明显等轴晶状,而非枝晶组织,金相截线法测得铸态 VK21 合金的平均晶粒尺寸约为 26 μm。合金经过 420 ℃一次挤压成形后,晶粒显著细化。挤压棒材试样组织呈现双尺寸晶粒特征,即由相对大尺寸的常规晶粒与沿挤压方向分布的大量的细晶共同组成。从金相中可以看出常规挤压成形的 VK21 合金棒材中细晶组织分布较为均匀。

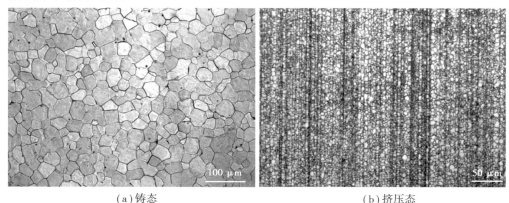

（a）铸态　　　　　　　　　　　　　　　　（b）挤压态

图 3.18　VK21 镁合金金相显微组织

图 3.19 分别展示了铸态和挤压态 VK21 镁合金 EBSD 中的 IPF 图及晶粒尺寸分布图。从图 3.19(a) 可以看出,铸态合金的晶粒分布均匀,无织构特征,由 EBSD 测得的平均晶粒尺寸约为 18 μm,略小于金相截线法测得的数据值。这是因为 EBSD 的制样过程不可避免地引入了孪晶及形变亚结构,取向标定中将其误作晶粒处理。图 3.19(b) 所示为 VK21 挤压棒材纵截面试样的 IPF 图,细晶带清晰可见,其内晶粒明显较常规晶粒细小,呈现出沿挤压方向带状分布的特征。EBSD 计算得到的平均晶粒尺寸为 4.3 μm,而细晶带内部晶粒的平均晶粒尺寸约为 1.9 μm。

铸态及挤压态 VK21 镁合金的 XRD 结果如图 3.20 所示。由分析可知,铸态和挤压态合金物相均只含有 α-Mg 固溶体单相,但仔细观察在 $2\theta = 22.3°$ 处挤压态合金存在微弱的衍射峰。此外,合金挤压后 (0002) 晶面峰值较低,表示其基面织构较弱。为进一步确定合金所含物相,采用 SEM 和 TEM 对合金试样进行了更为微观的表征。图 3.21(b),(c) 分别是对 (a) 中 A,B 区域的放大,可以看出,挤压态 VK21 中存在极少量的纳米块状相和球状颗粒相。通过 TEM 下的 EDS 结果分析可知,块状相为 Mg_3Gd,球状颗粒相为 α-Zr。块状 Mg_3Gd 长度约 500 nm,球状 α-Zr 半径约 300 nm。通过对比 Mg_3Gd 相的标准 XRD 衍射图谱,在 22.3° 处存在衍射峰,但因其含量极少,所以 XRD 衍射结果中并未出现对应的衍射峰。由于 Mg_3Gd 和 α-Zr 两相数量极少、尺寸较小,不能通过 PSN 机制促进动态再结晶,也不能在变形中有效钉扎位错运动,因此在研究其变形机理时 VK21 合金可作单相固溶体处理。

挤压态 VK21 镁合金的 (0001) 极图和反极图如图 3.22(a),(b) 所示,同时将 320 ℃ 挤压纯镁的宏观织构与之对比 [图 3.22 (c),(d)],图中 RD 表示合金棒材的径向 (radial direction),ED 为挤压方向。结果显示,挤压态 VK21 合金棒材呈现出与

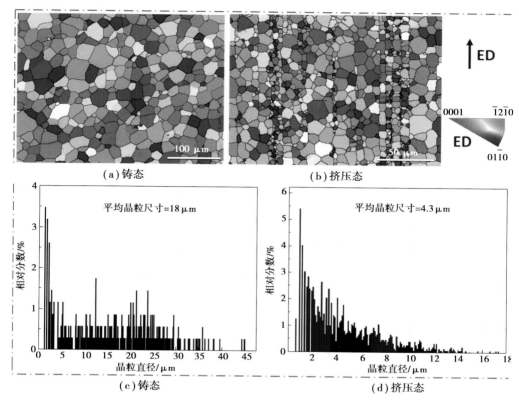

图 3.19　VK21 合金 EBSD IPF 图及晶粒尺寸分布图

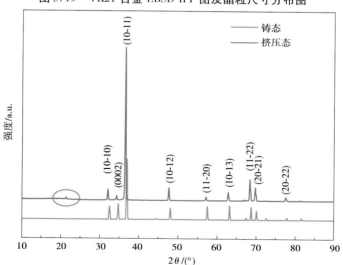

图 3.20　铸态及挤压态 VK21 镁合金的 XRD 图谱

纯镁挤压丝织构明显不同的织构类型,基面织构得到有效的弱化,晶粒 c 轴偏离 ED 方向约 45°,织构组分为 $<11\bar{2}2>$ // ED,为典型的稀土织构,与 Stanford[1-5] 研究的

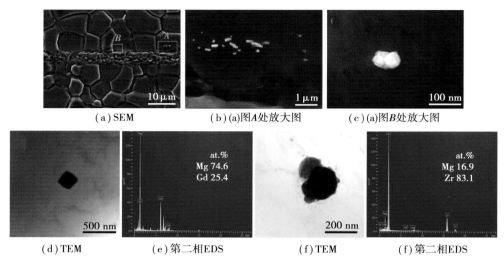

（a）SEM   （b）(a)图*A*处放大图   （c）(a)图*B*处放大图

（d）TEM   （e）第二相EDS   （f）TEM   （f）第二相EDS

图 3.21   挤压态 VK21 合金 SEM,TEM 和 EDS

Mg-Gd 合金织构类型相似。而 320 ℃挤压的纯镁则表现为挤压丝织构特征,其晶体学方向为 $<11\bar{2}0>$ - $<10\bar{1}0>$ ∥ED。

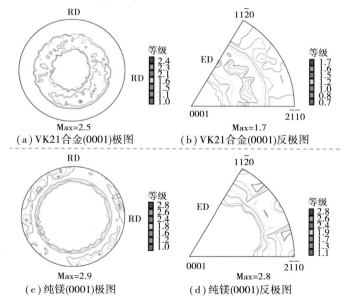

（a）VK21合金(0001)极图   （b）VK21合金(0001)反极图

（c）纯镁(0001)极图   （d）纯镁(0001)反极图

图 3.22   挤压态 VK21 合金和纯镁的(0001)极图和反极图

图 3.23 是铸态及挤压态 VK21 合金典型的工程应力-应变曲线,320 ℃挤压的纯镁用于力学性能的对比。铸态 VK21 合金的屈服强度为 83 MPa,抗拉强度为 170 MPa,由于铸态合金晶粒等轴且细小均匀,取向散乱,无织构特征,其室温拉伸的断后伸长率高达43%,高于现存所有铸态镁合金。常规快速挤压成形的 VK21 合金拉伸应力-应变曲线上存在明显的屈服点,其屈服强度为 145 MPa,抗拉强度约为 225 MPa,

室温下拉伸断后伸长率高达 58%,达到了超高塑性的标准。相比之下挤压态纯镁强度与伸长率均较低,其屈服强度仅为 76 MPa,抗拉强度约为 170 MPa,断后伸长率仅为 19%。图 3.23(b)统计了 Mg-Zn-RE 合金及商用变形镁合金的室温拉伸力学性能,可以看出,Mg-Zn-RE 合金的屈服强度较高,最高可达到近 500 MPa,但无法克服强塑互斥,其断后伸长率不足 5%;商用变形镁合金屈服强度和断后伸长率皆为中等水平,综合力学性能稳定,VK21 镁合金经过组织的调控,其性能较为优越,屈服强度与断后伸长率均明显高于强塑互斥的 C 形曲线。

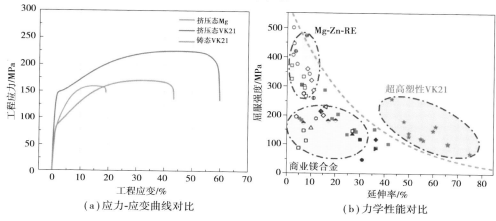

（a）应力-应变曲线对比　　　　　　（b）力学性能对比

图 3.23　铸态及挤压态 VK21 合金、纯镁应力-应变曲线及力学系性能对比

如前所述,一次常规快速挤压成形制备的 VK21 变形镁合金已具备超高塑性和较高的屈服强度、抗拉强度,继续从挤压参数和热处理工艺方面入手,通过对工艺参数的优化,调整挤压态 VK21 合金的显微组织,改善其综合力学性能。

3.4.2　挤压工艺对 VK21 合金组织与塑性的影响

（1）挤压后冷却对挤压态 VK21 合金组织与塑性的影响

图 3.24 是采用不同冷却速率挤压制备的 VK21 合金的 EBSD IPF 图。图中(a)是挤压出口采用常规空冷获得的合金组织,其表面冷却速率 50 ℃/s,可以看出合金组织中存在大量沿挤压方向均匀分布的细晶带,经统计合金的再结晶分数达到 97.8%,平均晶粒尺寸为 5.8 μm。采取水冷处理的合金棒材其表面冷却速率为 200 ℃/s,合金组织中存在大量沿挤压方向分布的未再结晶区,未再结晶晶粒呈现硬取向特征,即 $(10\bar{1}0)\perp ED$, $<0\bar{1}10>//ED$,未再结晶区分数为 24.1%。采取水冷表面冷却速率为 200 ℃/s 制备的合金平均晶粒尺寸为 1.5 μm,较冷却速率为 50 ℃/s 获得的合金晶粒细化明显。

图 3.25 展示了两种冷却速率制 VK21 备合金的拉伸应力-应变曲线。可以看出,表面冷却速率为 200 ℃/s 制备的合金较冷却速率为 50 ℃/s 获得的合金屈服强

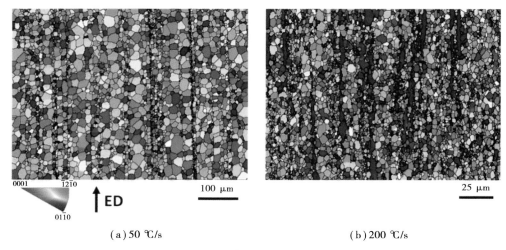

(a) 50 ℃/s   (b) 200 ℃/s

图 3.24　不同冷却速率 VK21 合金 IPF 图

度提升明显,其屈服强度达到 260 MPa,断后伸长率仍保持在 42%,应力-应变曲线上存在明显的屈服平台,合金在拉伸屈服后应力先下降,继而保持不变。由于采用水冷快速冷却制备的合金组织中存在体积分数约为 24% 的未再结晶区,在沿 ED 方向拉伸时,未再结晶晶粒的硬取向特征使得基面滑移和拉伸孪晶均不能启动,所以合金表现出较高的屈服强度。冷却速率为 50 ℃/s 制备的合金的拉伸屈服强度为 133 MPa,断后伸长率为 52%,相较于表面冷却速率为 200 ℃/s 的合金展现出更优异的室温变形能力。

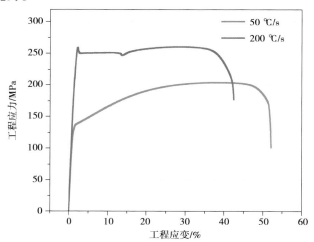

图 3.25　不同冷却速率 VK21 合金的拉伸应力-应变曲线

(2)挤压速度对挤压态 VK21 合金的组织与塑性的影响

在不同挤压速度制备的 VK21 合金棒材纵截面试样的 EBSD 中,IPF 晶粒取向如图 3.26 所示。图中(a)是挤压速度为 1 m/min 合金的 IPF 图,可以看出其晶粒较为均匀,存在数量较少的细晶,计算得到其平均晶粒尺寸约为 3. 1 μm。而采用 20 m/min 快速挤压获得的合金棒材试样晶粒较大,平均晶粒尺寸约为 3. 7 μm,常规晶粒尺寸明显大于慢速挤压制备的合金。两种挤压速度获得的合金均为再结晶组织,相较于慢速挤压,20 m/min 快速挤压制备的合金中具有更多的细晶带,且细晶带内晶粒与常规晶粒存在明显的尺寸差。

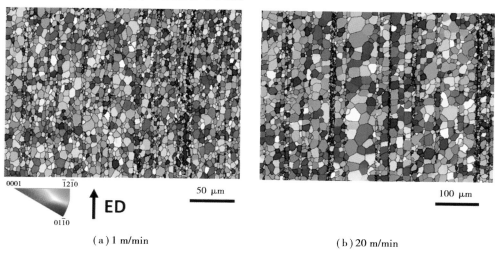

　　　(a) 1 m/min　　　　　　　　　　　　　　(b) 20 m/min

图 3.26　不同挤压速度 VK21 合金 IPF 图

　　图 3.27 给出了两种挤压速度制备 VK21 合金的拉伸应力-应变曲线。挤压速度为 1 m/min 合金拉伸屈服强度为 187 MPa,抗拉强度为 223 MPa,断后伸长率为 52% ;而挤压速度为 20 m/min 快速挤压制备的合金拉伸时屈服强度较低,仅为 105 MPa,其抗拉强度为 182 MPa,断后伸长率为 63% 。分析可知,挤压速度较大时,挤压过程产生大量的热量,致使挤压筒内温度迅速升高,促进了动态再结晶后的晶粒长

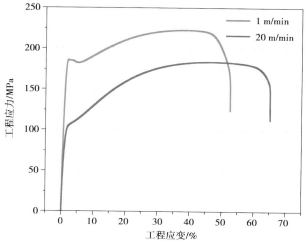

图 3.27　不同挤压速度 VK21 合金应力-应变曲线

大,因此,20 m/min 快速挤压制备的 VK21 合金平均晶粒尺寸较大,其室温拉伸屈服强度较低。

图 3.28 展示了在常规快速挤压成形制备的超高塑性 VK21 镁合金典型组织的 EBSD 中的 IPF 图和反极图,按照其晶粒尺寸和细晶带的分布特征分别选出细晶带内晶粒与常规晶粒。可以看出,细晶带沿着挤压方向分布,两种尺寸不同的晶粒均为再结晶晶粒,与采用较高冷却速率冷却的水冷未再结晶区域明显不同。对比完整区域与细晶带、常规晶粒的反极图可以看出,尽管晶粒尺寸不同,但三者皆为稀土织构。为了明晰细晶与常规晶粒的结构特征,采用 TEM 对两种尺寸大小的晶粒进行了更为显微的表征。图 3.29 为 VK21 合金中细晶与常规晶粒 TEM 明场像,蓝色箭头指示的为细晶带内细小晶粒,红色箭头指示的为常规晶粒,可以看出,两者晶粒内部均未出现位错结构,表明细晶与常规晶粒均为再结晶晶粒。

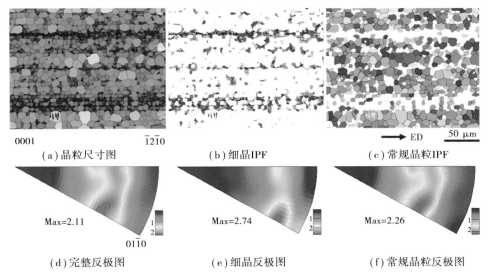

(a)晶粒尺寸图　　　　　　(b)细晶IPF　　　　　　(c)常规晶粒IPF

(d)完整反极图　　　　　　(e)细晶反极图　　　　　　(f)常规晶粒反极图

图 3.28　常规快速挤压成形 VK21 合金的 IPF 图和反极图

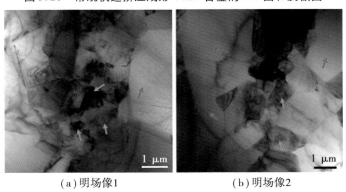

(a)明场像1　　　　　　　　(b)明场像2

图 3.29　VK21 合金中细晶带晶粒与常规晶粒 TEM 明场像

（3）预镦粗前处理对挤压态 VK21 合金组织与塑性的影响

图 3.30 所示是不同预镦粗变形量制备的 VK21 合金的 EBSD IPF 图。图中(a)
是预镦粗变形量为 63% 合金的 IPF 图,可以看出其晶粒较为均匀,细晶带与常规晶
粒尺寸区别不明显,计算得到其平均晶粒尺寸为 2.3 μm。而预镦粗变形量为 7% 制
备的合金棒材试样晶粒较大,细晶带均匀分布,且细晶带内晶粒与常规晶粒尺寸差
异较大,合金平均晶粒尺寸为 3.9 μm,显著大于预镦粗变形量为 63% 的合金,可以
看出两种预镦粗变形量制备的合金均为再结晶组织。

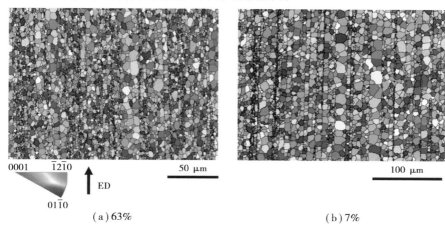

(a) 63%　　　　　　　　　　　　　　(b) 7%

图 3.30　不同预镦粗变形量制备的 VK21 合金 IPF 图

图 3.31 展示了 63% 和 7% 预镦粗变形量挤压制备的 VK21 合金的应力-应变曲
线。对比可知,预镦粗变形量为 63% 制备的合金拉伸屈服强度为 180 MPa,存在屈
服平台,其抗拉强度为 223 MPa,断后伸长率为 47%;而预镦粗变形量为 7% 制备的

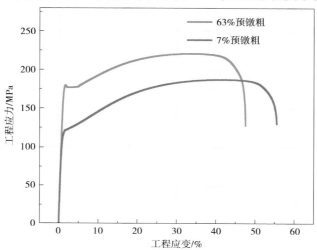

图 3.31　不同预镦粗变形量 VK21 合金应力-应变曲线

合金棒材拉伸时屈服强度较低,仅为 120 MPa,其抗拉强度为 188 MPa,断后伸长率为 55%,较 63% 预镦粗变形量的合金提升明显。挤压前对铸锭施加较大的预镦粗变形能够有效地破碎初始晶粒,细化动态再结晶后的晶粒,提高合金的拉伸屈服强度。

(4)挤压比对挤压态 VK21 合金组织与塑性的影响

图 3.32 展示了不同挤压比制备的 VK21 合金的 EBSD 中 IPF 图,其中挤压比为 85 和 27 的合金是在 420 ℃下挤压获得的,为了保证小挤压比合金的晶粒尺寸,相应地降低了挤压温度,即挤压比为 8 的合金的挤压温度为 350 ℃。挤压比为 85 和 27 的合金中存在较明显的细晶带,平均晶粒尺寸分别为 3.8 μm 和 2.7 μm。不同的是较低温度下挤压比为 8 的合金组织中出现了大量的未再结晶区,其平均晶粒尺寸为 1.6 μm,同 420 ℃挤压水冷处理的合金一样,未再结晶呈现硬取向特征,即 $(10\bar{1}0) \perp$ ED 和 $<01\bar{1}0> /\!/$ ED,未再结晶区分数为 25.6%。

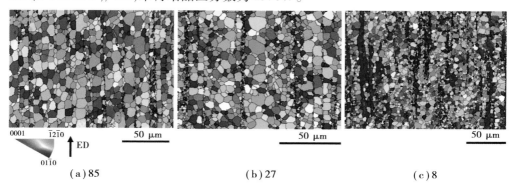

(a)85   (b)27   (c)8

图 3.32 不同挤压比 VK21 合金 EBSD IPF 图

不同挤压比制备的 VK21 合金工程应力-应变曲线如图 3.33 所示。挤压比为 8 的合金拉伸屈服强度与抗拉强度明显高于挤压比为 85 和 27 的合金,其屈服强度和

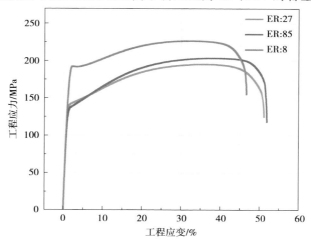

图 3.33 不同挤压比 VK21 合金应力-应变曲线

33-38.

[19] ZENG Y,JIANG B,LI R H,et al. Effect of Li content on microstructure,texture and mechanical properties of cold rolled Mg-3Al-1Zn alloy[J]. Materials Science and Engineering：A,2015 (631)：189-195.

[20] YUASA M,HAYASHI M,MABUCHI M,et al. Improved plastic anisotropy of Mg-Zn-Ca alloys exhibiting high-stretch formability：A first-principles study[J]. Acta Materialia,2014(65)：207-214.

[21] YUASA M,MIYAZAWA N,HAYASHI M,et al. Effects of group Ⅱ elements on the cold stretch formability of Mg-Zn alloys[J]. Acta Materialia,2015(83)：294-303.

[22] YAN H,CHEN R S,HAN E H. A comparative study of texture and ductility of Mg-1.2Zn-0.8Gd alloy fabricated by rolling and equal channel angular extrusion[J]. Materials Characterization, 2011,62(3)：321-326.

[23] WU D,CHEN R S,HAN E H. Excellent room-temperature ductility and formability of rolled Mg-Gd-Zn alloy sheets[J]. Journal of Alloys and Compounds,2011(509)：2856-2863.

[24] ZHANG H Y,WANG H Y,WANG C,et al. First-principles calculations of generalized stacking fault energy in Mg alloys with Sn,Pb and Sn + Pb dopings[J]. Materials Science and Engineering：A,2013(584)：82-87.

[25] WANG C,ZHANG H Y,WANG H Y,et al. Effects of doping atoms on the generalized stacking-fault energies of Mg alloys from first-principles calculations[J]. Scripta Materiars,2013(69)：445-448.

[26] AKHTAR A,TEGHTSOONIAN E. Supplement to Trans[J]. JIM,1968(9)：692-697.

[27] AKHTAR A,TEGHTSOONIAN E. Solid solution strengthening of magnesium single crystals— Ⅰ alloying behaviour in basal slip[J]. Acta Metallurgica,1969(17)：1339-1349.

[28] AKHTAR A,TEGHTSOONIAN E. Solid solution strengthening of magnesium single crystals— Ⅱ the effect of solute on the ease of prismatic slip[J]. Acta Metallurgica,1969(17)：1351-1356.

[29] HANTZSCHE K,BOHLEN J,WENDT J,et al. Effect of rare earth additions on microstructure and texture development of magnesium alloy sheets[J]. Scripta Materials,2010(63)：725-730.

[30] KRESSE G,HAFNER J. Ab initio molecular dynamics for open-shell transition metals[J]. Physical Review：B,1993(48)：13115.

[31] KRESSE G,FURTHMÜLLER J. Efficiency of ab-initio total energy calculations for metals and semiconductors using a plane-wave basis set[J]. Computational Materials Science,1996(6)：15-50.

[32] MOMMA K,IZUMI F. VESTA 3 for three-dimensional visualization of crystal,volumetric and morphology data[J]. Journal of Applied Crystallography,2011(44)：1272-1276.

[33] 谈育煦,胡志忠. 材料研究方法[M]. 北京：机械工业出版社,2013.

[34] JOOS B,DUESBERY M. The Peierls stress of dislocations：an analytic formula[J]. Physical Review Letters,1997,78(2)：266-269.

[35] ZHANG J,DOU Y,DONG H. Intrinsic ductility of Mg-based binary alloys：A first-principles study

［J］. Scripta Materials,2014(89)：13-16.

［36］ VÍTEK V. Intrinsic stacking faults in body-centred cubic crystals［J］. Philosophical Magazine, 1968(18)：773-786.

［37］ 孙刚,王少华,张显峰,等. 固溶处理及预拉伸变形对2197铝锂合金组织与性能的影响［J］. 金属热处理,2011,36(10)：75-78.

［38］ 张继明,喻春明. 时效对含Nb低合金高强钢显微组织和力学性能的影响［J］. 材料热处理 学报,2019,40(6)：123-129.

［39］ YU Z J,HUANG Y D,QIU X,et al. Fabrication of a high strength Mg-11Gd-4.5Y-1Nd-1.5Zn-0.5Zr(wt.%)alloy by thermomechanical treatments［J］. Materials Science and Engineering：A,2015(622)：121-130.

［40］ HUANG H,MIAO H W,YUAN G Y,et al. Fabrication of ultra-high strength magnesium alloys over 540 MPa with low alloying concentration by double continuously extrusion［J］. Journal of Magnesium and Alloys,2018,6(2)：107-113.

［41］ LI J C,HE Z L,FU P H,et al. Heat treatment and mechanical properties of a high-strength cast Mg-Gd-Zn alloy［J］. Materials Science and Engineering：A,2016(651)：745-752.

［42］ HUANG H,YUAN G Y,CHU Z H,et al. Microstructure and mechanical properties of double con-tinuously extruded Mg-Zn-Gd-based magnesium alloys［J］. Materials Science and Engineering：A, 2013(560)：241-248.

［43］ DING W J,LI D Q,WANG Q D,et al. Microstructure and mechanical properties of hot-rolled Mg-Zn-Nd-Zr alloys［J］. Materials Science and Engineering：A,2008(483-484)：228-230.

［44］ NIE J F. Precipitation and Hardening in Magnesium Alloys［J］. Metallurgical and Materials Transactions：A,2012,43(11)：3891-3939.

［45］ HE S M,ZENG X Q,PENG L M,et al. Microstructure and strengthening mechanism of high strength Mg-10Gd-2Y-0.5Zr alloy［J］. Journal of Alloys and Compounds,2007,427(1-2)： 316-323.

［46］ WANG J F,WANG K,HOU F,et al. Enhanced strength and ductility of Mg-RE-Zn alloy simulta-neously by trace Ag addition［J］. Materials Science and Engineering：A,2018(728)：10-19.

［47］ MIAO J S,SUN W H,KLARNER A D,et al. Interphase boundary segregation of silver and en-hanced precipitation of $Mg_{17}Al_{12}$ Phase in a Mg-Al-Sn-Ag alloy［J］. Scripta Materialia, 2018 (154)：192-196.

［48］ ZHAO Y Z,PAN F S,PENG J,et al. Effect of neodymium on the as-extruded ZK20 magnesium al-loy［J］. Journal of Rare earths,2010(28)：631-635.

［49］ ARRABAL R,MINGO B,PARDO A,et al. Role of alloyed Nd in the microstructure and atmos-pheric corrosion of as-cast magnesium alloy AZ91［J］. Corrosion Science,2015(97)：38-48.

［50］ PAN F S,MAO J J,ZHANG G,et al. Development of high-strength,low-cost wrought Mg-2.0mass% Zn alloy with high Mn content［J］. Progress in Natural Science：Materials Internation-al,2016,26(6)：630-635.

[51] KOIZUMI T,EGAMI M,YAMASHITA K,et al. Platelet precipitate in an age-hardening Mg-Zn-Gd alloy[J]. Journal of Alloys and Compounds,2018(752):407-411.

[52] SHE J,PAN F S,GUO W,et al. Effect of high Mn content on development of ultra-fine grain extruded magnesium alloy[J]. Materials & Design,2016(90):7-12.

[53] WANG J F,SONG P F,HUANG S,et al. High-strength and good-ductility Mg-RE-Zn-Mn magnesium alloy with long-period stacking ordered phase[J]. Materials Letters,2013(93):415-418.

[54] JIANG B,ZENG Y,ZHANG M X,et al. Effects of Sn on microstructure of as-cast and as-extruded Mg-9Li alloys[J]. Transactions of Nonferrous Metals Society of China,2013,23(4):904-908.

[55] YU Z P,YAN Y H,YAO J,et al. Effect of tensile direction on mechanical properties and microstructural evolutions of rolled Mg-Al-Zn-Sn magnesium alloy sheets at room and elevated temperatures[J]. Journal of Alloys and Compounds,2018(744):211-219.

[56] ZHANG J,MA Q,PAN F S. Effects of trace Er addition on the microstructure and mechanical properties of Mg-Zn-Zr alloy[J]. Materials & Design,2010,31(9):4043-4049.

[57] ZHANG J,LI W G,ZHANG B X,et al. Influence of Er addition and extrusion temperature on the microstructure and mechanical properties of a Mg-Zn-Zr magnesium alloy[J]. Materials Science and Engineering A ,2011,528(13-14):4740-4746.

[58] ZHANG J,ZHANG X F,LI W G,et al. Partition of Er among the constituent phases and the yield phenomenon in a semi-continuously cast Mg-Zn-Zr alloy[J]. Scripta Materialia,2010,63(4):367-370.

[59] ZHANG J,LIU M,DOU Y C,et al. Role of alloying elements in the mechanical behaviors of an Mg-Zn-Zr-Er Alloy[J]. Metallurgical and Materials Transactions:A,2014,45(12):5499-5507.

[60] WANG Z J,JIA W P,CUI J Z. Study on the deformation behavior of Mg-3.6% Er magnesium alloy[J]. Journal of Rare Earths,2007,25(6):744-748.

[61] XUA J,JIANG B,SONG J F,et al. Unusual texture formation in Mg-3Al-1Zn alloy sheets processed by slope extrusion[J]. Materials Science and Engineering:A,2018(732):1-5.

[62] ZHAO Z L,SUN Z W,LIANG W,et al. Influence of Al and Si additions on the microstructure and mechanical properties of Mg-4Li alloys[J]. Materials Science and Engineering:A,2017(702):206-217.

[63] WANG Q H,SHEN Y Q,JIANG B,et al. A good balance between ductility and stretch formability of dilute Mg-Sn-Y sheet at room temperature[J]. Materials Science and Engineering:A,2018(736):404-416.

[64] TAN J,SUN Y H,XIE H B,et al. Atomic-resolution investigation of Y-rich solid solution with an invariable orientation in Mg-Y binary alloy[J]. Journal of Alloys and Compounds,2018(766):716-720.

[65] JIANG B,LIU W J,QIU D,et al. Grain refinement of Ca addition in a twin-roll-cast Mg-3Al-1Zn alloy[J]. Materials Chemistry and Physics,2012,133(2-3):611-616.

[66] WANG F,HU T,ZHANG Y T,et al. Effects of Al and Zn contents on the microstructure and me-

chanical properties of Mg-Al-Zn-Ca magnesium alloys[J]. Materials Science and Engineering：A，2017(704)：57-65.

[67] YIN H M,JIANG B,HUANG X Y,et al. Effect of Ce addition on microstructure of Mg-9Li alloy[J]. Transactions of Nonferrous Metals Society of China,2013,23(7)：1936-1941.

[68] YANG Q S,JIANG B,JIANG W,et al. Evolution of microstructure and mechanical properties of Mg-Mn-Ce alloys under hot extrusion[J]. Materials Science and Engineering：A,2015(628)：143-148.

[69] LI R H,PAN F S,JIANG B,et al. Effects of yttrium and strontium additions on as-cast microstructure of Mg-14Li-1Al alloys[J]. Transactions of Nonferrous Metals Society of China,2011,21(4)：778-783.

[70] JIANG B,YIN H M,YANG Q S,et al. Effect of stannum addition on microstructure of as-cast and as-extruded Mg-5Li alloys[J]. Transactions of Nonferrous Metals Society of China,2011,21(11)：2378-2383.

[71] LIU S J,WANG K,WANG J F,et al. Ageing behavior and mechanisms of strengthening and toughening of ultrahigh-strength Mg-Gd-Y-Zn-Mn alloy[J]. Materials Science and Engineering A,2019(758)：96-98.

[72] TONG X,YOU G Q,WANG Y C,et al. Effect of ultrasonic treatment on segregation and mechanical properties of as-cast Mg-Gd binary alloys[J]. Materials Science and Engineering：A,2018(731)：44-53.

[73] LIU T T,PAN F S,ZHANG X Y. Effect of Sc addition on the work-hardening behavior of ZK60 magnesium alloy[J]. Materials & Design,2013(43)：572-577.

[74] JIANG B,ZENG Y,YIN H M,et al. Effect of Sr on microstructure and aging behavior of Mg-14Li alloys[J]. Progress in Natural Science：Materials International,2012,22(2)：160-168.

[75] WU L,PAN F S,YANG M B,et al. As-cast microstructure and Sr-containing phases of AZ31 magnesium alloys with high Sr contents[J]. Transactions of Nonferrous Metals Society of China,2011,21(4)：784-789.

[76] WANG L F,HUANG G S,QUAN Q,et al. The effect of twinning and detwinning on the mechanical property of AZ31 extruded magnesium alloy during strain-path changes[J]. Materials & Design,2014(63)：177-184.

[77] JIANG B,ZHOU G Y,DAI J H,et al. Effect of second phases on microstructure and mechanical properties of as-cast Mg-Ca-Sn magnesium alloy[J]. Rare Metal Materials and Engineering,2014,43(10)：2445-2449.

[78] CHINO Y,KADOB M,MABUCHI M. Enhancement of tensile ductility and stretch formability of magnesium by addition of 0. 2 wt. % (0. 035 at%)Ce[J]. Materials Science and Engineering：A,2008(494)：343-349.

[79] CHINO Y,KADOB M,MABUCHI M. Texture and stretch formability of a rolled Mg-Zn alloy containing dilute content of Y[J]. Materials Science and Engineering：A,2009(513-514)：394-400.

[80] WU Z X,AHMAD R,YIN B L,et al. Mechanistic origin and prediction of enhanced ductility in magnesium alloys[J]. Science,2018(359):447-452.

[81] WU Z X,CURTIN W A. The origins of high hardening and low ductility in magnesium[J]. Nature,2015(526):62-67.

[82] MOITRA A,KIM S G,HORSTEMEYER M F. Solute effect on the <a+c> dislocation nucleation mechanism in magnesium[J]. Acta Materialia,2014(75):106-112.

[83] LIU G B,ZHANG J,DOU Y C. First-principles study of solute-solute binding in magnesium alloys [J]. Computational Materials Science,2015(103):97-104.

[84] ZHANG J,DOU Y C,LIU G B,et al. First-principles study of stacking fault energies in Mg-based binary alloys[J]. Computational Materials Science,2013(79):564-569.

[85] FANG C,ZHANG J,PAN F S. First-principles study on solute-basal dislocation interaction in Mg alloys[J]. Journal of Alloys and Compounds,2019(785):911-917.

[86] 王煜烨. 基于分子动力学的镁合金层错能计算与研究[D]. 重庆:重庆大学,2019.

[87] 刘婷婷,潘复生. 镁合金"固溶强化增塑"理论的发展和应用[J]. 中国有色金属学报,2019,29(9):2050-2063.

第4章 Mg-Mn 系中等强度高塑性镁合金

    Mg-Gd 系镁稀土合金具有优异的性能。但是,Gd 昂贵的价格和较高的密度,使其生产成本和合金密度都大幅度增加,不利于其广泛的商业化应用。Mn 是镁合金中一种低成本合金化元素,在镁合金中添加合金元素 Mn 不仅能降低杂质元素 Fe 的含量,改善合金的耐腐蚀性能,其析出相可以细化再结晶晶粒,而且根据前面的理论计算发现,Mn 也是最有效的固溶强化增塑元素之一。但由于元素 Mn 在基体 α-Mg 中的固溶度较低,如何更有效地实现固溶强化增塑,和添加 Gd 元素有较大差异。此外,析出的 Mn 如何影响再结晶对发展超细晶合金也影响极大。

4.1 Mg-Mn 系合金组织与性能

4.1.1 Mn 对 Mg-Mn 系合金微观组织的影响

    根据 Mg-Mn 二元相图(图 4.1),元素 Mn 在基体 α-Mg 中固溶度较低(约为 2.2wt.%),且不形成任何形式的金属间化合物,随着温度的逐步下降,大量 Mn 单质颗粒在基体中析出。为保证 Mg-Mn 合金铸锭成分均匀,通常采取均匀化处理,工艺为:均匀化处理温度 550 ℃,保温时间 24 h。

    图 4.2 所示为 Mg-Mn 二元铸造镁合金的微观组织。从图中可以看出,铸造合金组织主要由粗大的等轴晶组成。随着元素 Mn 含量的增加,合金的微观组织不断细化,其平均晶粒尺寸见表 4.1。未添加元素 Mn 时,纯镁的平均晶粒尺寸约为 1 378.6 μm[图 4.2(a)],添加少量的元素 Mn(<2.0wt.%)后,合金的铸造组织变化不大(>1 mm),表明少量的 Mn 元素细化镁合金组织效果不明显;当添加的 Mn 元素含量较高时(≥2.0wt.%),合金的铸造组织明显细化,尤其是添加了 3.0wt.% Mn 元素后,合金的平均晶粒尺寸约为 766.4 μm[图 4.2(e)],约为纯镁的 1/2。

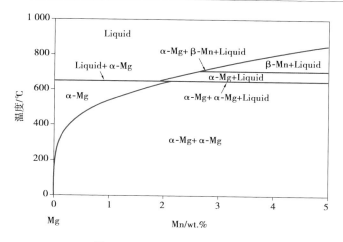

图 4.1　Mg-Mn 二元合金相图

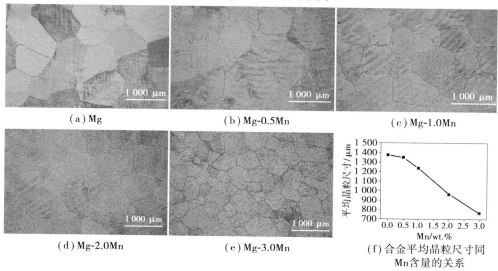

（a）Mg　　　　　　（b）Mg-0.5Mn　　　　　　（c）Mg-1.0Mn

（d）Mg-2.0Mn　　　　　　（e）Mg-3.0Mn　　　　　　（f）合金平均晶粒尺寸同 Mn含量的关系

图 4.2　Mg-Mn 系铸造合金微观组织

表 4.1　Mg-Mn 二元合金的晶粒尺寸

合金	平均晶粒尺寸/μm	
	铸态	挤压态
Mg	1 378.6	15.8
Mg-0.5Mn	1 348.8	4.6
Mg-1.0Mn	1 236.8	3.1
Mg-2.0Mn	964.9	1.7
Mg-3.0Mn	766.4	1.1

合金元素对铸造镁合金微观组织有着巨大影响。Ti,Zr,Ca,Sr 等合金元素能明显改善合金组织,细化合金晶粒。而添加 Mn,Sb,Pb 等合金元素,合金的微观组织变化不大,其细化效果不明显。因此,Mn,Sb,Pb 等元素很少被作为主要合金化元素添加到镁中。尽管如此,随着 Mn 元素含量的逐步增加,合金的微观组织不断细化。其主要原因可以归结为,合金在凝固过程中,大量的第二相 Mn 颗粒优先于基体 α-Mg 析出,且随着温度的逐步降低,第二相 Mn 颗粒在合金的固液界面前端富集,有利于阻碍合金晶粒的进一步长大,从而细化合金组织。

热挤压变形有利于消除镁合金铸锭中的部分缺陷,改善合金的微观组织,细化合金的晶粒,提高合金的室温强度、延展性等力学性能。图 4.3 所示为合金在250 ℃热挤压变形后的微观组织。从图中可以看出,合金在热挤压过程中发生了动态再结晶(Dynamic recrystallization,DRX),合金的晶粒明显细化,其平均晶粒尺寸随Mn 含量的增加而明显减小[图 4.3(f)]。纯 Mg 热挤压变形后合金的平均晶粒尺寸约为 15.8 μm[图 4.3(a)],而添加元素 Mn 后,合金的平均晶粒尺寸明显减小,尤其是添加了 3.0wt.% Mn 后,合金的平均晶粒尺寸只有约 1.1 μm[图 4.3(e)],导致合金微观组织细化的主要原因可以归结为:在较低温度下,元素 Mn 在基体 Mg 中的固溶度极低,合金在热挤压变形过程中析出了细小的第二相 Mn 颗粒,而这部分细小

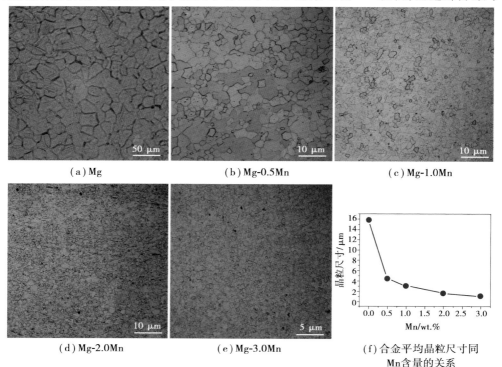

（a）Mg （b）Mg-0.5Mn （c）Mg-1.0Mn

（d）Mg-2.0Mn （e）Mg-3.0Mn （f）合金平均晶粒尺寸同
Mn 含量的关系

图 4.3 Mg-Mn 系挤压棒材的微观组织

弥散的 Mn 颗粒阻碍晶界的移动,进而抑制动态再结晶晶粒的长大。随着 Mn 含量的逐步增加,析出的第二相 Mn 颗粒也明显增多,钉扎作用越强烈,细化合金微观组织的效果越明显。

图 4.4 所示为 Mg-Mn 合金铸态组织的扫描分析图,其中图(d),(e),(f)分别为图(a),(b),(c)的局部放大图。从图中可以看出,随着 Mn 元素含量的逐步增加,合金中析出的第二相单质颗粒的数量也明显增多。为进一步确定合金中析出相的相组成,对 Mg-0.5Mn 合金中的第二相颗粒进行了 EDS 成分分析(图 4.5),该析出相为 Mn 单质颗粒。

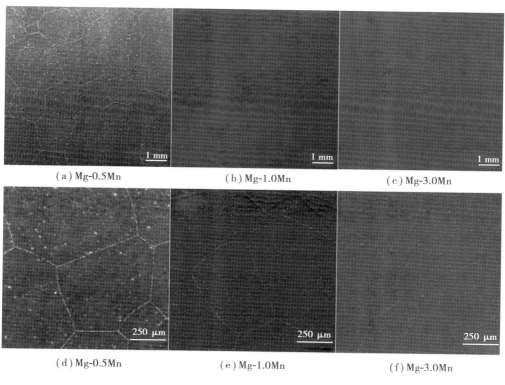

(a) Mg-0.5Mn　　　　　　(b) Mg-1.0Mn　　　　　　(c) Mg-3.0Mn

(d) Mg-0.5Mn　　　　　　(e) Mg-1.0Mn　　　　　　(f) Mg-3.0Mn

图 4.4　铸造 Mg-Mn 合金的 SEM 微观形貌

图 4.6 所示为 Mg-Mn 合金在 250 ℃挤压变形后显微组织的微观形貌。热挤压变形后,随着元素 Mn 含量的逐步增加,合金中析出的第二相 Mn 单质颗粒的数量也相应增多。从图 4.6(f)可以看出,Mg-3.0Mn 合金中析出了大量细小的 Mn 单质颗粒,同时也存在着少量的较为粗大的 Mn 单质颗粒[图 4.6(e)]。齐福刚等人在研究 ZM61 变形镁合金中析出相的微观形貌时,也发现了大量第二相 Mn 单质颗粒在合金中弥散析出。

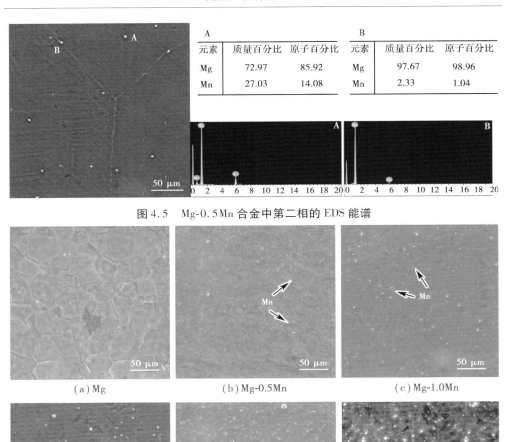

图 4.5　Mg-0.5Mn 合金中第二相的 EDS 能谱

A			B		
元素	质量百分比	原子百分比	元素	质量百分比	原子百分比
Mg	72.97	85.92	Mg	97.67	98.96
Mn	27.03	14.08	Mn	2.33	1.04

图 4.6　Mg-Mn 系挤压棒材的 SEM 微观形貌

对 Mg-1.0Mn 合金进行了透射电镜分析,结果如图 4.7 所示。从图 4.7(a)和图 4.7(b)中可以看出,大量细小的第二相颗粒在合金中弥散析出,结合 EDS 能谱分析结果[图 4.7(b)],该析出相为 Mn 单质。图 4.7(c)所示为合金中第二相的高分辨形貌图,可以很清楚地看出,析出相同基体为共格关系,与文献中报道的非共格关系不一致,其主要原因是文献资料所报道的 Mn 相为初生第二相,而本章节中的第二相 Mn 单质颗粒为合金在热挤压变形过程中动态析出第二相。同时,通过图 4.7(d)可以很清楚地标定出第二相和基体的衍射斑点,通过对比标准 PDF(32-0637)卡片,细小弥散分布的第二相 Mn 单质颗粒同镁基体的位向关系为:$(0001)_{Mg}$//

金中也存在 Al-Mn 相颗粒。然而,在这些研究中,Mn 元素的添加通常是作为微量元素,Mn 含量通常低于 0.6%。研究表明,在 Al 含量较高的合金中,当 Mn 含量为 1.4wt.%时,合金的第二相颗粒尺寸非常粗大,进一步增加 Mn 含量,这些第二相颗粒会进一步粗化。因此,在高 Al 的镁合金中,Mn 含量不宜过高。

本章将基于 Mg-1Mn 二元合金优异的综合力学性能,通过添加 Al 元素,研究 Al 元素含量对 Mg-1Mn 合金中第二相类型的影响;通过调控第二相种类和形貌,研究第二相对动态再结晶行为的影响,并研究其挤压后合金的微观组织和力学性能变化规律。

4.2.1　Al 对 Mg-1Mn-Al 系合金微观组织的影响

图 4.14 所示为 Mg-xAl-1Mn 系铸造合金的金相组织。从图中可以看出,添加 Al 后,合金的晶粒细化为等轴晶粒,且随着 Al 元素含量的增加,合金的平均晶粒尺寸明显减小,其平均晶粒尺寸见表 4.4。未添加元素 Al 时,M1 合金的晶粒较为粗大,其平均晶粒度约为 1 236.8 μm[图 4.14(a)];当添加 1.0wt.% Al 元素后,AM11 合金的微观组织明显细化,其平均晶粒度约为 206.3 μm[图 4.14(b)]。但是,当合金中 Al 元素的含量继续增加至 3.0wt.% 后,合金的晶粒反而粗大,其平均晶粒度约为 355.7 μm[图 4.14(c)],合金晶粒粗大的原因是合金中第二相析出形貌、种类以及数量发生了变化。当合金中 Al 元素的含量继续增加后,合金的微观组织明显细化,其中 AM91 合金的组织显著细化,其平均晶粒尺寸约为 89.6 μm[图 4.14(e)],AM91 合金微观组织明显细化的原因是在合金中晶界处析出了大量的 $Mg_{17}Al_{12}$ 共晶相,阻碍了合金晶粒的长大。

(a) M1　　　　　　　　(b) AM11　　　　　　　　(c) AM31

(d) AM61　　　　　　　(e) AM91　　　　　(f) 合金平均晶粒大小与Al含量的关系

图 4.14　铸态 Mg-Al-Mn 系合金的金相显微组织

图 4.15 所示为 Mg-xAl-1Mn 变形合金沿挤压方向的金相显微组织。从图中可以看出,随着元素 Al 的添加,合金的晶粒均比 M1 合金粗大,其再结晶晶粒的平均晶粒尺寸见表 4.4。其中, AM11 和 AM31 合金在热挤压过程中未发生完全再结晶行为,合金中仍然有少量的未再结晶晶粒[图 4.15(a)—(c)]。当合金中元素 Al 的含量进一步增加后,合金中第二相的数量明显增多,且大量析出的第二相在合金热挤压过程中充当合金再结晶晶粒的异质形核核心,诱导了再结晶晶粒的形核长大,进而发生了完全再结晶行为[图 4.15(d),(e)],且合金的平均晶粒度较 AM31 合金明显减小。其中,AM61 合金的平均晶粒尺寸约为 16.5 μm,AM91 的平均晶粒尺寸约为 15.1 μm。

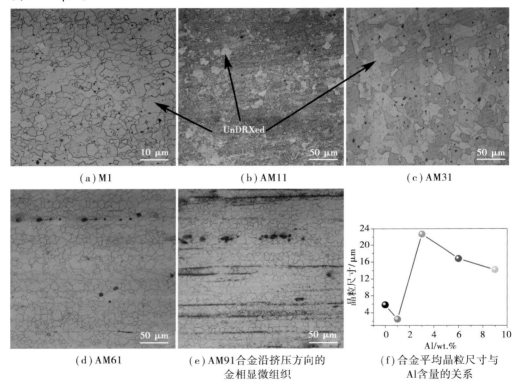

(a) M1　　　　　　(b) AM11　　　　　　(c) AM31

(d) AM61　　(e) AM91合金沿挤压方向的　　(f) 合金平均晶粒尺寸与
　　　　　　金相显微组织　　　　　　　　Al含量的关系

图 4.15　Mg-xAl-1Mn 变形合金沿挤压方向的金相显微组织

表 4.4　Mg-Al-Mn 系合金的晶粒尺寸

样品	平均晶粒尺寸/μm	
	铸态	挤压态
M1	1 236.8	5.8
AM11	206.3	2.4
AM31	355.7	22.7

续表

样品	平均晶粒尺寸/μm	
	铸态	挤压态
AM61	192.4	16.8
AM91	89.6	14.2

　　为进一步分析 Mg-xAl-1Mn 系铸态合金的微观组织结构及其形貌,对实验合金进行了扫描电子显微镜观察(图 4.16)。从图中可以看出,未添加元素 Mn 时,M1 合金中只有单质 Mn 颗粒在合金的晶粒内部以及晶界处析出[图 4.16(a)];添加合金元素 Al 后,合金中的第二相 Mn 颗粒与 Al 元素发生了反应,生成了各种 Al-Mn 析出相。结合合金的能谱分析结果(表 4.5),发现 AM11 合金中的第二相分别为沿着合金晶界析出的 Al_8Mn_5 相,以及在合金晶内少量析出的 $Al_{11}Mn_4$ 相[图 4.16(b)]。随着 Al 元素含量的逐步增加,在合金的晶界处析出的 $Mg_{17}Al_{12}$ 共晶相明显增多,同时还观察到了少量的 Al_4Mn 相。尽管如此,AM31 合金中还观察到了少量的块状 $Al_{11}Mn_4$ 相[图 4.16(c)],该化合物是合金在非平衡凝固过程中,由于冷却速度较快,导致部分 $Al_{11}Mn_4$ 相来不及转变为 Al_4Mn 相。

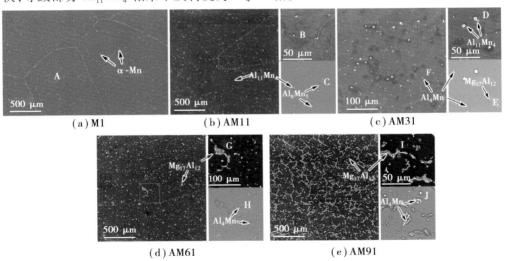

(a)M1　　　　　(b)AM11　　　　　(c)AM31

(d)AM61　　　　　(e)AM91

图 4.16　铸态 Mg-Al-Mn 系该合金的 SEM 微观组织形貌

表 4.5　图 4.16 中各点的能谱分析结果

位置	元素/at.%			存在的化合物
	Mg	Al	Mn	
A	99.47	—	0.53	α-Mn

续表

位置	元素/at. %			存在的化合物
	Mg	Al	Mn	
B	8.62	35.86	55.53	$Al_{11}Mn_4$
C	41.34	29.75	28.90	Al_8Mn_5
D	2.51	37.71	59.78	$Al_{11}Mn_4$
E	67.20	32.80	—	$Mg_{17}Al_{12}$
F	44.93	46.90	8.17	Al_4Mn
G	84.50	15.50	—	$Mg_{17}Al_{12}$
H	25.21	43.93	30.86	Al_4Mn
I	68.10	31.90	—	$Mg_{17}Al_{12}$
J	2.86	55.82	41.32	Al_4Mn

图 4.17 所示为 AM91 合金的 SEM 与 EDS 线扫描结果。从 EDS 能谱结果可以看出，$Mg_{17}Al_{12}$ 共晶相主要沿着合金的晶界析出，而少量的 Al-Mn 相在合金的晶粒内部析出，结合图 4.16 的分析结果，认为少量的 Al-Mn 相颗粒为 Al_4Mn 相。同时 Mn 元素的添加并未改变 $Mg_{17}Al_{12}$ 共晶相的析出形貌。

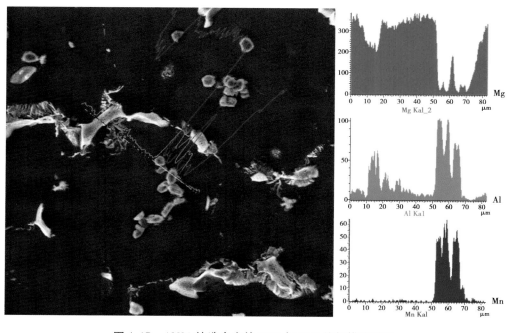

图 4.17　AM91 铸造合金的 SEM 与 EDS 线扫描能谱图

图 4.18 所示为 Mg-xAl-1Mn 系变形合金的 SEM 微观组织形貌。从图中可以看出,未添加元素 Mn 时,合金中析出了大量弥散分布的第二相 Mn 颗粒[图 4.18(a)];随着 Al 元素的添加,合金中的第二相 Mn 颗粒与 Al 元素发生了反应,在合金中形成 Al-Mn 金属间化合物。其中,AM11 合金中的第二相主要由 Al_8Mn_5 组成[图 4.18(b)];AM31 合金中的第二相主要为 Al_8Mn_5 和 Al_4Mn 相[图 4.18(c)],同 AM31 铸造合金相比,变形后合金中未发现 $Mg_{17}Al_{12}$ 相,其主要原因是合金在 300 ℃ 挤压变形时,$Mg_{17}Al_{12}$ 相在挤压过程中回溶至镁基体后未发生动态析出,导致部分 Al 元素和 Mn 元素在基体 α-Mg 中固溶。图 4.18(d) 和图 4.18(e) 分别为 AM61 和 AM91 合金的 SEM 微观组织形貌,可以看出,AM61 中析出了少量典型的 $Mg_{17}Al_{12}$ 相,而在 AM91 合金中,大量的 $Mg_{17}Al_{12}$ 相在挤压应力的作用下被挤碎后,均匀地弥散分布于合金的基体及晶界处,进而有利于增强合金的室温强度。

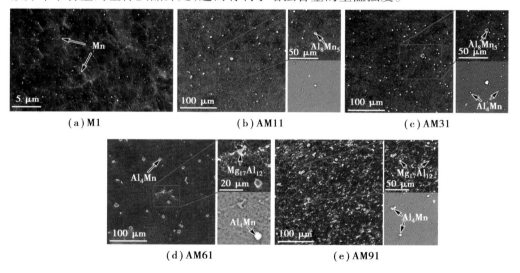

图 4.18　Mg-xAl-1.0Mn 变形镁合金的 SEM 形貌

4.2.2　Al 对 Mg-1Mn-Al 系合金室温力学性能的影响

图 4.19 和表 4.6 为 Mg-xAl-1Mn 系铸造镁合金的室温拉伸力学性能。从图中可以看出,合金的屈服强度随着 Al 元素含量的增加而明显增强。其中,M1 合金的拉伸屈服强度为 27 MPa。AM91 合金的屈服强度最高,约达到了 123 MPa,较 M1 合金提高了约 3.5 倍。除此之外,添加合金元素 Al 有利于改善合金的室温拉伸延伸率。未添加元素 Al 时,合金的拉伸断裂延伸率只有约 6.6%,随着 Al 元素含量的增加,合金的延伸率先增加,随后明显降低,其中,AM31 合金的拉伸断裂延伸率达到了最大值,约为 14.8%,较 M1 合金提高了约 124.2%。

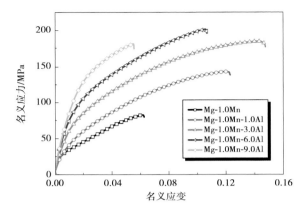

图 4.19　Mg-xAl-1Mn 系铸造镁合金的室温拉伸力学性能

表 4.6　Mg-xAl-1Mn 系铸造镁合金的室温拉伸力学性能

合金	屈服强度/MPa	抗拉强度/MPa	延伸率/%
M1	27	88	6.6
AM11	42	143	12.3
AM31	60	185	14.8
AM61	88	201	10.7
AM91	123	181	5.6

　　图 4.20 和表 4.7 所示为 Mg-xAl-1Mn 系变形合金的室温力学性能。M1 合金的屈服强度约为 191 MPa,拉伸断裂延伸率约为 32.4%,合金的拉压屈强比约为 0.79;

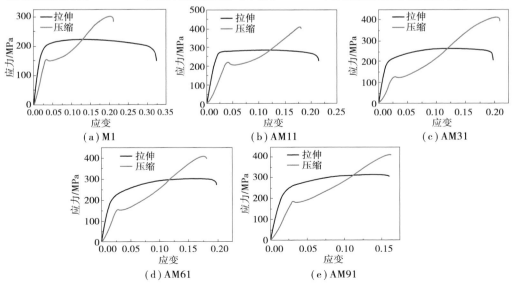

图 4.20　Mg-xAl-1Mn 系变形合金的室温力学性能

当添加 1.0wt.% Al 后,AM11 合金的屈服强度明显增强,拉压屈服强度比明显改善,但合金的拉伸断裂延伸率明显降低,合金的屈服强度达到了 250 MPa,拉伸断裂延伸率约为 21.4%,拉压屈服强度比为 0.87。但是,随着 Al 元素含量的进一步增加至 3.0wt.% 后,合金的强度、拉伸断裂延伸率以及屈强比分别为 179 MPa,19.8% 和 0.67,较 M1 和 AM11 合金明显降低。尽管如此,随着 Al 元素含量的进一步增加,合金的强度和屈强比均明显增强,但合金的拉伸断裂延伸率有所降低。其中,AM91 合金的屈服强度、断裂延伸率以及屈强比分别为 205 MPa,16.1% 和 0.89,同 M1 合金相比,AM91 合金的屈服强度和屈强比分别提高了约 7.8% 和 12.6%,但合金的拉伸断裂延伸率下降了约 50.3%。

表 4.7　Mg-1.0Mn-xAl 系挤压棒材的室温力学性能

合金	拉伸性能			压缩性能			拉/压屈服强度比
	屈服强度 /MPa	抗拉强度 /MPa	延伸率 /%	屈服强度 /MPa	抗压强度 /MPa	延伸率 /%	
M1	191	224	32.4	150	301	21.1	0.79
AM11	250	287	21.4	217	408	18.1	0.87
AM31	179	264	19.8	119	415	20.9	0.67
AM61	189	301	19.8	152	410	18.0	0.81
AM91	205	317	16.1	182	412	16.2	0.89

4.2.3　断口形貌

图 4.21 所示为 Mg-xAl-1Mn 挤压态合金棒材断口形貌。其中,M1 合金的断口形貌为典型的韧性断裂特征[图 4.21(a)],在合金的断口中观察到了大量细小的韧窝,表明合金具有较高的室温塑性;当合金中元素 Al 的含量较低时(如 AM11 和 AM31 合金),合金中观察到了大量的韧窝[图 4.21(b)和图 4.21(c)],合金表现出典型的韧性断裂特征,因而合金具有较高的室温塑性;但当合金中元素 Al 的含量继续增加后(如 AM61 合金),合金断口中除了大量的韧窝外,还出现了解理台阶[图 4.21(d)],表明合金发生断裂前在局部产生了较大程度的塑性变形,其断口形貌介于韧性断裂和脆性断裂之间,合金在具备了一定强度的同时,也呈现出了一定的塑性变形特征。但合金中元素 Al 的含量较高时(如 AM91 合金),合金中不仅出现了大量的解理台阶,同时也观察到了大量的裂纹[图 4.21(e)],其断口形貌为典型的脆性断裂特征,合金具有较高的屈服强度和较低的室温塑性。

图 4.21 Mg-*x*Al-1.0Mn 系合金挤压棒材的断口形貌

4.2.4 微量 Al 对 Mg-1Mn-Al 合金微观组织的影响

前面的研究表明,Mg-Al-Mn 合金中的第二相可以包括 α-Mn, Al_8Mn_5, $Al_{11}Mn_4$。同时,Mg-1Mn-1Al 合金具有较高的屈服强度和延伸率。由 Mg-1Mn-Al 体系相图可知,当 Al 含量小于 1% 时,合金可包含 α-Mn, Al_8Mn_5, $Al_{11}Mn_4$ 三种不同的第二相。因此,为进一步改善 AM11 合金的组织与力学性能,本节主要基于微量 Al 元素的添加,研究合金成分对第二相类型的影响,并通过调控这些第二相的种类和大小,研究 Al-Mn 相对动态再结晶行为、微观组织和力学性能的影响规律。

图 4.22 所示为 Pandat 软件计算的 Mg-1Mn-*x*Al 合金的等浓度截面相图。由图可知,随着 Al 含量的增加,合金中第二相的类型发生显著变化,当 Al 含量从 0 增至 1wt.% 时,合金中相的类型分别为: α-Mn + Mg, Al_8Mn_5 + α-Mn + Mg, Al_8Mn_5 + Mg, Al_8Mn_5 + $Al_{11}Mn_4$ + Mg。基于合金中的相分布情况,设计了 4 种合金:Mg-1.0Mn, Mg-1.0Mn-0.3Al,Mg-1.0Mn-0.5Al 和 Mg-1.0Mn-1.0Al,这 4 种合金分别对应上述 4 种第二相组成形式。为便于描述,这 4 种合金简写为 M1,MA103,MA105,MA11。后续将针对这 4 种合金,研究这 4 种不同第二相组成类型对挤压后 Mg-1Mn-*x*Al(*x* ≤ 1%)合金组织和力学性能的影响。

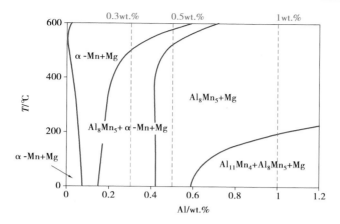

图 4.22　Pandat 软件计算的 Mg-1.0Mn-xAl($x \leqslant 1\%$)合金等浓度截面相图

图 4.23 所示为铸态 Mg-1.0Mn-xAl($x \leqslant 1\%$)合金的 XRD 图谱,从图中可以看出,M1,MA103,MA105,MA11 这 4 种合金中的第二相类型分别为 α-Mn,Al_8Mn_5 + α-Mn,Al_8Mn_5,Al_8Mn_5 + $Al_{11}Mn_4$。这与前面 Pandat 软件计算的结果保持一致。

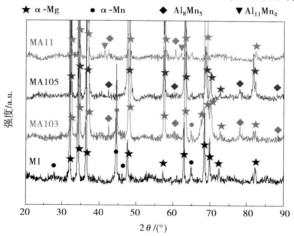

图 4.23　铸态 Mg-1.0Mn-xAl($x \leqslant 1\%$)合金的 XRD 图谱

图 4.24 所示为铸态 Mg-1.0Mn-xAl($x \leqslant 1\%$)合金的 SEM 照片和能谱面扫描分析结果。图中可以看出,M1 合金中的 α-Mn 相呈现颗粒状,分布于晶界和晶粒内部;MA103 合金中的 α-Mn 相呈现长条状,分布于晶界上,Al_8Mn_5 相呈现颗粒状和长条状,分布于晶界和晶粒内部;MA105 合金中的 Al_8Mn_5 相同样呈现颗粒状和长条状,分布于晶界和晶粒内部;MA11 合金中的 Al_8Mn_5 相呈现颗粒状和长条状,分布于晶界和晶粒内部,SEM 结果中未见 $Al_{11}Mn_4$ 相,这是由于 $Al_{11}Mn_4$ 相主要为析出相,在 SEM 中难以辨别。同时可以看出,随着 Al 含量的增加,Al_8Mn_5 相的尺寸逐渐增加,在 MA11 合金中,最大颗粒的直径超过 10 μm,属于较大的第二相颗粒,可能会对力学性能造成负面影响。

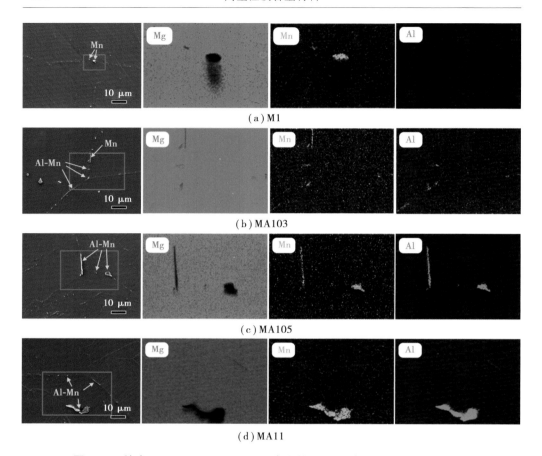

图 4.24　铸态 Mg-1.0Mn-xAl($x \leqslant 1\%$)合金的 SEM 照片和能谱面扫分析结果

　　Mg-1.0Mn-xAl($x \leqslant 1\%$)合金在 250 ℃以 50 mm/s 的速度进行热挤压后的 OM 照片如图 4.25 所示。OM 照片为样品从中心部位到边部组织的拼图,以显示出更大范围的特征组织形貌。从图中可以看出,随着 Al 含量的增加,合金的晶粒尺寸得到了显著的细化。其中,M1,MA103,MA105,MA11 的平均晶粒尺寸为 8.6,2.8,1.9 和 3.6 μm。M1 合金的晶粒结构为混晶组织,包括等轴状的粗大晶粒(~50 μm)和等轴状的细小晶粒(~5 μm),如图 4.25(a)所示。这种粗大晶粒主要出现在棒材的中心部位,被认为是挤压过程中产生的晶粒异常长大造成的。随着 Al 元素的添加,这种晶粒异常长大的现象消失了,取而代之的是出现了一些长条状的变形晶粒,这种长条状的变形晶粒一般被认为是未再结晶的组织。MA103 和 MA11 两种合金中的未再结晶区域较多[图 4.25(b),(c)],而 MA105 合金中的未再结晶区域较少,接近完全再结晶状态[图 4.25(d)]。晶粒结构的变化源于铸态合金中第二相变化。因此,可以得出,当合金中第二相为单一 Al_8Mn_5 相时,挤压态 Mg-1.0Mn-xAl($x \leqslant 1\%$)合金的晶粒细化效果达到最佳。

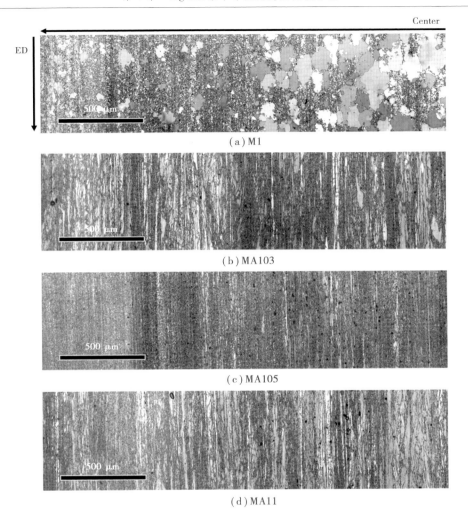

图 4.25　挤压态 Mg-1.0Mn-xAl($x \leqslant 1\%$)合金的 OM 照片

图 4.26 所示为挤压态 Mg-1.0Mn-xAl($x \leqslant 1\%$)合金的 SEM 照片。挤压态合金中的第二相颗粒均是沿挤压方向分布的。在挤压合金中几乎难以观察到长条形的第二相颗粒,说明长条形的第二相颗粒在挤压过程中发生了破碎,并且沿着挤压方向分布。随着 Al 含量的增加,Al-Mn 相颗粒尺寸逐渐增加,这与铸态中第二相变化的趋势保持一致。

图 4.27 所示为挤压态 Mg-1.0Mn-xAl($x \leqslant 1\%$)合金的 EBSD 结果。晶粒组成结构与金相照片基本一致,均为混晶组织。所有样品都表现出典型的丝织构的特征,其最大极密度随着 Al 含量的增加表现出先降低后升高的趋势。据文献报道,未再结晶区域和晶粒粗大的部分容易导致织构强化,而细小的动态再结晶的组织能够弱化织构。对 M1 合金来说,粗大的等轴状晶粒占据了较大的部分,且这种粗大晶粒内部只有一种取向,因而导致其织构强度非常高,达到了 44.23。同时,MA103 和

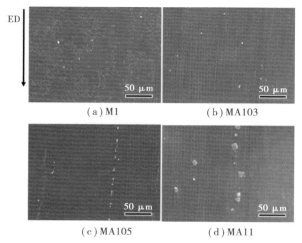

ED

(a) M1　　　　　　　　(b) MA103

(c) MA105　　　　　　(d) MA11

图 4.26　挤压态 Mg-1.0Mn-xAl(x≤1%)合金的 SEM 照片

MA11 合金也表现出较强的织构,这是其内部大量的未再结晶区域导致的。未再结晶区域占比越大,其织构越强;反之,则织构越弱。因而,MA105 合金具有最少的未再结晶区域,其织构强度也最弱,为 7.41。

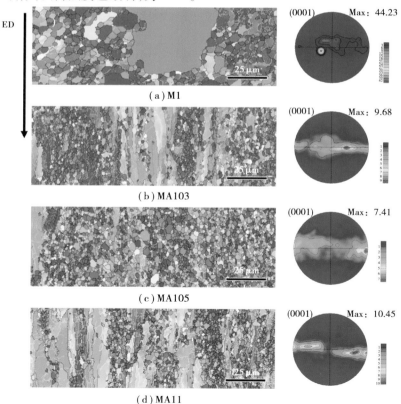

ED

(0001)　Max:44.23

(a) M1

(0001)　Max:9.68

(b) MA103

(0001)　Max:7.41

(c) MA105

(0001)　Max:10.45

(d) MA11

图 4.27　挤压态 Mg-1.0Mn-xAl(x≤1%)合金的 EBSD 结果观察方向平行于挤压方向

图 4.28 所示为挤压态 Mg-1.0Mn-xAl($x \leqslant 1\%$)合金的明场 TEM 照片。4 个样品中均有大量的第二相颗粒,且这些第二相呈现出一种均匀分布的状态。在 M1 合金中,α-Mn 颗粒呈现球状,平均尺寸约 15 nm。随着 Al 元素的添加,在 MA103 合金中可以观察到块状和条状的第二相,其中,条状的为 α-Mn 相,第二相类型和形态与扫描中的结果基本保持一致。块状的第二相在 MA105 和 MA11 合金中均能检测到,对图 4.28(d)中的第二相进行选区衍射分析,如图 4.28(e)所示,可知这种块状相为 Al_8Mn_5 相。同时,在 MA11 合金中放大的图像能够观察到大量纳米级的细小颗粒,通过能谱分析,可以推测出这些第二相为 $Al_{11}Mn_4$ 相。经统计,MA103,MA105,MA11 这 3 种合金中的第二相体积分数(f)和平均尺寸(d)分别为 f_{MA103} = 5.1% ,d_{MA103} = 7 nm,f_{MA105} = 5.3% ,d_{MA105} = 11 nm,f_{MA11} = 3.2% ,d_{MA11} = 21 nm。其中,第二相的平均尺寸随着 Al 元素的增加而增加;第二相的体积分数则呈现出先增加后降低的趋势。当 Al 含量达到 0.5wt.% 时,合金中的第二相体积分数最多。这说明在生成粗大的 Al_8Mn_5 颗粒时消耗了合金中大量的 Al,Mn 元素,造成了第二相体积分数的降低。此外,在 MA103 和 MA105 合金中,第二相颗粒沿着晶界分布,如图中红色箭头所标注。说明这些第二相颗粒能够钉扎再结晶晶粒的晶界,进而阻碍晶界迁移,有利于细化晶粒。

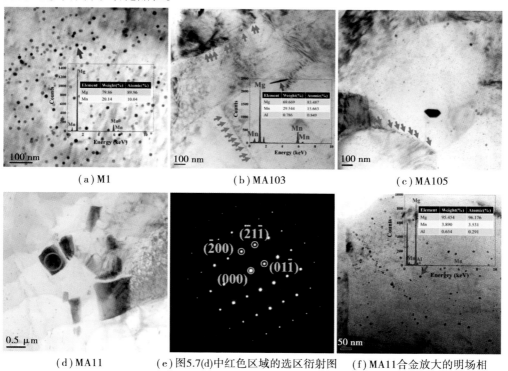

(a)M1　　　　(b)MA103　　　　(c)MA105

(d)MA11　　(e)图5.7(d)中红色区域的选区衍射图　(f)MA11合金放大的明场相

图 4.28　挤压态 Mg-1.0Mn-xAl 合金的明场 TEM 照片

　　为进一步分析合金的动态再结晶行为,将挤压后合金的 EBSD 结果进行处理,形成动态再结晶分布图,如图4.29 所示。其中,M1 合金的动态再结晶程度最高,其再结晶区域占比达到58.3%。值得注意的是,M1 合金中的粗大晶粒表现为动态再结晶组织,说明这些粗大的晶粒是动态再结晶晶粒异常长大而形成的。结合金相结果中这些粗大晶粒的部分情况可以得知,这是挤压过程中热量的梯度分布造成的,棒材表面热量散发速率快,内部热量散发速率慢,进而使得内部晶粒的再结晶长大驱动力增加,促进了动态再结晶晶粒的生长,进而出现了心部大晶粒数量多,边部大晶粒数量少的现象。此外,在 M1 合金中还有部分变形区域和亚晶结构的出现,且这些变形区域和亚晶结构的占比远高于文献中完全动态再结晶的组织,如 Mg-Sn-

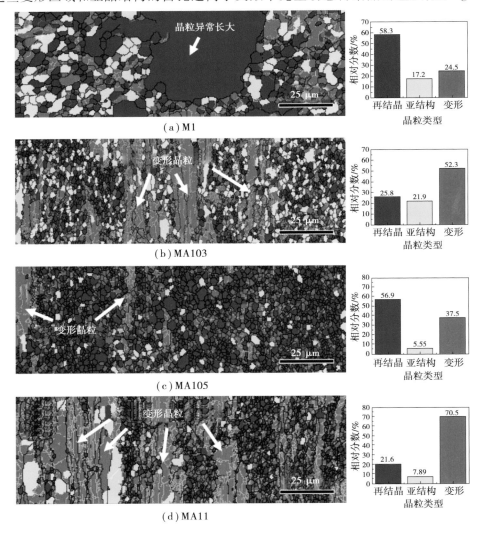

图4.29　挤压态 Mg-1.0Mn-xAl($x \leqslant 1\%$)合金的动态再结晶分布图及其统计数据

Zn-Ca 合金和 Mg-Al-Sn-Zn 合金。因此，在 M1 合金中仍残余部分未再结晶的区域。这说明了 M1 合金中的动态再结晶行为还未完全完成时，已经发生了再结晶晶粒的异常长大。在 Mg-1Mn-xAl 这 3 种合金中，长条形的晶粒表现出变形组织的特征（图中红色区域）。从统计数据中可以看出，这些变形区域在 Mg-1Mn-xAl 合金中的占比均高于 M1 合金。众所周知，动态再结晶过程包括新晶粒的形核和长大过程。这种长条形变形区域的出现，说明动态再结晶中的形核过程受到了阻碍，也就是说，Al 元素加入形成的 Al-Mn 相对于动态再结晶形核有一定的阻碍作用。此外，如图 4.28 所示的 TEM 结果中能够观察到大量的 Al_8Mn_5 相颗粒钉扎在晶界处，说明了这些细小的纳米级颗粒能够阻碍晶界的迁移。而晶界迁移是动态再结晶过程中新晶粒形核和长大的重要因素，因而当这种晶界迁移受到阻碍时，其动态再结晶程度势必会降低。

　　随着 Al 元素含量的增加，动态再结晶程度呈现出先增加后降低的趋势，这说明了第二相组成的变化对合金的动态再结晶行为也有着重要的影响。结果表明，当合金中出现 Al_8Mn_5 相颗粒时，由于这些颗粒大部分都比较小，因此对动态再结晶阻碍作用较强，导致了长条形变形区域的出现。而随着 Al 含量增加至 0.5wt.% 时，合金中只有 Al_8Mn_5 相的存在，有一部分颗粒的尺寸较大（高于 1 μm），这些颗粒能够有效地刺激动态再结晶形核，产生 PSN 机制。因此提升了动态再结晶程度。当 Al 含量增加至 1.0wt.% 时，合金中出现 $Al_{11}Mn_4$ 析出相，这些纳米级析出相又一次对再结晶行为产生阻碍作用，减弱了原有的 PSN 效应，因而使得动态再结晶程度降低。综上所述，第二相的组成对合金的动态再结晶行为有着重要的影响，合金中只要有 Al_8Mn_5 相的存在时，合金便体现出最佳的动态再结晶行为，消除了晶粒的异常长大现象，同时，PSN 效应减少了变形区域数量，达到了良好的晶粒细化效果。

　　第二相的组成不仅影响晶粒尺寸，同样对织构也产生了显著影响。其中，PSN 机制不仅能够加速动态再结晶过程，同样能够优化再结晶织构。热变形过程中的 PSN 机制产生的再结晶形核，以及细小弥散相产生的剪切带都具有形成随机织构的潜力。然而，未再结晶区域和异常长大的动态再结晶现象都不利于织构弱化。为进一步研究 Al 元素添加对 Mg-1.0Mn-xAl 合金的织构演变，将 EBSD 结果进行点对点取向差角分析，结果如图 4.30 所示。在 M1 合金中，异常长大的晶粒中难以找到取向差角大于 2° 的存在，说明这种异常长大晶粒内部的取向是趋于一致的，类似这样的大量区域处于相同取向会产生强烈的织构。由结果可知，M1 合金中的最大极密度非常高，可达到 44.23。另外，在粗大的未再结晶的晶粒内部，存在着一些 5° ~ 10° 取向的亚晶界，这些亚晶界的存在会使变形区域的晶粒局部区域发生略微偏转，能够在一定程度上弱化织构。因此，在含有 Al 元素的 3 种合金中，其最大极密度都低于 M1 合金。但总的来说，未再结晶区域还具有大面积类似的取向，会使得最大极密度增加，进而强化织构，因此，有较多的动态再结晶晶粒的 MA105 合金具有最弱的织构。

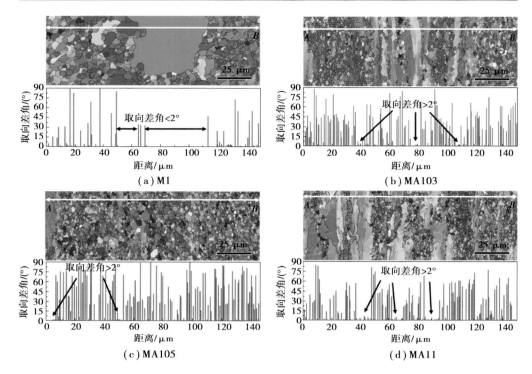

图 4.30 挤压态 Mg-1.0Mn-xAl($x \leqslant 1\%$)合金中 A 点到 B 点的取向差角分析

4.2.5 微量 Al 对 Mg-1Mn-Al 合金力学性能的影响

图 4.31 所示为 Mg-1Mn-xAl($x \leqslant 1\%$)合金的拉伸和压缩曲线图及相应力学性能对比图。从拉伸和压缩曲线中读取的强度塑性值列于表 4.8 中。结果表明,Al 元素的添加对挤压态 M1 合金的力学性能有显著影响。随着 Al 元素的添加,Mg-1Mn-xAl 合金的屈服强度和抗拉强度获得了显著提升。然而,仅在 MA105 中观察到断裂伸长率的增加。其中 MA103 合金的拉伸屈服强度和抗拉强度最高,其屈服强度达到 284 MPa,抗拉强度达到 292 MPa。MA105 合金的屈服强度和塑性获得了提升,同时 MA105 合金的拉压屈服不对称性也是最优的,其屈服强度、抗拉强度、断裂伸长率和拉压屈服不对称性分别为 248 MPa,263 MPa,33.4% 和 0.94。

本节所制备 Al 含量小于 1% 的 Mg-1Mn-xAl 合金具有良好的综合力学性能,且合金化含量较低,因此,在此列举了文献报道中的典型合金(包括含稀土合金及不含稀土合金,其中,含稀土合金有 Mg-Gd 和 Mg-Y 系合金;不含稀土合金有 Mg-Al,Mg-Ca,Mg-Sn 和 Mg-Zn 系合金)的力学性能对比,如图 4.31(c),(d)所示,其中图 4.31(c)所示为拉伸屈服强度-断裂伸长率的对比图,图 4.31(d)所示为拉伸屈服强度-合金化含量的对比图。从图 4.31(c)中可以看出,Mg-1Mn-xAl 合金的综合力学性能优于大部分的不含稀土的合金材料。相比于含稀土的合金,Mg-1Mn-xAl 合金的强度

可与大部分含稀土的合金材料相当,塑性优于含稀土的合金材料。同时,从图 4.31
(d)中可以看出,Mg-1Mn-xAl 合金的合金化含量低,屈服强度在合金化含量相当的
情况下具有绝对优势,同时,合金化元素 Al,Mn 均为成本较低的合金化元素,因而,
Mg-1Mn-xAl(x≤1.0)合金是一种潜在的低成本高性能的镁合金材料。

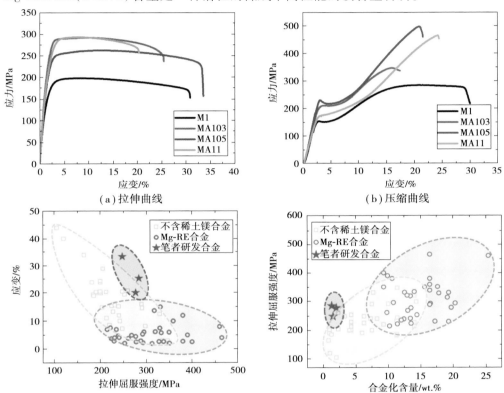

(a)拉伸曲线　　　　　　　　　　　　　(b)压缩曲线

(c)拉伸屈服强度与断裂伸长率对比图,包括Mg-1Mn-　　(d)拉伸屈服强度与合金化含量对比图,
xAl(x≤1.0)合金、不含稀土合金和含稀土合金　　　　　Mg-1Mn-xAl(x≤1.0)合金、不含稀土
　　　　　　　　　　　　　　　　　　　　　　　　　　合金和含稀土合金

图 4.31　挤压态 Mg-1Mn-xAl(x≤1.0)合金的拉伸和压缩曲线及力学性能对比图

表 4.8　低 Al 含量的 Mg-1Mn-xAl(x≤1.0)合金的拉伸屈服强度、抗拉强度、
断裂伸长率、压缩屈服强度和拉压屈服强度比

合金	拉伸屈服强度 /MPa	抗拉强度 /MPa	延伸率 /%	压缩屈服强度 /MPa	拉/压屈服强度比
M1	186	200	30.8	154	0.83
MA103	284	292	25.5	212	0.75
MA105	248	263	33.4	232	0.94
MA11	277	292	20.2	173	0.62

Mg-1Mn-xAl($x\leqslant1.0$)合金挤压后具有良好的综合力学性能,为进一步分析其显微组织形成和性能的演变规律,下文将对 Mg-1Mn-xAl 合金在动态再结晶过程中的晶粒细化、织构演变等开展进一步分析,并对其力学性能的影响因素进行深入讨论。

前述分析说明了 Al 元素的添加对 Mg-1Mn-xAl 合金的显微组织和力学性能都有重要影响。其中力学性能的演变与微观组织的变化密不可分。屈服强度和断裂伸长率的主要影响因素有晶粒尺寸、织构和第二相粒子。晶粒尺寸对屈服强度的影响通常使用 Hall-Petch 关系式进行分析,即屈服强度与晶粒尺寸呈反比关系。相对于 M1 合金而言,拉伸屈服强度和压缩屈服强度都随着 Al 元素的添加而显著增加。其中,压缩屈服强度与晶粒尺寸的变化呈线性关系,即随着晶粒的细化,压缩屈服强度不断增加。而拉伸屈服强度则随晶粒尺寸的变化呈非线性关系,即反 H-P 关系。这种反 H-P 关系主要体现在 MA105 合金中,该合金具有最细小的平均晶粒尺寸,其拉伸屈服强度反而低于 MA103 和 MA11 合金。这说明还有其他因素影响屈服强度的变化。

一般来说,上述反 H-P 关系可以通过变形过程中变形机制的变化来进行理解。{0001}<11-20>基面滑移被认为是镁合金中最主要的变形机制,尤其是在沿着 ED 方向拉伸的初始阶段。考虑到这些因素,这种反 H-P 关系可以通过基面滑移的施密特因子(Schmid Factor,SF)进行解释:

$$\Delta\sigma_y = \frac{\tau_{CRSS}}{M} \tag{4.1}$$

式中 τ_{CRSS}——临界分切应力;

        M——施密特因子。

沿 ED 方向加载拉伸应力的基面<a>滑移的 SF 分布图计算结果如图 4.32 所示。施密特因子越大,滑移越容易启动,屈服强度容易降低,塑性得到提升。

第二相颗粒对力学性能的贡献非常重要,但同时也相对复杂,这与第二相颗粒的形态、尺寸和分布都有关系。一般来说,镁基体中弥散分布的第二相粒子能够大大提升材料的力学性能。根据 Orowan 关系式,拉伸屈服强度的提升与第二相粒子的尺寸(d)和体积分数(f)相关,如式:

$$YS \propto f^{\frac{1}{2}}d^{-1} \cdot \ln d \tag{4.2}$$

显而易见,增加第二相体积分数并且降低第二相的平均尺寸能够有效提升合金的屈服强度。根据 TEM 测试结果,合金中纳米级第二相的平均尺寸和体积分数分别为:$d_{M1}=15$ nm,$f_{M1}=4.6\%$,$d_{MA103}=7$ nm,$f_{MA103}=5.1\%$,$d_{MA105}=10$ nm,$f_{MA105}=5.3\%$,$d_{MA11}=11$ nm,$f_{MA11}=3.2\%$。可以看出,随着 Al 含量的增加,纳米级第二相占比降低,同时平均尺寸升高,奥罗万(Orowan)强化效果减弱。纳米级颗粒体积分数的降低主要是由于形成了较多的粗大第二相颗粒。特别是当 Al 含量增加至 1.0wt.% 时,Al_8Mn_5

相颗粒的尺寸达到 ~10 μm,如图 4.32 所示。这些粗大的第二相颗粒一方面不能有效地阻碍位错运动,另一方面还容易形成微裂纹。因此,MA11 合金的塑性较差。

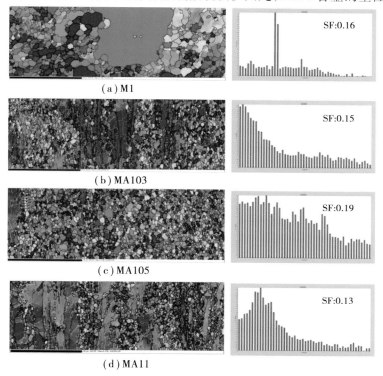

(a) M1

(b) MA103

(c) MA105

(d) MA11

图 4.32 挤压态 Mg-1.0Mn-xAl(x≤1.0)合金基面 <a> 滑移的
SF 分布图及其统计数据

具有典型丝织构的镁合金材料通常体现出强烈的拉压屈服不对称性。这主要是由于{10-12} <10-11> 拉伸孪晶的启动应力较低,而具有丝织构的材料在压缩时 {10-12} <10-11> 拉伸孪晶的 SF 较高,而在拉伸时较低,因而在压缩时拉伸孪晶极易启动。晶粒细化和织构弱化是改善镁合金屈服各向异性的重要手段。主要是通过抑制压缩过程中的孪生行为来改善这种拉压屈服不对称性。据文献报道,当镁合金的晶粒尺寸低于 2.7 μm 时,孪生行为被完全抑制,在变形时几乎不发生孪生。在本章工作中,Al 元素的添加有效地细化了组织,并且弱化了织构,因此含有 Al 的 3 种合金的拉压屈服不对称性均优于 M1 合金。尤其是 MA105 合金,具有最细的晶粒尺寸和最弱的织构,拉压屈服不对称性改善程度最高,$\sigma_{CYS}/\sigma_{TYS}$ =0.94。

在上述工作中,当 Al 元素含量为 0.5wt.% 时,Mg-1Mn-xAl 合金的力学性能达到最优,具有较高的屈服强度、断裂伸长率和良好的拉压屈服不对称性。良好的力学性能是源于均匀细小的微观晶粒结构、较弱的织构和细小的第二相颗粒。将 M1 合金中的单质 α-Mn 颗粒替换为 Al_8Mn_5 颗粒,有利于改善其动态再结晶行为,获得良好的微观组织和力学性能。

4.3　Y 对 Mg-1Mn-Y 系合金组织及性能的影响

稀土元素 Y 作为重要的合金化元素,在镁合金中的应用极为广泛。元素 Y 在基体 Mg 中的最大固溶度为 12.47wt.%,主要以固溶于基体 α-Mg 中的形式存在,能有效细化合金的晶粒。近期研究表明,Y 元素在提高镁合金强度的同时还能改善镁合金的塑性,是一种可固溶强化增塑的元素。因此,本节将在 Mg-1Mn 合金的基础上开展 Y 元素的添加对该合金组织与性能的影响,利用 Mn 和 Y 元素的固溶强化增塑作用,进一步优化 Mg-1Mn 合金的性能。

4.3.1　Y 对 Mg-1Mn-Y 系合金微观组织的影响

图 4.33 所示为合金挤压变形后的金相组织照片。从图中可以看出,随着挤压温度的逐渐升高,Mg-1Mn 合金的微观组织明显粗大,且合金的平均晶粒度也明显增大[图 4.33(a)—(c)]。当合金中添加了合金元素 Y 后,合金的微观组织随着元素 Y 含量的逐步增加而明显细化[图 4.33(d)—(f)],其平均晶粒尺寸也随着元素 Y 含量的逐步增加而显著减小。其中,当添加微量的元素 Y 后(约 0.2wt.%),合金的平均晶粒度约为 8 μm,较相同挤压温度下 Mg-1Mn 合金的微观组织粗大。而当合金中元素 Y 的含量较高时(约为 1.0wt.%),合金的微观组织显著细化,其平均晶粒度约为 1.9 μm,较 Mg-1Mn-0.2Y 合金的微观组织明显,同时也比相同挤压温度下的 Mg-1Mn 合金的微观组织明显细化。因此,添加稀土元素 Y 后,有利于改善合金的微观组织,进而提高合金的力学性能。

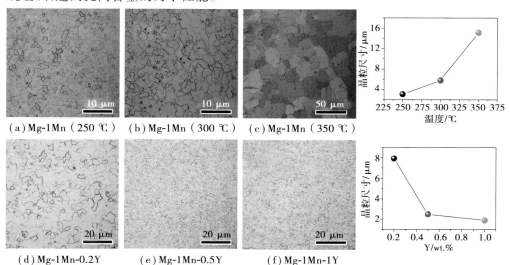

(a) Mg-1Mn(250 ℃)　(b) Mg-1Mn(300 ℃)　(c) Mg-1Mn(350 ℃)

(d) Mg-1Mn-0.2Y　(e) Mg-1Mn-0.5Y　(f) Mg-1Mn-1Y

图 4.33　Mg-1Mn-Y 系挤压态合金的金相显微组织

图 4.34 所示为 Mg-1Mn-Y 系合金的 SEM 微观组织形貌,其中,图 4.34(a)、图 4.34(b)和图 4.34(c)所示为 Mg-1Mn 合金在不同挤压温度下的 SEM 微观组织形貌图,从图中可以看出,随着挤压温度的升高,合金中析出了大量的第二相 Mn 颗粒。而当合金中添加了稀土元素 Y 后,合金中不仅析出了 $Mg_{24}Y_5$ 相,而且析出的数量明显增多,同时也发现,与相同温度下挤压变形后 Mg-1Mn 合金的微观形貌相比,添加 Y 的合金中析出的 Mn 单质颗粒显著减少[图 4.34(d)—(f)]。

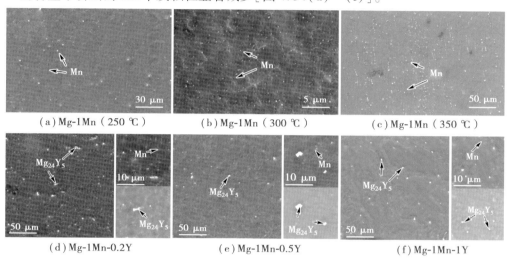

(a)Mg-1Mn(250 ℃)　　(b)Mg-1Mn(300 ℃)　　　(c)Mg-1Mn(350 ℃)

(d)Mg-1Mn-0.2Y　　　　(e)Mg-1Mn-0.5Y　　　　(f)Mg-1Mn-1Y

图 4.34　Mg-1Mn-Y 系挤压态合金的 SEM 微观组织形貌

图 4.35 所示为合金的 TEM 明场像以及相应的 EDS 能谱分析结果。同 Mg-1Mn 挤压态合金的 TEM 微观组织一样,Mg-1Mn-1Y 合金弥散析出了细小的球状单质颗粒,结合 EDS 能谱和 XRD 衍射分析结果,该部分弥散析出的第二相颗粒为 α-Mn 单质颗粒[图 4.35(c)]。此外,在合金中发现了少量的较为粗大的第二相颗粒[图 4.35(b)],经过观察 EDS 能谱分析结果,判断该析出相为 $Mg_{24}Y_5$ 相。

4.3.2　Y 对 Mg-1Mn-Y 系合金力学性能的影响

图 4.36 和表 4.9 为 Mg-1Mn-Y 系挤压态合金的室温力学性能。从图中可以看出,Mg-1Mn 合金的屈服强度和塑性随挤压温度的逐步升高而明显降低[图 4.36(a)—(c)],其中 Mg-1Mn 合金在 250 ℃挤压变形后表现出十分优异的室温力学性能,其拉伸屈服强度和断裂延伸率分别为 204 MPa 和 38.8%。添加元素 Y 后,合金的屈服强度和延伸率均显著变化[图 4.36(d)—(f)],合金的强度和塑性随着 Y 元素含量变化的关系如图 4.37 所示。

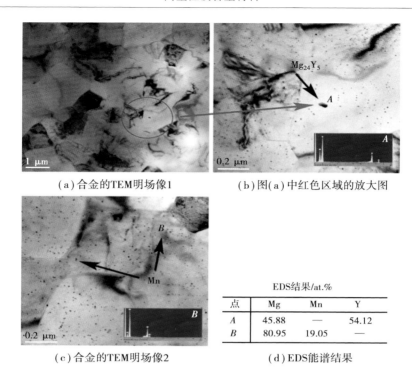

（a）合金的TEM明场像1　　　（b）图(a)中红色区域的放大图

（c）合金的TEM明场像2　　　（d）EDS能谱结果

EDS结果/at.%

点	Mg	Mn	Y
A	45.88	—	54.12
B	80.95	19.05	—

图 4.35　挤压态 Mg-1Mn-1Y 合金的 TEM 明场像以及相应的 EDS 能谱分析结果

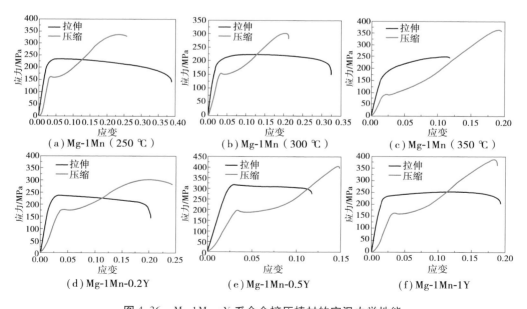

（a）Mg-1Mn（250 ℃）　　（b）Mg-1Mn（300 ℃）　　（c）Mg-1Mn（350 ℃）

（d）Mg-1Mn-0.2Y　　　（e）Mg-1Mn-0.5Y　　　（f）Mg-1Mn-1Y

图 4.36　Mg-1Mn-xY 系合金挤压棒材的室温力学性能

表 4.9　Mg-1Mn-xY 系合金挤压棒材的室温力学性能

合金	拉伸性能			压缩性能			拉压屈服强度比
	屈服强度/MPa	抗拉强度/MPa	延伸率/%	屈服强度/MPa	抗压强度/MPa	延伸率/%	
Mg-1Mn(250 ℃)	204	234	38.8	158	336	25.6	0.77
Mg-1Mn(300 ℃)	191	224	32.4	150	301	21.1	0.79
Mg-1Mn(350 ℃)	154	248	11.7	86	363	19.4	0.56
Mg-1Mn-0.2Y	186	236	20.4	157	303	24.3	0.84
Mg-1Mn-0.5Y	311	321	11.7	193	406	14.8	0.62
Mg-1Mn-1Y	209	253	19.4	154	387	18.8	0.74

从图 4.37 可以看出,合金的强度随元素 Y 含量的逐步增加先增加后降低,其中,当添加微量的 Y 元素(0.2wt.%)后,合金的屈服强度和抗拉强度为 186 MPa 和 236 MPa。随着元素 Y 含量增加至 0.5wt.%后,合金的屈服强度和抗拉强度均显著增强,分别为 311 MPa 和 321 MPa,较 Mg-1Mn-0.2Y 合金提高了约 67.5% 和 35.9%,同时合金的室温塑性有所降低,分别下降了约 11.7% 和 42.6%。当合金中元素 Y 的含量增加至 1.0wt.%后,合金的强度明显降低,其屈服强度和抗拉强度分别为 209 MPa 和 253 MPa,和 Mg-1Mn-0.2Y 合金的强度相当,与 Mg-1Mn-0.5Y 合金相比,分别下降了约 32.9% 和 21.3%。因此,添加少量的合金元素 Y(约 0.5wt.%)后,能显著提高合金的室温强度,但不利于合金室温塑性的改善。

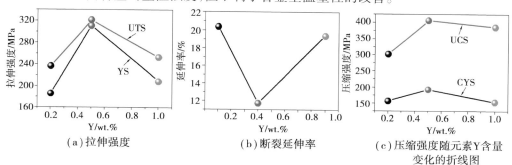

（a）拉伸强度　　　（b）断裂延伸率　　　（c）压缩强度随元素 Y 含量变化的折线图

图 4.37　Mg-1Mn-Y 挤压态合金

4.3.3　断口形貌

图 4.38 所示为 Mg-1Mn-xY 挤压态合金棒材沿着挤压方向进行拉伸试验后的断口形貌。从图 4.38(a)—(c)中可以看出,随着挤压温度的逐渐升高,Mg-1Mn 合金的断口形貌均为典型的韧性断裂特征形貌,表明合金在发生断裂前均发生了较大的

塑性变形。当合金中添加了稀土元素 Y 后,合金的断口形貌均发生了明显变化。其中,当合金中添加微量的元素 Y 后[图 4.38(d)],此时合金断口中除了大量韧窝外,还出现了解理台阶,表明合金发生断裂前在局部产生了较大程度的塑性变形,其断口形貌介于脆性断裂和韧性断裂之间,合金在具备一定强度的同时,还呈现出较高的室温塑性。当合金中 Y 元素的含量增加至 0.5wt.% 后,合金的断口中出现了较大面积的解理台阶[图 4.38(e)],合金的断口形貌为典型的脆性断裂特征。随着 Y 元素含量进一步增加至 1.0wt.% 后[图 4.38(f)],合金中除了大量的韧窝外,还出现了少量的解理台阶,同 Mg-1Mn-0.2Y 合金一样,Mg-1Mn-1Y 合金发生断裂前在局部发生了较大程度的塑性变形,其断口形貌介于韧性断裂和脆性断裂之间,合金在具备一定强度的同时,呈现出一定的塑性变形特征。

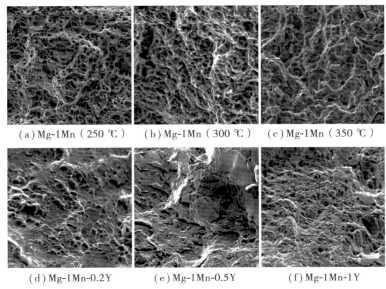

(a) Mg-1Mn (250 ℃)　　(b) Mg-1Mn (300 ℃)　　(c) Mg-1Mn (350 ℃)

(d) Mg-1Mn-0.2Y　　　(e) Mg-1Mn-0.5Y　　　(f) Mg-1Mn-1Y

图 4.38　Mg-1Mn-xY 系合金挤压棒材的断口形貌

　　综上所述,Mg-1Mn-xY 挤压态合金的断裂机制主要为韧性断裂和脆性断裂的混合断裂机制。合金在挤压变形后析出的较为粗大的 $Mg_{24}Y_5$ 相在合金变形过程中易成为裂纹源,促进裂纹的萌生和扩展,进而降低了合金的强度和塑性。因此,合金中稀土元素 Y 的含量应控制在 0.5wt.% 以内。

4.4　Mg-Mn 系合金高塑性的机理及铝和钇的影响分析

4.4.1　Mg-Mn 系合金组织形成原因分析

　　从金属材料的变形细化机理看,热加工过程中动态再结晶晶粒尺寸与 Zener-

Holloman 参数的关系如下:

$$Z = \dot{\varepsilon}\exp\left(\frac{Q}{RT}\right) \tag{4.3}$$

$$D = CZ^{-n_D} \tag{4.4}$$

式中　$\dot{\varepsilon}$——变形过程中的应变速率;

　　　R——阿伏伽德罗常量;

　　　Q——相对激活能;

　　　T——变形温度;

　　　D——再结晶晶粒尺寸;

　　　C, n_D——实验常数。

从式(4.3)和式(4.4)可以看出,变形温度越低,晶粒越细小。

而从再结晶新晶粒尺寸与晶粒形核速率和晶粒长大速率关系(Johnson-Mehl 公式):

$$d = K \times \left(\frac{\dot{G}}{\dot{N}}\right)^{-4} \tag{4.5}$$

式中　K——常数;

　　　$\dot{G}$——晶粒长大速率;

　　　$\dot{N}$——形核速率。

要获得细小尺寸的再结晶晶粒,需要较高的形核率和较低的晶粒长大速率。

因此,Mg-Mn 系合金要获得较细小的晶粒组织需要应满足:高的低温变形能力,力求避免高温变形时晶粒的快速长大;在热变形动态再结晶过程中提供大量异质形核点,同时能拖曳再结晶新晶粒的晶界防止晶粒长大。

(1)高的低温变形能力

近期研究表明,添加微量的合金化元素(包含 Mn 元素),能够调控 Ⅰ 型和 Ⅱ 型 $<c+a>$ 锥面位错滑移的激活能差值,促使 $<c+a>$ 位错的交滑移速率增加,极大改善镁合金的塑性变形能力。添加合金元素激活镁合金 $<c+a>$ 锥面滑移是改善镁合金低温变形能力的重要手段。Mn 元素能够提高基面滑移阻力,降低基面滑移和非基面滑移 CRSS 的差值,因此,含 Mn 合金是一种能够在低温下具有较好均匀变形能力的镁合金。在热加工过程中,固溶在基体中的 Mn 元素提高了 Mg 基体的塑性以及成形能力,Mg-Mn 合金可以在较低的温度(低于 250 ℃)下塑性成形,这保证了再结晶晶粒不过分长大。

(2)充足的刺激形核质点

镁合金的动态再结晶形核机制一般分为连续动态再结晶(continuous dynamic

recrystallization，CDRX）形核和非连续动态再结晶（discontinuous dynamic recrystalliza-tion，DDRX）形核。连续动态再结晶形核机制是由变形过程中位错堆积形成的小角度晶界（low angle grain boundary，LAGB）产生的亚晶形核，随后小角度晶界逐步倾转成为大角度晶界（high angle grain boundary，HAGB），进而形成新的动态再结晶晶粒。非连续动态再结晶形核机制是经典的晶界弓出形核机制，通常发生在高温变形的情况下，晶界在应变的作用下发生迁移，形成锯齿状晶界，这些锯齿状的晶界进一步扩散迁移形成新的动态再结晶晶粒。此外，孪晶动态再结晶（Twinning dynamic recrys-tallization，TDRX）形核机制也是低温下变形的一种重要机制，在低温下变形时，由于孪晶应力较低，仅仅稍高于基面滑移阻力，因此，在较低温度下变形时，孪晶也较易形成，故在孪晶界上发生的动态再结晶形核也被称为孪晶再结晶。除以上 3 种再结晶形核机制外，粒子刺激形核（Particle-stimulated nucleation，PSN）机制也是一种重要的再结晶形核机制，主要表现为弥散分布且较细小的初生第二相可诱导再结晶形核，减少未再结晶区，提高再结晶程度、细化再结晶组织。这种具有诱导形核的第二相一般 1 μm 左右，不能太粗大，粗大的第二相在合金受力过程中容易产生裂纹，对合金的强度和塑性有害。

在以上几种再结晶形核机制中，以 PSN 形核机制受合金化元素的影响最大，可以通过调控合金成分实现合金中第二相种类、大小和分布的调控，进而实现变形过程中再结晶形核质点的调控。同时，这些第二相不仅可以增加再结晶形核点，还可以使再结晶晶粒取向随机性提高，从而弱化织构、改善变形镁合金的各向异性。在 AZ，ZM，Mg-RE 以及 Mg-Mn 系变形镁合金中均观察到了 PSN 效应，不仅细化了合金晶粒还弱化了合金的织构。在 Mn 含量较高的 Mg-Mn 二元超细晶镁合金中可以发现，大量细小的初生 α-Mn 颗粒的 PSN 效应是获得均匀的超细晶组织的关键因素之一。

（3）析出相对晶界的钉扎作用

在解决了低温变形时再结晶形核质点的不足后，晶粒的长大程度是最终获得超细晶组织的关键问题，因而调控再结晶晶粒的晶界迁移显得尤为重要。晶界迁移是由于晶界在热激活的情况下发生移动，导致小晶粒相互合并，进而发生晶粒长大的现象。因此，要阻碍晶界迁移，一方面是需要降低晶界迁移驱动力，另一方面是阻碍晶界迁移速率。降低晶界迁移驱动力只需尽可能地降低变形温度即可实现，而阻碍晶界迁移速率则需要引入大量的第二相，钉扎晶界，增大晶界迁移阻力，从而实现降低晶界迁移速率。第二相阻止晶界迁移（Smith-Zener Pinning，SZP）效应一般认为合金中直径较小的第二相，大部分为纳米量级的时效析出相，可以阻止晶界迁移，阻碍再结晶晶粒的二次长大，从而细化了晶粒。通过塑性加工前时效热处理获得较多弥散析出的第二相是一个较普遍的方法，Yu 在 ZM61 合金中通过相同的方法，在挤压前的铸锭中获得大量的 Mg-Zn 以及 Mn 相，使合金拉伸屈服强度得到了提高（～70

Engineering：A，2010，527(3)：828-834.

[39] WANG Q，CHEN J，ZHAO Z，et al. Microstructure and super high strength of cast Mg-8. 5Gd-2. 3Y-1. 8Ag-0. 4Zr alloy[J]. Materials Science and Engineering：A，2010，528(1)：323-328.

[40] RONG W，ZHANG Y，WU Y，et al. The role of bimodal-grained structure in strengthening tensile strength and decreasing yield asymmetry of Mg-Gd-Zn-Zr alloys[J]. Materials Science and Engineering：A，2019(740)：262-273.

[41] NAKATA T，XU C，MATSUMOTO Y，et al. Optimization of Mn content for high strengths in high-speed extruded Mg-0. 3Al-0. 3Ca (wt. %) dilute alloy[J]. Materials Science and Engineering：A，2016(673)：443-449.

[42] SHE J，PENG P，XIAO L，et al. Development of high strength and ductility in Mg-2Zn extruded alloy by high content Mn-alloying[J]. Materials Science and Engineering A，2019，765：138203. 1-138203. 8.

[43] CEPEDA-JIMÉNEZ C M，PÉREZ-PRADO M T. Microplasticity-based rationalization of the room temperature yield asymmetry in conventional polycrystalline Mg alloys[J]. Acta Materialia，2016 (108)：304-316.

[44] 苗莉莉，张新，张奎，等. Y 元素对铸态 Mg-Y 合金组织和性能的影响[J]. 特种铸造及有色合金，2015，35(6)：636-640.

[45] LUO K，ZHANG L，WU G，et al. Effect of Y and Gd content on the microstructure and mechanical properties of Mg-Y-RE alloys[J]. Journal of Magnesium and Alloys，2019，7(2)：345-354.

[46] 何宜柱，雷廷权，吴惠英，等. 动态再结晶晶粒尺寸同 Zener-Holloman 参数间的理论模型 [J]. 华东冶金学院学报. 1995(2)：139-145.

[47] CHANG C I，LEE C J，HUANG J C. Relationship between grain size and Zener-Holloman parameter during friction stir processing in AZ31 Mg alloys[J]. Scripta Materialia. 2004(51)：509-514.

[48] WU H J，WANG T Z，WU R Z，et al. Effects of annealing process on the interface of alternate α/β Mg-Li composite sheets prepared by accumulative roll bonding. Journal of Materials Processing Technology. 2018(254)：265-276.

[49] 豆雨辰. 基于第一性原理和分子动力学的镁合金强韧化基础研究[D]. 重庆：重庆大学，2015.

[50] 刘婷婷，潘复生. 镁合金"固溶强化增塑"理论的发展和应用[J]. 中国有色金属学报，2019 (9)：2050-2063.

[51] YU D，ZHANG D，SUN J，et al. Improving mechanical properties of ZM61 magnesium alloy by aging before extrusion[J]. Journal of Alloys and Compounds，2017(690)：553-560.

[52] JUNG J G，PARK S H，YU H，et al. Improved mechanical properties of Mg-7. 6Al-0. 4Zn alloy through aging prior to extrusion[J]. Scripta Materialia，2014(93)：8-11.

[53] FANG C，LIU G，LIU X，et al. Significant texture weakening of Mg-8Gd-5Y-2Zn alloy by Al addition[J]. Materials Science and Engineering A，2017(701)：314-318.

[54] DING H，SHI X，WANG Y，et al. Texture weakening and ductility variation of Mg-2Zn alloy with

CA or RE addition[J]. Materials Science and Engineering A,2015(645):196-204.

[55] YIN S M,WANG C H,DIAO Y D,et al. Influence of Grain Size and Texture on the Yield Asymmetry of Mg-3Al-1Zn Alloy[J]. Journal of Materials Science & Technology,2011,27(1):29-34.

第 5 章　Mg-Sn 系中等强度高塑性镁合金

Sn 在 Mg 中的最大固溶度为 14.48%，具有较好的固溶强化能力；且 Sn 元素在 Mg 中的固溶度随温度降低而降低，生成的 Mg_2Sn 具有较好的析出强化效果；且 Mg_2Sn 高温稳定性好，有助于提高镁合金的高温抗蠕变性能。因此，Mg-Sn 合金被认为是一种极具潜力的合金体系而越来越受到人们的关注。计算模拟研究表明，Sn 原子能优先固溶于镁晶体的 $\{11\bar{2}0\}$ 晶面，降低锥面 $\{11\bar{2}2\}$ $<11\bar{2}3>$ 的非稳定层错能，从而降低非基面与基面临界剪切应力的比值。因此，理论上 Sn 元素的添加不仅可以提高镁合金的强度，还可提高镁合金的成形性。已有研究发现，Mg-5wt.% Sn 合金的综合力学性能较好，Mg-10wt.% Sn 合金的抗蠕变性能较好，甚至要优于 AE42（Mg-4Al-2RE）合金。此外，通过完全固溶态的 Mg-3wt.% Al-3wt.% Sn（AT33）镁合金晶体结构的模拟发现，掺杂合金元素后的镁晶体柱面 $<a>$ 滑移与锥面 $<c+a>$ 滑移的非稳定层错能均有降低，因此，固溶态的 AT33 镁合金成形性能较好。本章拟基于 Mg-Sn 合金开展中等强度的高塑性镁合金研究。

5.1　挤压态 Mg-Sn 合金组织与性能

（1）Mg-Sn 挤压板材组织

图 5.1 所示为不同 Sn 含量的 Mg-Sn 挤压板材组织演变图。从图中可以看出，Mg-Sn 挤压板材的晶粒大多呈现等轴状，且大小不均匀，说明在挤压变形中合金发生了不完全动态再结晶。对 Mg-0.5Sn 与 Mg-1Sn 合金，由于 Sn 含量较低，合金中第二相较少，在金相显微镜下无法观察到沿着挤压方向分布的第二相；而在 Mg-2Sn 与 Mg-2.5Sn 合金中则可观察到条带状的第二相沿挤压方向分布。

对 Mg-Sn 挤压板材进行背散射电子观察，如图 5.2 所示。从图中可以清晰地观察到，Mg-0.5Sn 与 Mg-1Sn 合金中基本无第二相，当 Sn 含量到达 2wt.% 后，出现了第二相，呈颗粒状沿着挤压方向分布。根据 Mg-Sn 二元合金相图可以确定该第二相为 Mg_2Sn。

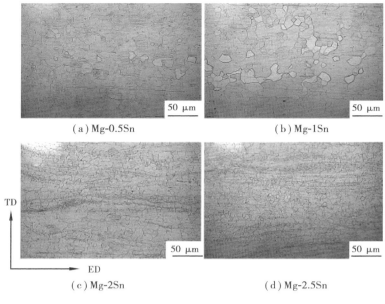

图 5.1　Mg-Sn 挤压板材的组织

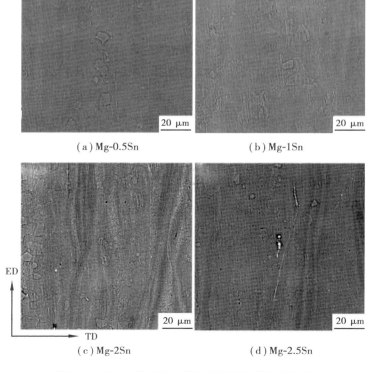

图 5.2　Mg-Sn 挤压板材背散射电子扫描电镜照片

（2）Mg-Sn 挤压板材性能

图 5.3 所示为不同 Sn 含量 Mg-Sn 挤压板材的真应力—真应变曲线,其力学性能数据见表 5.1。抗拉强度与屈服强度均随拉伸方向与挤压方向夹角的增大而升高,而加工硬化指数 n 值则随拉伸方向与挤压方向夹角的增大而降低。Mg-0.5Sn 与 Mg-1Sn 合金的延伸率随拉伸方向与挤压方向夹角的增大而降低,而 Mg-2Sn 与 Mg-2.5Sn 合金的延伸率在 45°方向上最高。

Mg-0.5Sn 与 Mg-1Sn 合金中均无第二相,二者的强度较为接近。而后随着 Sn 含量的增加,第二相增多,抗拉强度在 3 个方向上都有明显的提升,当 Sn 含量由 0.5wt.%增加到 2.5wt.%时,沿 TD 上板材的抗拉强度由 266 MPa 提高到了 331 MPa。延伸率和 n 值整体趋势随着 Sn 含量的增加而升高。

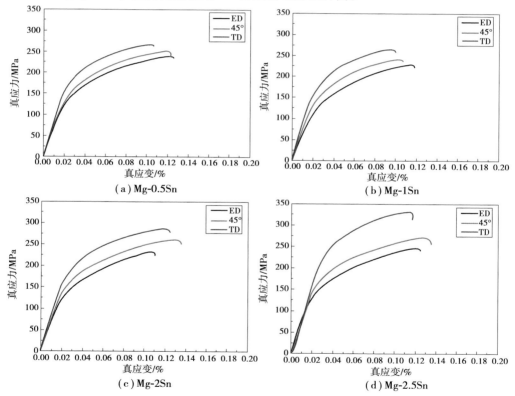

（a）Mg-0.5Sn　　　　　　　（b）Mg-1Sn

（c）Mg-2Sn　　　　　　　（d）Mg-2.5Sn

图 5.3　Mg-Sn 挤压板材在室温下的真应力—真应变曲线

表 5.1　挤压态板材沿 ED、45°方向以及 TD 进行室温拉伸的力学性能结果

合金	UTS/MPa			YS/MPa			FE/%			n		
	ED	45°	TD	ED	45°	TD	ED	45°	TD	ED	45°	TD
Mg-0.5Sn-True	239	251	266	130	137	157	9.4	9.0	7.5	0.33	0.32	0.32

续表

合金	UTS/MPa			YS/MPa			FE/%			n		
	ED	45°	TD	ED	45°	TD	ED	45°	TD	ED	45°	TD
Nominal	212	224	240	123	137	155	10.4	10.7	8.1			
Mg-1Sn-True	233	242	264	132	142	156	9.8	8.4	7.9	0.38	0.34	0.31
Nominal	207	218	240	129	135	155	10.2	9.0	8.3			
Mg-2Sn-True	232	260	286	127	145	161	9.0	11.5	10.4	0.37	0.33	0.31
Nominal	208	227	253	121	127	153	11.5	14.2	13.3			
Mg-2.5Sn-True	247	270	331	134	156	218	10.3	11.4	9.0	0.34	0.3	0.25
Nominal	218	238	296	133	148	212	11.2	12.2	9.4			

图 5.4 所示为不同 Sn 含量的 Mg-Sn 挤压板材的宏观织构图。从图中可以看出 4 种 Mg-Sn 挤压板材(0002)基面极图的极轴均在中心位置,这说明 4 种成分的合金板材组织中的晶粒均以基面取向为主。将最低织构水平统一定为 1.0 mrd(multiples random distribution)来对比不同 Sn 含量的板材弱取向织构的变化情况。从图中可以看出,随着 Sn 含量的增加,板材(0002)基面极图的织构越来越发散,弱取向范围越来越广,与之相对应,板材的基面织构强度也越来越弱。

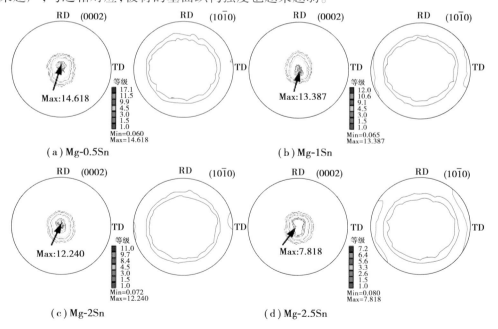

图 5.4　Mg-Sn 挤压板材的宏观织构

基于第一性原理的计算结果,Sn 原子的固溶能降低镁合金非基面与基面的 CRSS 比值。Sn 含量越高,镁合金中固溶的 Sn 原子越多,镁合金非基面与基面的

CRSS 比值下降幅度越大,塑性变形时非基面滑移的贡献越多,变形后板材中非基面取向的晶粒所占的比例就越大。随着 Sn 含量的增加,合金中第二相增多,脆硬的第二相本应割裂基体,使得材料的延伸率下降。实际结果显示,在挤压板材强度提高的同时不但没有牺牲延伸率,反而略有提高。因此,Sn 的固溶能大大提高镁合金的塑性。

图 5.5 所示为实验合金沿 ED、45°方向以及 TD 进行室温拉伸后的断口形貌。

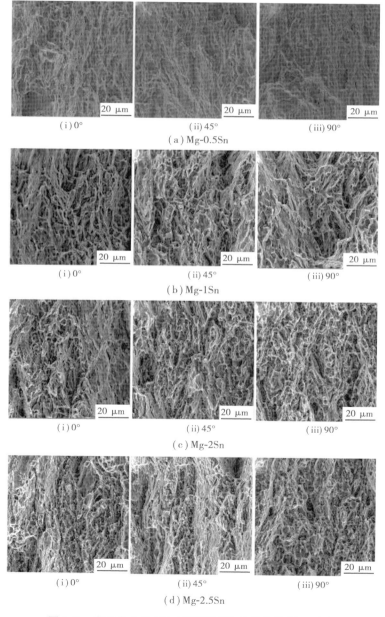

图 5.5　实验合金沿 ED、45°以及 TD 拉伸后的断口形貌

当 Sn 含量较低时,断口中分布着较多深浅不一的韧窝,韧窝的尺寸也有明显的区别,同时还夹杂着大量的解理纹。说明 Sn 含量较低时,材料的断裂特征处于解理断裂与韧性断裂之间。而随着 Sn 含量的增多,断口中分布的韧窝变得较为均匀细小,只有少量的解理纹表现为韧性断裂特征。

5.2　Mg-Al-Sn 相图及合金设计

前述研究表明,Mg-Sn 二元合金的强度和延伸率还不够理想,仍需进一步提高其性能,需发展多种强化方式的多元含 Sn 镁合金。Al 由于在镁基体中较强的固溶强化效果,作为主要的合金化元素被广泛应用于镁合金中。目前,以 Al 为主要合金化元素的商用镁合金有 Mg-Al-Zn(AZ)和 Mg-Al-Mn(AM)系,其 Al 元素的含量具有非常大的成分范围,可从 3% 到 9%。由于 Al 和 Sn 之间不形成化合物,Mg-Al-Sn 系镁合金可兼具 Al 元素的固溶强化和 Mg_2Sn 的弥散强化能力,正发展成为一种性能优良的新型镁合金。

相图是合金设计的主要依据。在 Mg-Al-Sn 体系相图研究方面,Doernberg 等通过实验验证并通过热力学构建了 Mg-Al-Sn 体系的相图;Kang 等利用 Factsage 对三元体系进行了优化。为此,本章将以报道的 Mg-Al-Sn 体系的热力学数据为基础构建 Mg-Al-Sn 相图,并用实验验证 Mg-Al-Sn 相图,在此基础上设计不同相组成的 Mg-Al-Sn 合金。所利用的软件为 Thermo-calc 以及 Pandant。

Mg-Al-Sn 体系中的 3 个二元相图如图 5.6 所示。从二元相图可知,Mg-Al 体系含 $Al_{30}Mg_{23}$,Al_3Mg_2 和 $Mg_{17}Al_{12}$ 3 个化合物;Mg-Sn 体系仅有一个 Mg_2Sn 化合物;而 Al-Sn 体系中并没有化合物;从文献中也没有发现该体系有三元化合物。根据 Doernberg 的报道,Mg-Al-Sn 400 ℃ 等温截面如图 5.7 所示。本体系中所有化合物、Al、Mg、Sn 的空间群以及晶包参数详见表 5.2。

表 5.2　Mg-Al-Sn 体系的物相及晶体结构

样品	空间群	点阵常数/Å		
		a	b	c
Al(FCC)	$Fm\overline{3}m$	4.0488	—	—
Mg(Hcp)	P63/mmc	3.208 9	—	5.210 1
Sn(Bct)	I41/amd	5.831 8	—	3.181 8
$Al_3Mg_2(\beta)$	$Fd\overline{3}m$	28.16 ~ 28.24	—	—
$Mg_{17}Al_{12}(\gamma)$	$I\overline{4}3m$	10.543 8	—	—
Mg_2Sn	$Fm\overline{3}m$	6.765	—	—
$Mg_{23}Al_{30}(\varepsilon)$	$R\overline{3}$	12.825 4	—	—

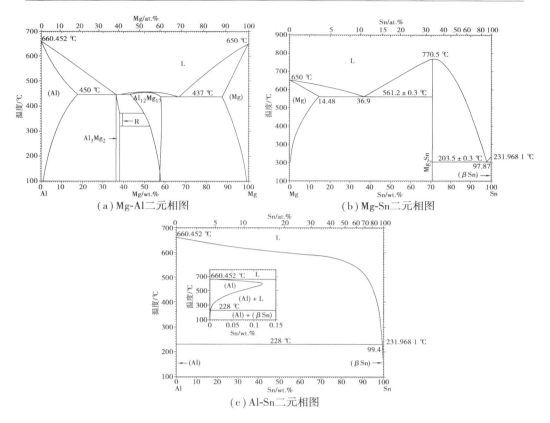

（a）Mg-Al二元相图

（b）Mg-Sn二元相图

（c）Al-Sn二元相图

图 5.6　Mg-Al-Sn 体系二元相图

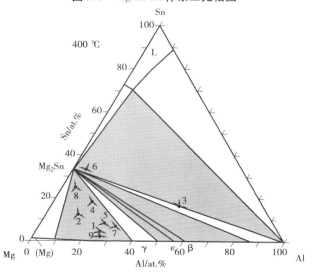

图 5.7　400 ℃ 等温截面

5.2.1 相图的构建与验证

(1)热力学相图的构建

由于本体系没有三元化合物,Al-Mg、Al-Sn 二元体系热力学数据选自 COST507;Al-Sn 体系采用 Din 修正后的 $^0L^{fcc}$Al,Sn = 43 410.66 + 11.768 12 × T;Mg-Sn 二元热力学数据采用 S. Fries 对 Mg-Sn 二元体系优化的数据;由于三元固相固溶度很小,所以仅需要增加三元液相的描述。图 5.8 所示是计算所得的 Mg-Al-Sn 液相投影面,图 5.9 所示为本次工作推导的 Mg-Al-Sn 三元系的完整反应图,Mg-Al-Sn 体系相关的热力学数据见表 5.3。

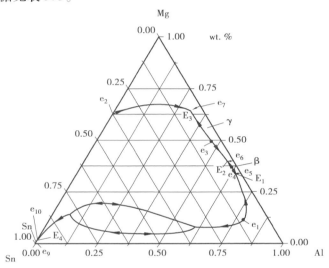

图 5.8 Mg-Al-Sn 液相投影面

表 5.3 零变量反应

T/ ℃	相变反应	类型	相	Al/wt. %	Mg/wt. %	Sn/wt. %
602	Liquid ↔ Mg₂Sn + Fcc	e₁	Liquid	87.96	11.12	0.92
			Mg₂Sn	0	90.73	9.27
			Fcc	97.77	2.216	0.004
448	Liquid ↔ Mg₂Sn + Fcc + β	E₁	Mg₂Sn	0	90.73	9.27
			β	58.47	41.53	0
			Fcc	81.44	18.53	0.03
			Liquid	60.47	39.46	0.07

续表

T/ ℃	相变反应	类型	相	Al/wt. %	Mg/wt. %	Sn/wt. %
446	Liquid ↔ Mg$_2$Sn + β + γ	E$_2$	Liquid	54.35	45.56	0.09
			Mg$_2$Sn	0	90.73	9.27
			β	58.47	41.53	0
			γ	49.37	50.63	0
430	Liquid ↔ Mg$_2$Sn + γ + Hcp	E$_3$	Liquid	29.96	69.52	0.52
			Mg$_2$Sn	0	90.73	9.27
			Hcp	44.98	54.97	0.05
			γ	49.37	50.63	0
198	Liquid ↔ Mg$_2$Sn + Bct + Fcc	E$_4$	Liquid	2.89	31.32	65.79
			Bct	3	0	97
			Fcc	100	0	0
			Mg$_2$Sn	0	90.73	9.27
455	Liquid ↔ Mg$_2$Sn + γ	e$_3$	Liquid	43.33	56.48	0.19
			Mg$_2$Sn	0	90.73	9.27
			γ	49.37	50.63	0
450	Liquid ↔ Mg$_2$Sn + β	e$_4$	Liquid	0.98	8.67	90.35
			Mg$_2$Sn	0	90.73	9.27
			β	58.47	41.53	0
410	γ + β ↔ Mg$_2$Sn，ε	D1	γ	47.97	52.03	0
~250	ε + β ↔ Mg$_2$Sn，γ	D2	γ	43.80	56.20	0

（2）相图的验证

为验证 Mg-Al-Sn 相图的正确性，参照 Mg-Al-Sn 300 ℃ 等温截面，在 300 ℃ 做 3 个平衡试样，合金在三元相图中的分布如图 5.10 所示。所有样品均在六氟化硫与二氧化碳混合气体保护下熔炼，在 430 ℃ 真空条件下退火 30 天，以每天 50 ℃ 的降温速度降至 300 ℃，300 ℃ 保温 7 天，在冰水混合物中淬火得到 Mg-Al-Sn 合金平衡试样。

1 号样品的成分为 Mg$_{70}$Al$_{15}$Sn$_{15}$（质量分数，本章中若没有特别标注均为质量分数）。XRD 图谱如图 5.11 所示，从图中可以看出该样品含有 3 个相，分别是 α-Mg，Mg$_2$Sn 及 Mg$_{17}$Al$_{12}$；同时，通过该试样的 SEM-BSE 以及 EDS（图 5.12）结果进一步验

证了该试样包含 Mg, Mg_2Sn, $Mg_{17}Al_{12}$ 三相, 由此确定了图 5.10 所示 1 号样品的相区。

3 号样品的成分为 $Mg_{25}Al_{55}Sn_{20}$。该平衡试样的 XRD 图谱如图 5.13 所示, 该试样含有 3 个相, 分别是 Al, Al_3Mg_2 和 Mg_2Sn。此外, 通过该试样的 SEM-BSE 图片(图 5.14)可以确定该试样包含 3 个相, 分别为明亮的、灰色上凸的和灰色下凹的相; 结合 EDS 进一步判断这 3 个相分别为 Mg_2Sn, Al_3Mg_2 和 Al。由于 Al_3Mg_2 与 $Al_{30}Mg_{23}$ 成分相近, 很难直接从 EDS 结果区分, 所以该试样的相组成主要由 SEM 和 EDS 佐证, XRD 结果确定。上述 XRD, SEM + EDS 结果确定了图 5.10 Mg-Al-Sn 相图中的 3 号样品所在的相区。

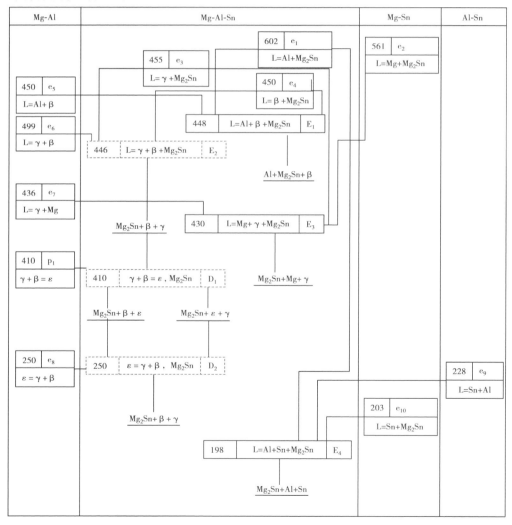

图 5.9　Mg-Al-Sn 体系反应图

　　通过上述两个试样,利用相区接触法则,可以确定 Mg-Al-Sn 体系 300 ℃等温截面的相关系。通过对样品 2 号平衡试样 $Mg_{40}Al_{40}Sn_{20}$ 做相组成检测可以进一步验证该结果的正确性。$Mg_{40}Al_{40}Sn_{20}$ 试样的 XRD 图谱如图 5.15 所示。由于 2004 PDF 卡片库里没有 $Al_{30}Mg_{23}$ 相的标准 PDF 卡片,根据 $Al_{30}Mg_{23}$ 相的原子占位(表 5.4),利用 PCW 软件,完成了 $Al_{30}Mg_{23}$ 相的衍射图谱(图 5.16);对样品 2 号 XRD 图谱进行比对可知该试样含有 3 个相,分别是 $Mg_{17}Al_{12}$,$Al_{30}Mg_{23}$ 以及 Mg_2Sn。由此确定了 Mg-Al-Sn 相图中的样品 2 号所在的相区。如图 5.17 所示为样品 2 号的 SEM 以及 EDS 结果,从图中可以看出该试样含 3 个相。

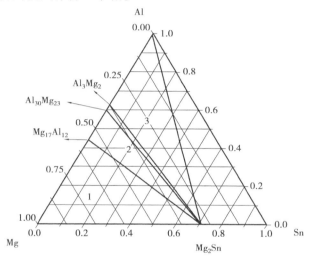

图 5.10　平衡试样布点图

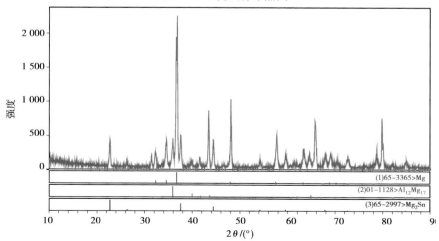

图 5.11　$Mg_{70}Al_{15}Sn_{15}$ 平衡试样的 XRD 图谱

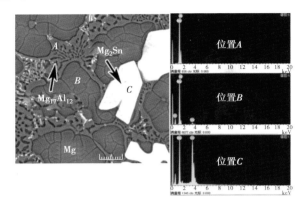

图 5.12　$Mg_{70}Al_{15}Sn_{15}$ 试样的 SEM 照片

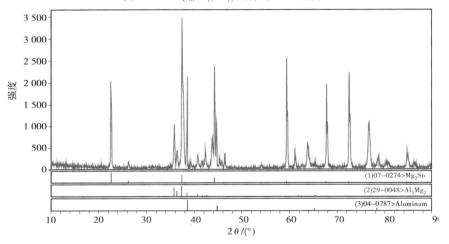

图 5.13　$Mg_{25}Al_{55}Sn_{20}$ 平衡试样的 XRD 图谱

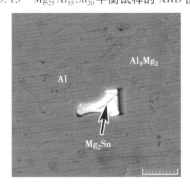

图 5.14　$Mg_{25}Al_{55}Sn_{20}$ 试样的 SEM 照片

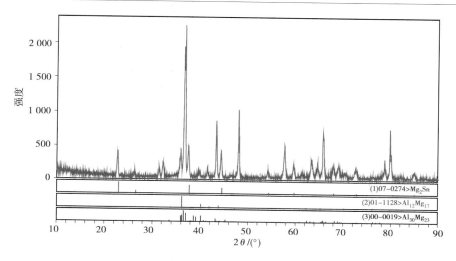

图 5.15　$Mg_{40}Al_{40}Sn_{20}$ 平衡试样的 XRD 图谱

表 5.4　化合物 $Al_{30}Mg_{23}$ 的原子占位

$Al_{30}Mg_{23}$；$R\bar{3}$；空间群：148；点阵常数 $a = 1.28254$ nm.					
原子	位置	x	y	z	占位
Mg1	3b	0	0	0.5	1
Mg 2	6c	0	0	0.339 26	1
Mg 3	6c	0	0	0.077 12	1
Al1	18f	0.088 90	0.236 32	0.001 71	1
Al2	18f	0.229 91	0.265 50	0.104 53	1
Al3	18f	0.116 04	0.131 80	0.201 43	1
Al4	18f	0.219 08	0.031 71	0.271 75	1
Al5	18f	0.184 43	0.444 28	0.071 18	1
Mg4	18f	0.262 87	0.043 20	0.124 66	1
Mg5	18f	0.436 44	0.072 82	0.015 34	1
Mg6	18f	0.175 56	0.398 57	0.207 06	1

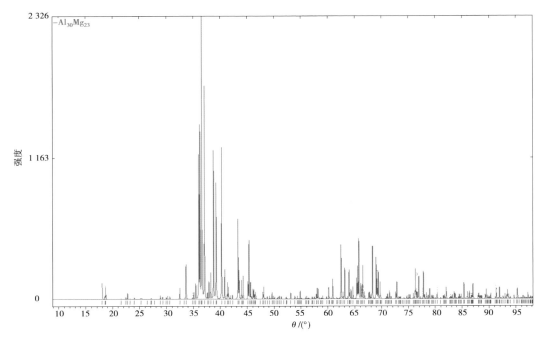

图 5.16 $Al_{30}Mg_{23}$ 化合物的衍射图谱

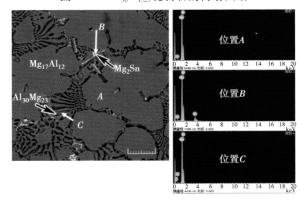

图 5.17 $Mg_{45}Al_{50}Sn_5$ 试样的 SEM 照片

综上所述,Mg-Al-Sn 三元系 300 ℃ 相区分布如图 5.10 所示,没有检测到三元化合物的存在,与我们构建的和已报道的相组成关系一致。本体系 300 ℃ 等温截面含有 7 个单相区:α-Mg,Al,Sn,$Mg_{17}Al_{12}$,$Al_{30}Mg_{23}$,Al_3Mg_2,Mg_2Sn;11 个两相区:Al-Al_3Mg_2,Al_3Mg_2-$Mg_{17}Al_{12}$,Mg-$Mg_{17}Al_{12}$,Mg-Mg_2Sn,Mg_2Sn-Sn,Sn-Al,Mg_2Sn-Al_3Mg_2,Mg_2Sn-$Mg_{17}Al_{12}$,Mg_2Sn-Al,Al_3Mg_2-$Al_{30}Mg_{23}$,Mg_2Sn-$Al_{30}Mg_{23}$;5 个三相区:Mg_2Sn-$Mg_{17}Al_{12}$-Mg,Mg_2Sn-$Mg_{17}Al_{12}$-Al_3Mg_2,Mg_2Sn-Al-Al_3Mg_2,Mg_2Sn-Al-Sn,Al_3Mg_2-Mg_2Sn-$Al_{30}Mg_{23}$。

5.2.2　合金设计

根据热力学数据计算出 300 ℃ 和 500 ℃ 等温截面(图 5.18)。由相图可知 Sn，Al 在 Mg 中的固溶度都随温度降低而降低，对比发现 Sn 在 Mg 中的固溶度随温度降低而下降的幅度比铝大。500 ℃ 时 Sn 在 Mg 中的固溶度达 9.6%，300 ℃ 时 Sn 在 Mg 中的固溶度仅 1.6%。Al 在 Mg 中的固溶度随温度下降(500 ℃ 降到 300 ℃)从 7.7% 降到 6.5%，变化较小。该体系没有三元化合物，富 Mg 端含 $Mg_{17}Al_{12}$ 和 Mg_2Sn 两个化合物，这两个化合物互相没有固溶度，有成为 Mg-Al-Sn 合金的两种强化相的可能性。Elsayed 在 Mg-10Sn-3Al-1Zn 合金的时效硬化研究中发现，Al 可有效改善 Mg-Sn 合金中 Mg_2Sn 的形貌，在 Mg-Al-Sn 体系中可析出较多形貌较好的 Mg_2Sn 强化相。同时，由于 Al 在 Mg 中的固溶强化效果较好，固溶度很大，Mg-Al-Sn 合金中 Al 主要起固溶强化的作用。因此，Sn 元素在 Mg-Al-Sn 合金中的主要作用是与 Mg 形成 Mg_2Sn 起第二相强化作用，Al 元素较少时在合金中主要起固溶强化的作用，Al 元素较多时在合金中主要起固溶强化以及第二相强化的作用($Mg_{17}Al_{12}$)。综上分析，Mg-Al-Sn 合金含 Mg，$Mg_{17}Al_{12}$ 和 Mg_2Sn 三相，其强化方式主要包括固溶强化和第二相强化。

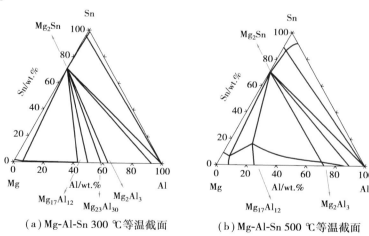

(a) Mg-Al-Sn 300 ℃ 等温截面　　　(b) Mg-Al-Sn 500 ℃ 等温截面

图 5.18　Mg-Al-Sn 等温截面相图

Chen 等的研究发现，在铸态 Mg-Sn 二元合金中，当 Sn 为 5wt.% 时，综合力学性能最好；另外，在挤压态 Mg-Sn 二元合金中，当 Sn > 5% 时，强度变化不明显，如 Mg-7Sn 合金的抗拉强度比 Mg-5Sn 合金仅高 10 MPa。向 AZ 系合金加入 5% Sn 后，合金耐腐蚀性明显提高，然而由于锡的价格较高，所以本章设计 Mg-Al-Sn 合金中 Sn 含量≤5%。

Mg-1Al-ySn，Mg-3Al-ySn，Mg-6Al-ySn，Mg-9Al-ySn 等浓度截面如图 5.19 所示。

参考上述相图设计不同相组成的 Mg-Al-Sn 合金。由 Mg-1Al-ySn 的等浓度截面图可将合金设计成只含 α-Mg 的单相合金或含 α-Mg,Mg$_2$Sn 的双相合金;在该体系合金中,Al 起固溶强化的作用,Mg$_2$Sn 起沉淀强化的作用。基于 Mg-3Al-ySn,Mg-6Al-ySn 和 Mg-9Al-ySn 可将合金设计成含 α-Mg 的单相合金或含 α-Mg,Mg$_2$Sn 两个相的合金或含 α-Mg,Mg$_{17}$Al$_{12}$ 两个相的合金,还可设计成含 α-Mg,Mg$_2$Sn,Mg$_{17}$Al$_{12}$ 3 个相的合金。

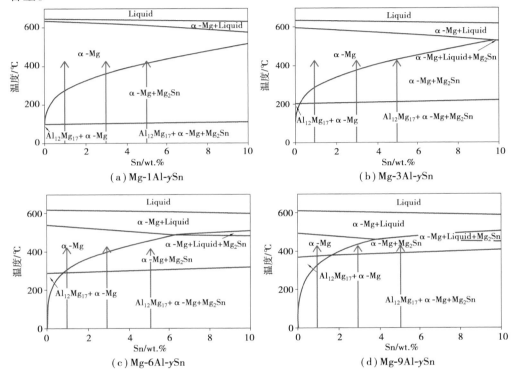

图 5.19　Mg-xAl-ySn 等温浓度截面相图

在考虑上述因素之后,合金成分定为:Mg-xAl-ySn($x = 1,3,6,9;y = 1,3,5$)。从等浓度截面相图可知,可以通过温度、合金成分的控制获得不同相组成、不同相含量的合金,从而分析确认 Mg-Al-Sn 合金的强化机制,优化 Mg-Al-Sn 合金的成分。Andreatta 等的研究发现,镁合金中的杂质 Fe 会严重影响合金的耐腐蚀性能,Mn 是镁合金中一种有效的除杂元素。因此,在 Mg-Al-Sn 合金中添加 0.3% 的少量 Mn,可以在不影响 Mg-Al-Sn 合金的相关系情况下达到合金熔体净化的效果。根据相图设计 Mg-xAl-ySn-0.3Mn($x = 1,3,6,9;y = 1,3,5$)12 个合金。在本书中 Mg-Al-Sn-Mn 合金可简称为 ATM 合金(如 Mg-6Al-3Sn-0.3Mn 可简写为 ATM630)。

5.3　Mg-Al-Sn-Mn 铸造合金组织与性能

在铸造合金中,合金的屈服强度一般取决于固溶元素、晶粒尺寸(或枝晶间距)和所含第二相的体积分数、种类与形貌。由相图可知 Mg-Al-Sn-Mn 体系含 $Mg_{17}Al_{12}$ 和 Mg_2Sn 两个第二相。本体系中 Sn 和 Al 的成分变化范围较大,影响合金强度的因素主要源于元素在 Mg 中的固溶度、合金的晶粒度和第二相含量这 3 个方面。

下面将以设计的 12 种 Mg-xAl-ySn-0.3Mn($x = 1,3,6,9$;$y = 1,3,5$)合金为基础,研究 Al,Sn 含量对铸造合金的凝固特性、组织成因以及力对学性能的影响。

5.3.1　Mg-Al-Sn-Mn 相组成与显微组织

(1)Mg-Al-Sn-Mn 合金相组成

图 5.20 所示为 Sn 含量相同 Al 含量不同的铸态 ATM 合金的 XRD 图谱。当 Sn 含量为 1% 时,ATM110 为单相合金,只含 α-Mg 相;ATM310 的 XRD 图谱中有较弱的 $Mg_{17}Al_{12}$ 衍射峰,含少量 $Mg_{17}Al_{12}$ 相;当 Al 含量为 6% 和 9% 时,XRD 图谱中有较强的 $Mg_{17}Al_{12}$ 衍射峰;同时,当 Al 含量为 9% 时,2θ 角 23° 位置出现了 Mg_2Sn 衍射峰,表明随着 Al 含量的增加,Sn 在 Mg 中的固溶度减小,从而生成 Mg_2Sn 相。当 Sn 含量为 3% 时,随着 Al 含量的增加,XRD 图谱中 $Mg_{17}Al_{12}$ 衍射峰强度相应增加[图 5.20(b)];当 Al 含量为 6% 时,XRD 图谱中出现了 Mg_2Sn 衍射峰;Al 含量增加到 9% 时,Mg_2Sn 的衍射峰更明显,表明 Mg_2Sn 相增多。由图 5.20(c)可知,含 Sn 为 5% 的合金均含 Mg_2Sn 相,并且 $Mg_{17}Al_{12}$ 和 Mg_2Sn 的含量随着 Al 的增加而增加。所有的合金都没有检测到含 Mn 相,可能是因为 Mn 含量较少。

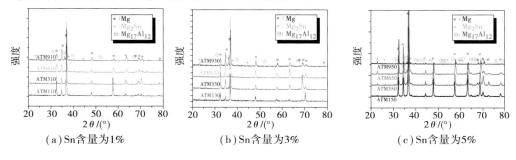

(a)Sn 含量为1%　　　　(b)Sn 含量为3%　　　　(c)Sn 含量为5%

图 5.20　铸态 Mg-Al-Sn-Mn 合金 XRD 图

从富 Mg 端 Mg-Al-Sn 相图(图 5.21)中可以看出,随着 Al 含量的增加,Sn 在 Mg 中的固溶度减小。因此,在 Mg-Al-Sn-Mn 合金中随 Al 含量增加 Mg_2Sn 也增加。

图 5.22 所示为相同 Al 含量不同 Sn 含量合金的 XRD 衍射图谱。当 Al 为 1% 时,随 Sn 含量的增加 Mg_2Sn 相增加,但没有 $Mg_{17}Al_{12}$ 衍射峰,表明所有的 Al 均固溶

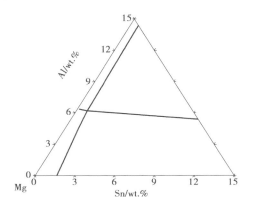

图 5.21　Mg-Al-Sn 体系富 Mg 端 300 ℃等温界面

进了 Mg 基体中。当 Al 为 3%时,1% Sn 含量合金中没有 Mg_2Sn 衍射峰;Sn 含量增加到 3% 时,2θ 角 23°位置出现较弱的 Mg_2Sn 衍射峰;Sn 含量进一步增加到 5% 时,Mg_2Sn 衍射峰强度增加,并出现较弱的 $Mg_{17}Al_{12}$ 衍射峰,表明增加 Sn 含量将降低 Al 在 Mg 中的固溶度。

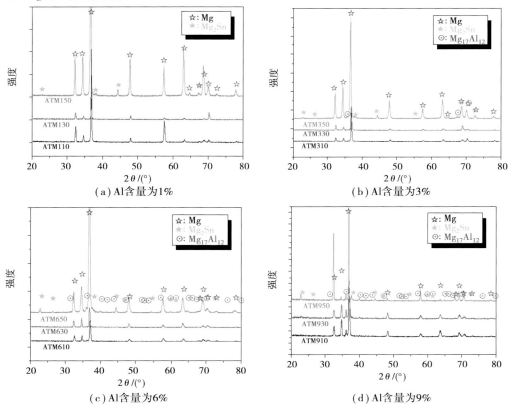

图 5.22　铸态 Mg-Al-Sn-Mn 合金 XRD 图谱

Mg-6Al-ySn-0.3Mn 合金与 Mg-3Al-ySn-0.3Mn 合金的相组成规律一致[图 5.22(c)],1% Sn 含量合金没有 Mg$_2$Sn 衍射峰;当 Sn 增加到 3% 时,2θ 角 23°位置出现较弱的 Mg$_2$Sn 衍射峰;当 Sn 含量为 5% 时,Mg$_2$Sn 衍射峰强度增强;所有合金均含有 Mg$_{17}$Al$_{12}$ 相;同时,Mg$_{17}$Al$_{12}$ 的衍射峰强度随 Sn 含量的增加而增加。Mg-9Al-ySn-0.3Mn合金含 Mg$_{17}$Al$_{12}$,Mg$_2$Sn 和 α-Mg 3 个相,该合金与 Mg-6Al-ySn-0.3Mn 合金的相组成规律一致[图 5.22(c)],随着 Sn 含量的增加,Mg$_2$Sn 和 Mg$_{17}$Al$_{12}$ 相的衍射峰强度均增加。

(2)铸态 Mg-Al-Sn-Mn 合金组织

图 5.23 所示为铸态 Mg-xAl-1Sn-0.3Mn 合金组织。当 Al 含量小于 6% 时,随着 Al 含量的增加,合金的晶粒不断细化,平均晶粒尺寸见表 5.5。相对于 ATM110 合金的晶粒尺寸(>1 mm),ATM310 合金组织明显细化(~300 μm)。结合图 5.24 合金的 SEM 照片发现,ATM110 合金无明显衬度;ATM310 合金中有少量的 Mg$_2$Sn 和 Mg$_{17}$Al$_{12}$ 相存在于晶界处,XRD 结果中没有 Mg$_2$Sn 可能是含量较少所致。ATM610 合金晶粒显著细化(~68 μm),在晶界处有较多的离异共晶 Mg$_{17}$Al$_{12}$ 和少量细小的 Mg$_2$Sn,绝大多数 Mg$_2$Sn 被离异共晶 Mg$_{17}$Al$_{12}$ 包裹,Mg$_2$Sn 与离异共晶 Mg$_{17}$Al$_{12}$ 呈伴生关系。由于 Mg$_2$Sn 的熔点高于 Mg$_{17}$Al$_{12}$,Mg$_2$Sn 有作为离异共晶 Mg$_{17}$Al$_{12}$ 的异质形核点的可能。假设高熔点的 Mg$_2$Sn 是离异共晶 Mg$_{17}$Al$_{12}$ 的异质形核点,Mg$_2$Sn 对离异共晶 Mg$_{17}$Al$_{12}$ 将有一定的改性作用。

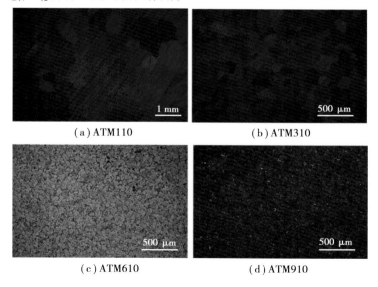

(a) ATM110   (b) ATM310

(c) ATM610   (d) ATM910

图 5.23 铸态 Mg-xAl-1Sn-0.3Mn 合金组织

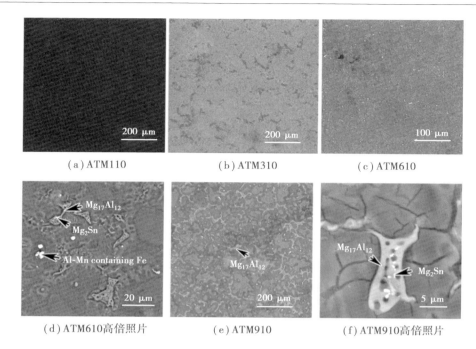

图 5.24　铸态 Mg-xAl-1Sn-0.3Mn 合金 SEM 照片

表 5.5　铸态合金的晶粒尺寸

合金	晶粒尺寸/μm	枝晶间距/μm
ATM110	1 523	—
ATM310	314	—
ATM610	68	—
ATM910	63	—
ATM130	925	25
ATM330	286	13
ATM630	60	—
ATM930	58	—
ATM150	753	27
ATM350	357	11
ATM650	60	—
ATM950	56	—

　　值得注意的是,在本体系中发现了少量的 Al-Mn-Fe 相,据报道该相为 $Al_8(Fe,Mn)_5$,如 ATM610 合金 EDS 结果所示。该结果说明 Mn 的添加在一定程度上起到了除杂质元素 Fe 的作用。由于 Mn 含量很少,可以推断所有的合金均含有少量的 Al-Mn,$Al_8(Fe,Mn)_5$ 相,较难影响合金中主要第二相(Mg_2Sn,$Mg_{17}Al_{12}$)的相关系及含量,且所有合金 Mn 含量均一致,为方便讨论,本章内容均忽略 Mn 的影响。

　　在以 Al 元素为主要合金化元素的合金中,根据经典的固液界面原子扩散原理,在凝固过程中 Al 原子在固液界面前端富集,随着 Al 元素浓度的增加,液相中的 Al 元素浓度达到 Mg-Al 共晶点时发生共晶反应,在固液界面处形成 $Mg_{17}Al_{12}$。根据物理冶金学原理,颗粒在高温条件下将有效阻碍界面的移动,假定颗粒为球形,则颗粒对单位面积界面的拖曳力可表示为:

$$B = \frac{n \cdot f \cdot \gamma}{2r} \tag{5.1}$$

式中　f——颗粒的体积分数;

　　　r——颗粒半径;

　　　γ——界面能;

　　　B——颗粒对单位面积界面的拖曳力;

　　　n——常数。

　　所以随着 Al 元素的增加,$Mg_{17}Al_{12}$ 相增加,即 f 增加→B 增加,最终能有效阻碍晶粒长大,细化晶粒。另一方面,固溶元素对晶粒的细化可由生长限制因子 $C_0 m(k-1)$(GRF)表示,其中 m 为二元相图固液线的斜率,C_0 为合金化元素的浓度,k 是比例系数。Al 的 GRF 值为 4.32,在 Mg-xAl-1Sn-0.3Mn 合金中,随 Al 含量的增加合金的晶粒不断细化,该细化机制和 AM 以及 AZ 系铸造合金的细化机制类似。

　　图 5.25 所示为铸态 Mg-xAl-3Sn-0.3Mn 合金组织。与 Mg-xAl-1Sn-0.3Mn 变化趋势相同,随 Al 含量的增加合金的晶粒不断细化,平均晶粒尺寸见表 5.5。当 Al 为 1% 和 3% 时,合金为枝晶组织,枝晶间距分别为 ~25 μm 和 ~13 μm;当 Al≥6% 时,合金为等轴晶组织。由图 5.26 所示的合金 SEM-BSE 照片可知,当 Al 为 1% 和 3% 时,Sn 主要富集在晶界或枝晶间处。此外,ATM330 合金还含少量的 Mg_2Sn 和 $Mg_{17}Al_{12}$ 相。较多的 Mg_2Sn 和离异共晶 $Mg_{17}Al_{12}$ 相分布于 ATM630 合金的晶界处;由高倍 SEM-BSE[图 5.26(d)]可知,ATM630 合金含较粗大的 Mg_2Sn 相,Mg_2Sn 与离异共晶 $Mg_{17}Al_{12}$ 呈伴生关系[图 5.26(e)EDS 线扫可清楚区分伴生 Mg_2Sn 与离异共晶 $Mg_{17}Al_{12}$ 相的元素分布];ATM930 合金的第二相比 ATM630 合金多,分布规律一致。

　　如图 5.27 所示,铸态 Mg-xAl-5Sn-0.3Mn 合金组织与 Sn 为 1% 和 3% 的合金相同,随 Al 含量的增加合金的晶粒不断细化,平均晶粒尺寸见表 5.5。ATM150,ATM350 合金的组织为树枝晶状,ATM150 合金与 ATM130 合金的枝晶间距相差不大,

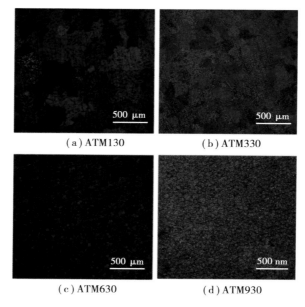

图 5.25　铸态 Mg-xAl-3Sn-0.3Mn 合金组织

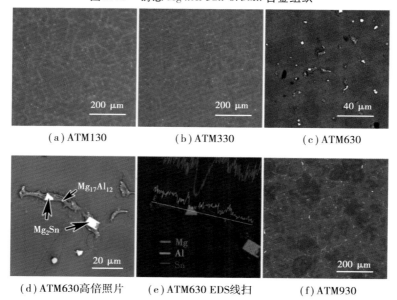

图 5.26　Mg-xAl-3Sn-0.3Mn 合金扫描图片

约为 2 μm。当 Al≥6% 时,合金为等轴晶组织。合金 SEM-BSE 如图 5.28 所示,ATM150 的 Sn 主要富集在晶界和枝晶间处;ATM350 中含有大量的 Mg_2Sn 和 $Mg_{17}Al_{12}$ 相分布于晶界处,与 XRD 结果一致;ATM650 中可以明显观察到粗大的 Mg_2Sn 和离异共晶 $Mg_{17}Al_{12}$ 呈伴生状态。

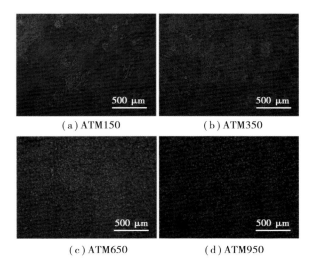

图 5.27　铸态 Mg-xAl-5Sn-0.3Mn 合金组织

　　综上所述,在相同 Sn 含量的 Mg-Al-Sn-Mn 铸造合金中,随 Al 含量的增加合金组织由树枝晶转变为等轴晶,晶粒不断细化,第二相(Mg_2Sn 和 $Mg_{17}Al_{12}$)含量逐渐增加;Mg_2Sn 与离异共晶 $Mg_{17}Al_{12}$ 相呈伴生状态分布于晶界处。

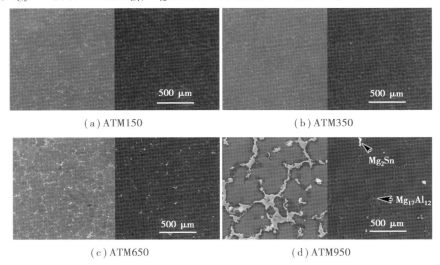

图 5.28　铸态 Mg-xAl-5Sn-0.3Mn 合金 SEM 照片

　　通过对比 Mg-1Al-ySn-0.3Mn 合金组织发现,当 Al 含量为 1% 时合金为等轴晶,随 Sn 含量的增加,合金转变为树枝晶组织;同时,Sn 元素富集在了晶界或枝晶间处[图 5.26(a)、图 5.28(a)]。树枝晶组织的形成以及 Sn 元素偏聚的产生是由于 Sn 在 Mg 中的固溶度随温度的降低而下降很快,合金凝固过程中在结晶前沿造成较大的溶质富集,以及成分过冷。

多元合金凝固时较宽成分过冷区的树枝晶生长的条件是:界面处实际温度梯度小于等于相应合金相图中的液相线温度梯度。由于合金中 Mn 含量很少,只消耗少量的 Al,对合金主要第二相(Mg_2Sn,$Mg_{17}Al_{12}$)的相关系以及含量影响很小,为简单起见,合金凝固时仅考虑 Mg-Al-Sn 主要合金化元素(此后讨论凝固的部分也忽略了 Mn 的影响)。假定固液界面溶质分配达到平衡,固相无扩散;液相混合均匀,无对流,成分过冷的判据可推导如下:

$$\frac{G}{R} \leqslant \frac{m_{Al}C_0^{Al}(1-K_{Al})}{K_{Al}D_{Al}} - \frac{m_{Sn}C_0^{Sn}(1-K_{Sn})}{K_{Sn}D_{Sn}} \tag{5.2}$$

式中 G——界面处熔体的温度梯度;

R——晶体生长速度;

m_{Al}——含 Al 量为 C_0^{Al} 时,Mg-Al-Sn 液相面的斜率;

m_{Sn}——含 Sn 量为 C_0^{Sn} 时,Mg-Al-Sn 液相面的斜率;

C_0^{Al},C_0^{Sn}——分别为合金中 Al,Sn 的初始含量;

K_{Al},K_{Sn}——分别为 Al,Sn 的平衡分配系数;

D_{Al},D_{Sn}——分别为 Al,Sn 的平衡扩散系数。

$$\Delta T_0^{Al} = -\frac{m_{Al}C_0^{Al}(1-K_{Al})}{K_{Al}} \tag{5.3}$$

$$\Delta T_0^{Sn} = -\frac{m_{Sn}C_0^{Sn}(1-K_{Sn})}{K_{Sn}} \tag{5.4}$$

式中 ΔT_0^{Al},ΔT_0^{Sn}——分别为 Mg-Al-Sn 相图中富 Al、富 Sn 角固液相面的结晶温度间隔。

将式(5.2)、式(5.4)代入式(5.2),则:

$$\frac{G}{R} \leqslant \frac{\Delta T_0^{Al}}{D_{Al}} + \frac{\Delta T_0^{Sn}}{D_{Sn}} \tag{5.5}$$

因此,Al 含量为 1% 时,在 G/R 一定的条件下,Sn 含量增加则 C_0^{Sn} 增大,合金结晶温度间隔 ΔT_0^{Sn} 也将增大,从而合金的成分过冷也将增大,更利于形成树枝晶。如果在凝固过程中,固液界面有任何凸起,进一步促进枝晶的生长;同时不断向周围的熔体中"排出"多余的溶质元素 Sn,凹陷区的溶质向液相扩散比凸起区域向液相扩散更困难,凹陷区溶质元素 Sn 增加速度更快;凸起区域快速生长的结果导致凹陷区的溶

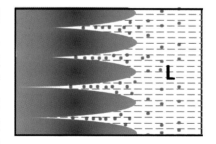

图 5.29 树枝晶生长示意图

质元素 Sn 不断富集,最终形成 Sn 元素富集在枝晶间处(图 5.29)。

此外,当固液界面前过冷较大处的过冷超过晶核形核所需的过冷度时,可促进界面前方液相中新晶核的形成;同时,使枝晶分支形成细的缩颈,易于熔断脱落,进而细化晶粒。所以在 Al 含量为 1% 的合金中,随着 Sn 含量的增加,合金的晶粒度发生了一定程度的细化。

在 Al 含量较高的合金中(Al 大于 3%),由相图可知 Mg-Al-Sn 共晶温度很低($428\ ^{\circ}\mathrm{C}\ L{\rightarrow}Mg_2Sn + Mg_{17}Al_{12} + \alpha\text{-}Mg$),随着元素 Al 增加,$C_0^{Al}$ 增大,所以 ΔT_0^{Al} 将显著增加,最终过冷度也将显著增大,使枝晶分支形成细的缩颈,熔断脱落,促使组织从树枝晶转变为等轴晶。

对比 Mg-6Al-ySn-0.3Mn 组织,所有合金的晶粒均较小,ATM610,ATM630,ATM650 合金的晶粒尺寸分别为 125,110 和 90 μm。随着 Sn 含量的增加晶粒有一定程度的细化,但细化效果比 Al 弱。通过对比 Al 含量为 6% 不同 Sn 含量 SEM-BSE 的照片可知,Mg_2Sn 与离异共晶 $Mg_{17}Al_{12}$ 伴生,甚至几乎全部的 Mg_2Sn 被 $Mg_{17}Al_{12}$ 包裹。由于 Sn 的 GRF 值很小,固溶导致晶粒细化效果不明显;合金化元素 Sn 在凝固过程中主要是以第二相的形式于固液界面的前端析出,虽然增加 Sn 含量,Mg_2Sn 的体积分数增加,但在该体系中 Mg_2Sn 被离异共晶 $Mg_{17}Al_{12}$ 包裹或相邻析出,Mg_2Sn 并没有单独析出,所以 Sn 的晶粒细化效果并不明显。

Mg-9Al-ySn-0.3Mn 合金的显微组织随 Sn 含量变化的规律与 Mg-6Al-ySn-0.3Mn 合金规律相同。随着 Sn 含量的增加,合金晶粒一定程度细化,合金中的 Mg_2Sn 增加,并且几乎所有的 Mg_2Sn 均和 $Mg_{17}Al_{12}$ 伴生。

综上所述,当 Al≤3% 时,Sn 主要富集于晶界或枝晶间处;当 Al≥6% 时,合金组织由树枝晶转变为等轴晶,晶粒随 Sn 含量的增加而发生一定程度的细化。

5.3.2　铸造 Mg-Al-Sn-Mn 合金性能

(1)Al 含量对 Mg-Al-Sn-Mn 合金性能的影响

图 5.30 所示为相同 Sn 含量不同 Al 含量铸造合金的应力应变图,相应的力学性能结果见表 5.6。Sn 含量一定时,随着 Al 含量的增加,合金的屈服强度不断增加。这一结果的产生是由细晶强化、固溶强化和第二相强化综合作用引起的。

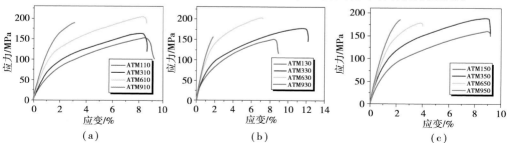

图 5.30　相同 Sn 含量,不同 Al 含量的 Mg-Al-Sn-Mn 铸造合金的应力应变图

表 5.6 Mg-Al-Sn-0.3Mn 系铸造合金的室温力学性能

样品	YS/MPa	UTS/MPa	E/%	F_V/%	$C_{Al/at.\%}$	$C_{Sn/at.\%}$	CALC. σ/MPa
ATM110	56	154	8.9	0.5	1.26	0.17	52.57
ATM310	73	165	7.5	1.1	1.51	0.16	70.06
ATM610	108	204	7.4	5.6	2.26	0.16	115.07
ATM910	132	190	1.7	8.7	3.26	0.17	150.53
ATM130	61	151	7.9	1.8	1.26	0.18	54.99
ATM330	78	179	11.1	2.3	1.88	0.17	83.64
ATM630	116	204	6	6.7	2.39	0.16	121.78
ATM930	140	157	0.55	9.1	3.38	0.14	155.98
ATM150	68	161	9.1	2.5	1.26	0.20	56.53
ATM350	85	190	8.1	3.6	2.01	0.19	86.48
ATM650	121	180	2.6	7.2	2.51	0.19	126.37
ATM950	156	184	0.8	10	3.767	0.17	169.75

1）细晶强化

由表 5.5 晶粒尺寸统计可以看出，随着 Al 含量的增加，合金的晶粒度不断减小。根据 Hall-Petch 公式：

$$\sigma = \sigma_0 + Kd^{-\frac{1}{2}} \tag{5.6}$$

式中　σ——合金的屈服强度；

　　　σ_0——位错运动所受的晶格阻力（通常与固溶到基体的合金化元素种类数量以及析出强化的第二相的种类、数量和形状等有关），在本体系中可以等价于 Mg 固溶体的屈服强度；

　　　d——平均晶粒直径；

　　　K——细晶强化系数，K 值范围一般为 170 MPa·$(\mu m)^{\frac{1}{2}}$ ~ 400 MPa·$(\mu m)^{\frac{1}{2}}$，该系数取决于晶界上位错源的密度和稳定性，同时还受溶质原子在晶界的偏析影响。

Al 元素在 Mg 中不偏析，K 可以看成一个常数，随着 Al 含量的增加晶粒度不断减小，由式（5.5）可知合金的屈服强度将不断增加。

2）固溶强化

由于 Al 含量增加，Al 在 Mg 中的固溶强化能力增强，根据公式：

$$\sigma_0 = k \cdot C^{\frac{2}{3}} \tag{5.7}$$

式中　k——常数；

　　　C——溶质原子的固溶度。

随着 Al 含量的增加固溶量 C 逐渐增加,所以合金的屈服强度将随 Al 含量的增加而逐渐增加。

3)第二相强化

由图 5.31 ATM950 合金的 TEM 照片可知,合金除了含微米量级的初生第二相,还含纳米量级的析出相,EDS 结果发现该析出相为 $Mg_{17}Al_{12}$,结合 XRD 以及 SEM 结果可以推断随着 Al 含量增加该析出相含量增加,根据公式:

$$\sigma = \frac{Gb}{2\pi \sqrt{1-\nu}\left(\frac{0.953-1}{\sqrt{f_v}}\right)d_t} \ln \frac{d_t}{b} \tag{5.8}$$

式中　G——基体的剪切模量,一般为 16.6 GPa;

　　　b——伯氏矢量,约为 3.21×10^{-10} m;

　　　ν——泊松比(0.35);

　　　d——析出相直径;

　　　f_v——析出相体积分数。

随着 Al 含量的增加第二相不断增加,合金强度将随第二相的增加不断增加。

在 Mg-Al-Sn-Mn 铸造合金中,Sn 含量一定,Al 含量增加,上述 3 种强化机制的综合作用使合金的屈服强度显著升高。合金的抗拉强度和延伸率取决于合金是否含粗大的第二相;当 Al 含量小于 6%,合金不含粗大的第二相(Mg_2Sn,$Mg_{17}Al_{12}$),合金的抗拉强度随 Al 含量的增加而增加,延伸率变化不大;当 Al 含量大于等于 6% 时,合金含粗大的第二相(Mg_2Sn,$Mg_{17}Al_{12}$),合金的抗拉强度和延伸率随 Al 含量的增加而降低。

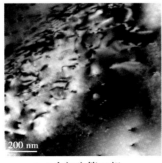
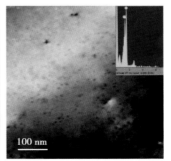

(a)含初生第二相　　　　　　　　(b)含纳米量级的析出相

图 5.31　ATM950 铸造合金的 TEM 照片

综上所述,在相同 Sn 含量不同 Al 含量的铸造合金中,合金的屈服强度随 Al 含量的增加不断增加;合金的抗拉强度和延伸率取决于合金中是否出现粗大的第二相，当合金中没有粗大的 Mg_2Sn 或者 $Mg_{17}Al_{12}$ 第二相时，合金具有较好的延伸率，合金的抗拉强度随着 Al 含量的增加而增加。当合金中有粗大的第二相时，合金的塑性将下降，合金的抗拉强度也降低。

（2）Sn 含量对 Mg-Al-Sn-Mn 合金性能的影响

图 5.32 所示为相同 Al 含量不同 Sn 含量的铸造合金屈服强度折线图。随着 Sn 含量的增加，合金屈服强度发生一定程度的增加，但幅度不大（5～10 MPa），提升效果比 Al 弱。

通过对比金相照片可以发现，Sn 的晶粒细化效果比 Al 差；结合 Mg-Sn 二元合金的固溶强化和 Mg-Al 二元合金的固溶强化效果，由式（3.9）可知：$\sigma_{Al} = 197.5 \cdot C^{\frac{2}{3}}$、$\sigma_{Sn} = 286 \cdot C^{\frac{2}{3}}$，Al 在 Mg 中的固溶强化能力小于 Sn。但是，在较低的温度下，Al 在 Mg 中的固溶度很大，Sn 在 Mg 中的固溶度很小，所以 Sn 的固溶强化效果比 Al 差。此外，由 XRD 以及 SEM 结果可知，在 Al 含量较低的合金（1% 和 3%）中大部分 Sn 都偏聚在了枝晶间处，Mg_2Sn 相含量很少；在 Al 含量较高的合金中，虽然有大量的 Mg_2Sn 生成，但大多数 Mg_2Sn 都被离异共晶 $Mg_{17}Al_{12}$ 相所包裹，Al 含量较高的合金组织示意图如图 5.33 所示，随着 Sn 含量的增加，离异共晶 $Mg_{17}Al_{12}$ 相发生一定程度的细化。

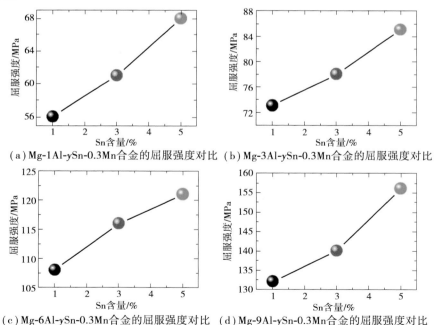

（a）Mg-1Al-ySn-0.3Mn合金的屈服强度对比　（b）Mg-3Al-ySn-0.3Mn合金的屈服强度对比

（c）Mg-6Al-ySn-0.3Mn合金的屈服强度对比　（d）Mg-9Al-ySn-0.3Mn合金的屈服强度对比

图 5.32　相同 Al 含量不同 Sn 含量的铸造合金屈服强度折线图

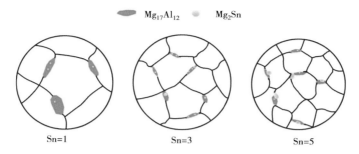

图5.33　Mg-Al-xSn-Mn(x = 1,3,5)合金显微组织示意图

合金的抗拉强度取决于合金是否含粗大的第二相。当 Al 含量小于等于3%时，合金不含粗大的第二相(Mg$_2$Sn，Mg$_{17}$Al$_{12}$)，合金的抗拉强度和延伸率随着 Sn 的增加变化并不明显；当 Al 含量大于等于6%时，合金含粗大的第二相，合金的抗拉强度和延伸率随着 Sn 含量的增加而降低。

（3）强度理论计算

根据多元合金固溶强化理论，有

$$\Delta\sigma = \left(\sum_i k_i^{\frac{1}{n}} c_i\right)^n \tag{5.9}$$

式中　c_i，k_i——分别为溶质元素 i 的浓度和固溶强化系数，n 为 2/3。

在铸造合金中，固溶强化对合金屈服强度的贡献可表示为：

$$\sigma = \left(k_{Al}^{1.5} c_{Al} + k_{Sn}^{1.5} c_{Sn}\right)^{\frac{2}{3}} \tag{5.10}$$

对于铸造合金来说，细晶强化、固溶强化和第二相强化对合金强度产生显著影响；析出相直径取 20 nm(忽略初生第二相对强度的影响)，因此合金的屈服强度可表示为：

$$\sigma \approx Kd^{\frac{-1}{2}} + \left(k_{Al}^{1.5} c_{Al} + k_{Sn}^{1.5} c_{Sn}\right)^{\frac{2}{3}} + \frac{Gb}{2\pi\sqrt{1-\nu}\left(\dfrac{0.953}{\sqrt{f_v}} - 1\right)d_t} \ln\frac{d_t}{b} \tag{5.11}$$

式中　K——300 MPa（μm）$^{\frac{1}{2}}$；

$\sigma_{Sn} = 286 \cdot C^{\frac{2}{3}}$，$\sigma_{Al} = 197 \cdot C^{\frac{2}{3}}$。

将表5.6中统计的晶粒尺寸、第二相体积分数以及元素固溶度代入式(5.11)发现，计算获得合金理论强度，与实验值比较吻合。

理论强度计算结果见表5.6。理论计算与实际所存在的误差，主要是由以下3个方面引起的：

①所使用的模型进行了简化处理，忽略了初生第二相对强度的影响。

②经验参数的选取存在一定的误差，如 K 值的选取。

③实验参数存在误差，如晶粒尺寸、第二相体积分数、固溶度。

5.3.3 Sn 对 AM 系合金组织与性能的影响

Mg₂Sn 是 BCC 结构,点阵常数为 $a=0.676\ 2$ nm,属于 $FM\overline{3}M$(225)空间群,有以下密排面和近密排面:(111),(220) 和 (200),原子占位见表 5.7。

表 5.7 Mg₂Sn 相的原子占位

Mg₂Sn；FM-3M；空间群：225；点阵常数 $a=0.676\ 2$ nm.					
原子	位子	x	y	z	占位
Mg	8c	0.25	0.25	0.25	1
Sn	4a	0	0	0	1

Mg₁₇Al₁₂ 是(FCC)结构,点阵常数为 $a=1.054\ 38$ nm,属于 $I\overline{4}3M$(217)空间群。有以下密排面和近密排面:(321),(330) 和 (400),原子占位见表 5.8。

表 5.8 Mg₁₇Al₁₂ 相的原子占位

Mg₁₇Al₁₂；I-43M；空间群：217；点阵常数 $a=1.054\ 38$ nm.					
原子	位子	x	y	z	占位
Mg1	2a	0	0	0	1
Mg2	8c	0.324 0(15)	0.324 0(15)	0.324 0(15)	1
Mg3	24g	0.358 2(8)	0.358 2(8)	0.039 3(14)	1
Al	24g	0.095 4(14)	0.095 4(14)	0.272 5(19)	1

错配度的计算公式如下:

$$F_d = \left|\frac{d_M - d_p}{d_M}\right| \times 100\% \tag{5.12}$$

$$F_r = \left|\frac{r_M - r_p}{r_M}\right| \times 100\% \tag{5.13}$$

式中 F_p——面错配度;

F_r——线错配度;

d_M,d_p——分别为两个相密排面或近密排面的面间距;

r_M,r_p——分别为两个相密排面上的密排方向或近密排方向的原子间距。

计算 Mg₂Sn 和 Mg₁₇Al₁₂ 的面错配度可知:Mg₂Sn 的(220)面和 Mg₁₇Al₁₂ 的(400)面的错配度为 9.43%;Mg₂Sn 的(220)面和 Mg₁₇Al₁₂ 的(330)面的错配度仅 3.57%,所以 Mg₂Sn 和 Mg₁₇Al₁₂ 的惯习面有可能是(220)$_{Mg_2Sn}$//(400)$_{Mg_{17}Al_{12}}$ 或 (220)$_{Mg_2Sn}$//(330)$_{Mg_{17}Al_{12}}$。Mg₂Sn 和 Mg₁₇Al₁₂ 的面错配度见表 5.9。

表 5.9　$Mg_{17}Al_{12}$ 与 Mg_2Sn 可能的惯习面的错配度，错配度大于 30% 的忽略

晶面	$\{200\}_{Mg_2Sn}$ $//\{321\}_{Mg_{17}Al_{12}}$	$\{220\}_{Mg_2Sn}$ $//\{321\}_{Mg_{17}Al_{12}}$	$\{220\}_{Mg_2Sn}$ $//\{400\}_{Mg_{17}Al_{12}}$	$\{220\}_{Mg_2Sn}$ $//\{330\}_{Mg_{17}Al_{12}}$
错配度/%	20.78	14.6	9.43	3.59

通过对错配度小于 10% 的近密排面上密排方向错配度的计算，在 Mg_2Sn 的（220）密排面以及 $Mg_{17}Al_{12}$ 的（400）密排面上没有找到错配度小于 10% 的密排方向。图 5.34 所示为 $Mg_{17}Al_{12}$ 相（330）面的原子排列图，3 个密排方向分别为 $<11\bar{1}>^z_{Mg_{17}Al_{12}}$，$<1\bar{1}0>^z_{Mg_{17}Al_{12}}$ 和 $<2\bar{2}\bar{1}>^z_{Mg_{17}Al_{12}}$；如图 5.35 所示，$Mg_2Sn$ 的（220）面上的 3 个密排方向为 $<1\bar{1}0>^s_{Mg_2Sn}$，$<001>^s_{Mg_2Sn}$ 和 $<1\bar{1}4>^s_{Mg_2Sn}$，其中 S 表示原子直线型密排模型，Z 表示 Z 型密排模型。

通过对这两个密排面上密排方向错配度的计算可以得出错配度小于 10% 的密排方向为：$<001>^s_{Mg_2Sn}//<2\bar{2}\bar{1}>^z_{Mg_{17}Al_{12}}$（表 5.10）。根据 edge-to-edge 模型，Mg_2Sn 与 $Mg_{17}Al_{12}$ 的惯习面为（220）$_{Mg_2Sn}$//（330）$_{Mg_{17}Al_{12}}$，$<001>^s_{Mg_2Sn}//<2\bar{2}\bar{1}>^z_{Mg_{17}Al_{12}}$。

表 5.10　$Mg_{17}Al_{12}$ 与 Mg_2Sn 可能匹配的晶向的错配度

晶面	$<001>^s_{Mg_2Sn}//$ $<11\bar{1}>^z_{Mg_{17}Al_{12}}$	$<001>^s_{Mg_2Sn}//$ $<2\bar{2}\bar{1}>^z_{Mg_{17}Al_{12}}$	$<001>^s_{Mg_2Sn}//$ $<1\bar{1}0>^z_{Mg_{17}Al_{12}}$	$<1\bar{1}4>^s_{Mg_2Sn}//$ $<2\bar{2}1>^z_{Mg_{17}Al_{12}}$	$<1\bar{1}4>^s_{Mg_2Sn}//$ $<11\bar{1}>^z_{Mg_{17}Al_{12}}$	$<1\bar{1}4>^s_{Mg_2Sn}//$ $<1\bar{1}0>^z_{Mg_{17}Al_{12}}$
错配度/%	10.69	8.83	10.69	31.95	34.2	34.2

通过模拟了 $<001>^s_{Mg_2Sn}//<2\bar{2}\bar{1}>^z_{Mg_{17}Al_{12}}$ 带轴下的衍射花样（图 5.36）发现，最终惯习面为：（220）$_{Mg_2Sn}$//（330）$_{Mg_{17}Al_{12}}$，$<001>^s_{Mg_2Sn}//<2\bar{2}\bar{1}>^z_{Mg_{17}Al_{12}}$。

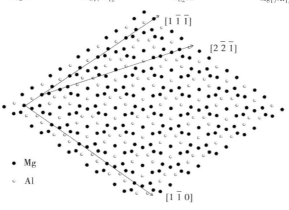

图 5.34　$Mg_{17}Al_{12}$（330）的原子排列图，晶格常数为 $a = 1.054\,38$ nm

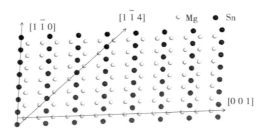

图 5.35　$Mg_2Sn(220)$ 面的原子排列图,晶格常数为 $a = 0.673\ 9$ nm

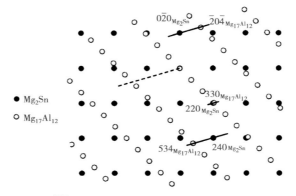

图 5.36　$Mg_{17}Al_{12} < 2\bar{2}\bar{1} >$ 与 $Mg_2Sn < 001 >$ 带轴的衍射斑模拟,虚线表示惯习面

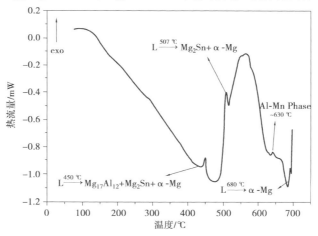

图 5.37　ATM630 合金的 DSC 图

由图 5.37 所示 DSC 曲线可以很清晰地看出 Mg_2Sn 在 507 ℃ 时生成,$Mg_{17}Al_{12}$ 在 450 ℃ 左右生成;同时,Mg_2Sn 与 $Mg_{17}Al_{12}$ 存在惯习面。因此,Mg_2Sn 是 $Mg_{17}Al_{12}$ 的异质形核点,Mg_2Sn 可有效改善离异共晶 $Mg_{17}Al_{12}$ 相的形貌。

通过前面铸造合金的性能测试结果不难发现,在 Mg-Al-Sn-Mn 系合金中大量添加 Sn 元素并不能有效提高合金的强度。同时由于 Sn 价格昂贵,评估少量 Sn 对 Mg-Al-Mn(AM)合金组织和性能的影响具有重要意义。

采用相同铸造工艺制备 AM60 与 AM90,ATM610 与 ATM910 合金,图 5.38 所示为这 4 种合金的工程应力应变曲线,力学性能数据见表 5.11。结果显示含 Sn 合金比不含 Sn 合金强度高。ATM610 比 AM60 合金的屈服强度和抗拉强度分别高了约 13 MPa 和 47 MPa,ATM910 比 AM90 合金的屈服强度和抗拉强度分别高了约17 MPa 和 25 MPa;含 Sn 的合金延伸率比不含 Sn 的合金延伸率高。

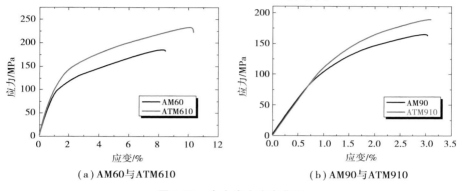

（a）AM60与ATM610　　　　　　（b）AM90与ATM910

图 5.38　合金应力应变曲线

对比 ATM 和 AM 合金的晶粒尺寸可知(图 5.39),含 Sn 合金的晶粒明显比不含 Sn 合金的晶粒小,AM60,AM90,ATM610 和 ATM910 合金的平均晶粒尺寸分别为 115,82,68 和 62 μm。通过对图 5.40 中 4 种合金的 SEM 照片观察不难发现,含 Sn 合金的离异共晶 $Mg_{17}Al_{12}$ 比不含 Sn 的离异共晶 $Mg_{17}Al_{12}$ 细小、弥散,Sn 对 AM 系合金中的离异共晶 $Mg_{17}Al_{12}$ 有一定的改性作用。少量 Sn 添加到 AM 系合金中可有效改善离异共晶 $Mg_{17}Al_{12}$ 相的形貌,细化晶粒,提高合金的强度与塑性,是一种有效的合金化元素。

表 5.11　AM60,AM90,ATM610 和 ATM910 铸造合金的力学性能及晶粒尺寸

样品	YS/MPa	UTS/MPa	$\varepsilon/\%$	晶粒尺寸/μm
AM60	95	185	8.5	115
AM90	115	165	3.0	82
ATM610	108	232	7.4	68
ATM910	132	190	1.7	62

在 Mg-Al-Sn-Mn 铸造合金中,由于 Mg_2Sn 是 $Mg_{17}Al_{12}$ 的异质形核点,在凝固过程中 Mg_2Sn 诱导 $Mg_{17}Al_{12}$ 于固液界面处形成,即使少量 Sn 也可有效改善 $Mg_{17}Al_{12}$ 的形貌;另一方面,Mg_2Sn 被离异共晶 $Mg_{17}Al_{12}$ 包裹,可间接细化晶粒。因此,Sn 只能在 Al 含较多的合金中才能发挥作用;在 Al 含量较少(≤3%)的合金中,Sn 于晶界或枝晶间处偏析,即使添加大量的 Sn,合金的晶粒细化效果、强度提升也不明显。这也是在铸造 Mg-Al-Sn-Mn 合金中 Al 含量应较大的原因。综上所述,考虑成本因素,Mg-

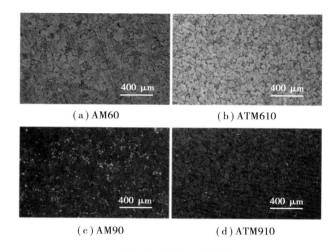

图 5.39 铸造合金组织

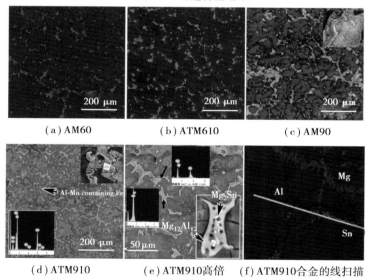

图 5.40　合金扫描照片

Al-Sn-Mn 铸造合金综合性能较好的成分为：Al 含量 6% ~ 9% ,Sn 含量 1% ~ 3% ,Mn 含量 0.3% 。

5.4　Mg-Al-Sn-Mn 变形合金组织与性能

5.4.1　Al 对 Mg-Al-Sn-Mn 变形合金组织与性能的影响

图 5.41 所示为所有合金均匀化态的 SEM 照片,从图片中可以看出,经过均匀

化处理之后大多数第二相固溶回了镁基体。由于 Al 在 Mg 中的固溶度较大,Al 在 Mg 中的扩散速率较快、$Mg_{17}Al_{12}$ 熔点较低,其基本完全固溶回了镁基体。由于 Mg_2Sn 熔点较高,热稳定性好,Mg_2Sn 在铸造合金中是 $Mg_{17}Al_{12}$ 相的异质形核点,分布于 $Mg_{17}Al_{12}$ 相中,当 $Mg_{17}Al_{12}$ 相固溶回镁基体后,部分细小的 Mg_2Sn 颗粒弥散分布于晶界附近;部分较粗大的 Mg_2Sn 依然保留在了均匀化态的试样中。

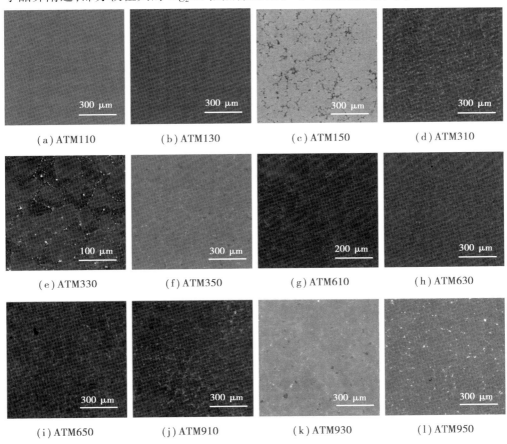

(a) ATM110　　　(b) ATM130　　　(c) ATM150　　　(d) ATM310

(e) ATM330　　　(f) ATM350　　　(g) ATM610　　　(h) ATM630

(i) ATM650　　　(j) ATM910　　　(k) ATM930　　　(l) ATM950

图 5.41　合金的均匀化态扫描照片

图 5.42 所示为挤压态合金垂直于挤压方向的 XRD 图谱。Mg-xAl-1Sn-0.3Mn 合金 XRD 均不含 Mg_2Sn 相。ATM110 与 ATM310 合金仅含 α-Mg 相;当合金中铝含量大于 6% 时,在 2θ 角为 36°的位置出现了 $Mg_{17}Al_{12}$ 衍射峰,合金含 α-Mg 和 $Mg_{17}Al_{12}$ 相;对比发现 ATM910 合金中的 $Mg_{17}Al_{12}$ 衍射峰强度高于 ATM610 合金,说明随着铝含量的增加合金 $Mg_{17}Al_{12}$ 相含量增加。另一方面,随着 Al 含量的增加 α-Mg 的衍射峰向右移动,说明固溶进 Mg 基体的 Al 元素增加。

从 Mg-xAl-3Sn-0.3Mn 合金的 XRD 图谱可知,铝含量≤3% 时,合金不含 $Mg_{17}Al_{12}$;Al 含量≥6% 的合金含 $Mg_{17}Al_{12}$ 相;与 Mg-xAl-1Sn-0.3Mn 体系一样,随着 Al 含量的

增加,Mg$_{17}$Al$_{12}$ 相增加。值得注意的是,合金 ATM330 在 2θ 角为 23°处出现了强度较弱的 Mg$_2$Sn 衍射峰,随着 Al 含量的增加 Mg$_2$Sn 的衍射峰强度增强。上述结果表明 Al 含量的增加不仅增加了 Mg$_{17}$Al$_{12}$ 相的析出,同时也促进了 Mg$_2$Sn 相的析出。合金中 Mn 的含量为 0.3%,含量较少,故所有合金均未检测到含 Mn 的相。

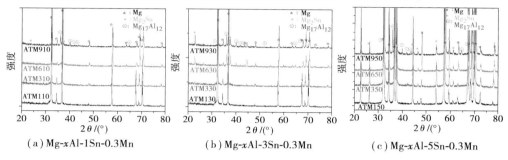

(a) Mg-xAl-1Sn-0.3Mn (b) Mg-xAl-3Sn-0.3Mn (c) Mg-xAl-5Sn-0.3Mn

图 5.42　挤压态合金的 XRD 图谱

由图 5.43 所示 Mg-Al-Sn 300 ℃等温截面可知,在 α-Mg 相的固溶区,随着 Al 含量的增加,Sn 在 Mg 中的固溶度减小。可以形象地理解为,Al 占据了 Sn 的固溶位置,促使 Mg$_2$Sn 析出(与铸造合金的现象一致)。

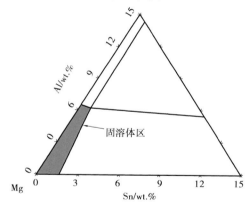

图 5.43　Mg-Al-Sn 300 ℃等温截面

Sn 含量为 5% 的合金(Mg-xAl-5Sn-0.3Mn)相组成以及第二相含量的变化规律与 Sn 含量为 3% 的体系相似,即所有合金均含有 Mg$_2$Sn 相;除 ATM150 合金不含 Mg$_{17}$Al$_{12}$ 相外,其他合金均含 α-Mg,Mg$_2$Sn 以及 Mg$_{17}$Al$_{12}$ 3 个相。

(1)挤压态 Mg-Al-Sn-Mn 合金组织

Mg-xAl-1Sn-0.3Mn 合金沿挤压方向的组织如图 5.44 所示,ATM110 和 ATM310 合金未完全再结晶,合金含细小的再结晶和沿挤压方向被拉长的粗大未再结晶组织。ATM310 合金的未再结晶区域比 ATM110 合金的未再结晶区域小。ATM610 与 ATM910 合金发生了完全再结晶;ATM610 合金的平均晶粒尺寸为 10 μm,ATM910 合金的平均晶粒尺寸约为 9.6 μm。

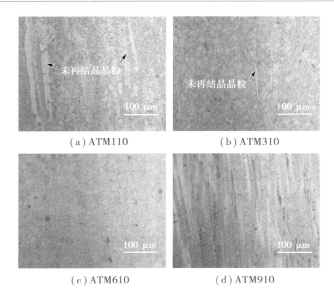

(a) ATM110　　　　　　　　(b) ATM310

(c) ATM610　　　　　　　　(d) ATM910

图 5.44　Mg-xAl-1Sn-0.3Mn 合金沿挤压方向的显微组织

图 5.45 所示为 Mg-xAl-1Sn-0.3Mn 合金沿挤压方向的 SEM 照片。该体系合金中的第二相随 Al 含量的增加而增加。当 Al 含量为 6% 时,合金含较多的 $Mg_{17}Al_{12}$相,与 XRD 结果一致。铸造合金中的 $Al_8(Fe,Mn)_5$ 相保留在了挤压态合金中。

(a) ATM110　　　　　　　　(b) ATM310

(c) ATM610　　　　　　　　(d) ATM910

图 5.45　Mg-xAl-1Sn-0.3Mn 合金沿挤压方向的 SEM 照片

　　为进一步确定 Mg-Al-Sn-Mn 系合金中 Mn 的存在形式,对 ATM110 合金进行了透射电镜分析,结果如图 5.46 所示。合金中含有较粗大的 Al_8Mn_5 相,该相与基体非共格,含点状的 Al_8Mn_5 相(直径为 20～50 nm)。Al_8Mn_5 为 rhombohedral 结构($a = 1.264\ 5$ nm,$c = 1.585\ 5$ nm)。通过对比标准 PDF(48-1568)卡片可知,析出的 Al_8Mn_5 与镁基体的位向关系为:$(\bar{2}110)_{Mg}//(20\bar{2}0)_{Al_8Mn_5}$,$[2\bar{4}23]_{Mg}//[01\bar{1}1]_{Al_8Mn_5}$。

（a）粗大Mn相的衍射斑　　　（b）Al_8Mn_5以及相应的DES结果

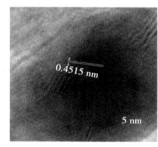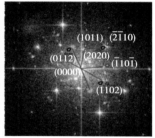

（c）Al_8Mn_5的高分辨照片　　　（d）Al_8Mn_5与基体的傅里叶转换图

图 5.46　ATM110 合金的明场像照片

　　综上所述,Mg-Al-Sn-Mn 合金中少量的 Mn 以粗大的 Al_8Mn_5 相,一定量的 Mn 以细小的 Al_8Mn_5 析出相的形式存在(将有利于合金强度的提高),还有一部分 Mn 与合金中的 Fe 形成 $Al_8(Fe,Mn)_5$ 化合物,起去除杂质元素铁的作用。

　　Mg-xAl-3Sn-0.3Mn 合金沿挤压方向的金相照片如图 5.47 所示,ATM130 和 ATM330 合金没有完全再结晶,合金含有细小的再结晶晶粒和粗大的未再结晶区域;与 Mg-xAl-1Sn-0.3Mn 体系一样,粗大的未再结晶区域沿挤压方向被拉长;ATM330 合金的未再结晶区域比 ATM130 合金少;ATM330 合金的再结晶晶粒比 ATM130 小。晶粒细化将有效提高合金的力学性能,可推测 ATM330 合金的强度将高于 ATM130 合金。ATM630 与 ATM930 合金发生了完全再结晶,ATM630 的平均晶粒尺寸为 8.5 μm,ATM930 合金的平均晶粒尺寸约为 7.8 μm。

　　如图 5.48 所示,Mg-xAl-3Sn-0.3Mn 合金的 SEM 照片表明 ATM130 合金含有少量细小的 Mg_2Sn 相;随着 Al 含量的增加,Mg-xAl-3Sn-0.3Mn 合金中的第二相(Mg_2Sn,$Mg_{17}Al_{12}$)含量增加与 XRD 结果一致。从高倍的 ATM630,ATM930 合金 SEM 照片结合 EDS 结果可知,Mg_2Sn 的形貌为颗粒状(1 μm 左右),$Mg_{17}Al_{12}$ 的形貌为棒状。

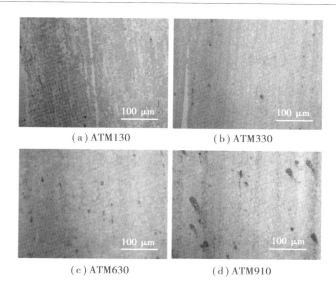

图 5.47　Mg-xAl-3Sn-0.3Mn 合金沿挤压方向的组织

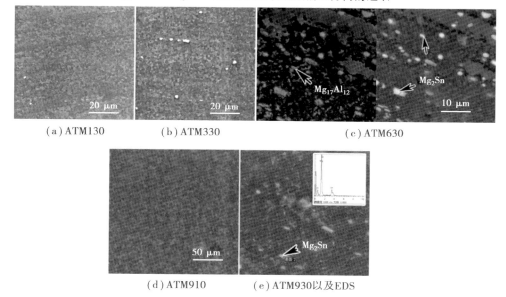

图 5.48　Mg-xAl-3Sn-0.3Mn 合金的 SEM 照片

Mg-xAl-5Sn-0.3Mn 合金沿挤压方向的金相照片如图 5.49 所示,可以清楚地看出 ATM150 和 ATM350 合金与含 1%、3% 锡体系一样没有完全再结晶,合金含有细小的再结晶晶粒和粗大未再结晶区域,ATM350 合金的未再结晶区域明显比 ATM150 合金的少;ATM650 与 ATM950 合金发生了完全再结晶,ATM650 的平均晶粒尺寸为 8 μm,ATM950 合金的平均晶粒尺寸约为 6.8 μm。

Mg-xAl-5Sn-0.3Mn 合金的 SEM 照片如图 5.50 所示,ATM150 合金含一定数量

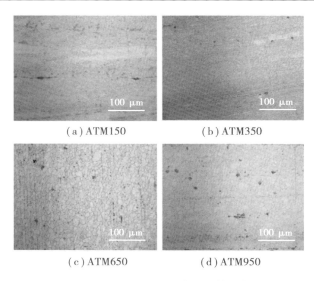

（a）ATM150　　　　　　（b）ATM350

（c）ATM650　　　　　　（d）ATM950

图 5.49　Mg-xAl-5Sn-0.3Mn 合金沿挤压方向组织

细小的 Mg_2Sn 相,随着 Al 含量的增加,Mg_2Sn 与 $Mg_{17}Al_{12}$ 含量增加,该结果与 XRD 结果一致。ATM950 合金含有大量的长条状的 $Mg_{17}Al_{12}$ 相以及颗粒状(或者圆盘状的)的 Mg_2Sn。

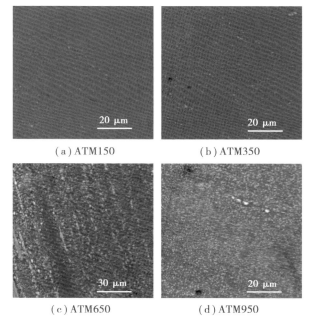

（a）ATM150　　　　　　（b）ATM350

（c）ATM650　　　　　　（d）ATM950

图 5.50　Mg-xAl-5Sn-0.3Mn 合金的 SEM 照片

为进一步研究合金中的第二相,对第二相含量最多的 ATM950 合金进行了透射电镜分析。结果如图 5.51 和图 5.52 所示。合金中有较粗大的 $Mg_{17}Al_{12}$ 和 Mg_2Sn

相,EDS 结果可知棒状长度约为 1 μm 的是 $Mg_{17}Al_{12}$ 相,球形直径为 $0.2 \sim 1$ μm 的是 Mg_2Sn,这些第二相有的分布在晶粒内部,有的分布在再结晶晶界附近,这与 SEM 观察结果一致。

(a) ATM950合金的
S-STM照片

(b) ATM950合金的
明场像照片

(c) ATM950合金的
高分辨照片

(d) Mg_2Sn 的傅里
叶转换图片

(e) masked后的傅里
叶转换图片

(f) Mg_2Sn 与基体的
傅里叶转换图片

(g) Mg_2Sn 与Mg基体的界面1

(h) Mg_2Sn 与Mg基体的界面2

(i) Mg_2Sn 与Mg基体的界面3

图 5.51　ATM950 合金中 Mg_2Sn 形态

Mg_2Sn 的形貌与报道的长条状沿基面析出的形貌不一致主要是因为挤压前已经有较粗大的、高熔点的 Mg_2Sn 存在于均匀化试样中(图 5.41),在挤压过程中这些较粗大的 Mg_2Sn 部分破碎、焊合最终形成圆形或椭圆形的 Mg_2Sn;由于 Al 在 Mg 中的固溶度很大,均匀化过程中绝大多数的 Al 已经固溶到了 Mg 基体里面,同时 Al 在 Mg 中的扩散速度较快,在挤压过程中,$Mg_{17}Al_{12}$ 动态析出,形成棒状的 $Mg_{17}Al_{12}$ 相(与 Mg-Al-Zn 系挤压合金中的形貌一致)。

Mg_2Sn 与 Mg 基体的高分辨照片如图 5.51(c)所示,由图 5.51(d)、(e)中的傅里叶转换斑点可知图(c)中黑色的相为 Mg_2Sn,浅色部分为 Mg 基体。通过图 5.51 (e)、(f)中的 Mg_2Sn 与镁基体的傅里叶转换,对比标准衍射斑点手册以及 PDF 卡片 (7-274)确定合金中 Mg_2Sn 与基体的位向关系为:$(0001)_{Mg}//(0\bar{3}3)_{Mg_2Sn}$,$[2\bar{1}\bar{1}0]_{Mg}//$

$[1\bar{2}2]_{Mg_2Sn}$，与 Sasaki 的高强 Mg-Sn-Zn-Al 合金研究结果一致，沿基面析出。值得注意的是 Mg_2Sn 与 Mg 基体有 3 种界面关系，共格、半共格和非共格，如图 5.51(g)、(h)、(i)所示，3 种界面关系分别对应的 Mg_2Sn 形貌逐渐变粗大。可以推断与 Mg 基体共格、半共格关系的 Mg_2Sn 是在挤压过程中动态析出的；与基体非共格关系的 Mg_2Sn 是挤压前就存在的 Mg_2Sn。

进一步分析该合金的明场像发现，合金中不仅有微米量级的第二相，还有直径为 10~20 nm 的"点状"或"棒状"第二相，这些第二相均匀分布在晶粒内部，如图 5.52(a)中红圆圈所示。通过 EDS 确定该相为 Mg-Al 相，由于 Mg-Al 没有 GP 区等过渡相，结合富 Mg 端相图可确定该相为 $Mg_{17}Al_{12}$。图 5.52(c)所示为 Mg 基体$[11\bar{2}0]$带轴高分辨图，图中的黑色区域为 $Mg_{17}Al_{12}$ 相。通过高分辨傅里叶转换[图 5.52(d)]分离出 $Mg_{17}Al_{12}$ 相与基体的衍射斑点，对比标准衍射斑点手册以及标准 PDF 卡片(1-1128)，$Mg_{17}Al_{12}$ 相与 Mg 基体的相关系为：$(0001)_{Mg}//(2\bar{2}2)_{Mg_{17}Al_{12}}$，$[2\bar{1}\bar{1}0]_{Mg}//$ $[1\bar{2}2]_{Mg_{17}Al_{12}}$。这种形貌很小的析出相可认为是挤压过程中刚析出还未长大的 $Mg_{17}Al_{12}$ 相。Mg-Al 相刚开始形核团聚的高分辨照片如图 5.52(e)圆形区域所示，可以清楚地看出晶格已开始畸变，热挤压过程是一个短时动态的过程，在该图片中 Mg-Al 相还未来得及析出。图 5.52(f)列出了一定程度长大的棒状 $Mg_{17}Al_{12}$ 析出相。这些细小的 $Mg_{17}Al_{12}$ 析出相是挤压过程中动态析出的，可有效提高合金的强度。

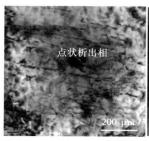

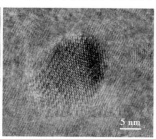

(a)ATM950的S-TEM照片　(b)ATM950合金的[11-20]　(c)$Mg_{17}Al_{12}$的高分辨照片
　　　　　　　　　　　　方向的明场像照片

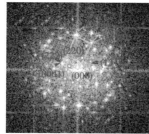
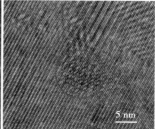
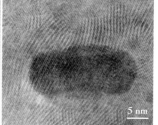

(d)$Mg_{17}Al_{12}$与镁基体的　(e)Mg-Al相刚开始形核团聚　(f)一定程度长大的棒状
　傅里叶转换图　　　　　　的高分辨照片　　　　　$Mg_{17}Al_{12}$析出相高分辨照片

图 5.52　ATM950 合金中的 $Mg_{17}Al_{12}$ 形态

综上所述,在 Mg-xAl-ySn-0.3Mn 挤压态合金中,Al 含量小于等于 3% 的合金未完全再结晶;Al 含量大于等于 6% 的合金完全再结晶;合金化元素 Al 促进了再结晶。Al 元素与 Mg 形成微米以及纳米量级的 $Mg_{17}Al_{12}$ 第二相;Sn 与 Mg 形成微米量级的 Mg_2Sn 第二相。一部分较粗大的第二相分布在晶界附近,一部分分布在晶粒内部;纳米尺寸的 $Mg_{17}Al_{12}$ 第二相弥散分布在晶粒内部。

(2)挤压态 Mg-Al-Sn-Mn 合金性能

Mg-xAl-1Sn-0.3Mn,Mg-xAl-3Sn-0.3Mn,Mg-xAl-5Sn-0.3Mn($x=1,3,6,9$)合金的工程应力应变曲线如图 5.53 所示。相应的屈服强度、抗拉强度以及延伸率见表 5.12。屈服强度随 Al 元素变化折线图如图 5.54 所示。从折线图中可以明显看出 3 个系列的合金屈服强度随 Al 含量的增加先降低后升高。具体的变化趋势为当 Al 含量小于 6% 时,合金的屈服强度随 Al 含量的增加而减少;当合金的 Al 含量达 9% 时屈服强度值达到最高。

在 Mg-xAl-1Sn-0.3Mn 系合金中,ATM110 合金的抗拉强度大于 ATM310 合金;当 Al 含量大于 3% 时,合金的抗拉强度随铝含量的增加而增加,延伸率随铝含量的增加而不断降低。在合金 Mg-xAl-3Sn-0.3Mn 与 Mg-xAl-5Sn-0.3Mn 中,抗拉强度随 Al 含量的增加而增加,延伸率随 Al 含量的增加而降低。

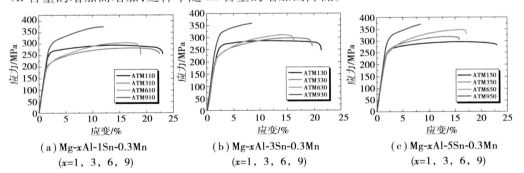

（a）Mg-xAl-1Sn-0.3Mn
（x=1,3,6,9）

（b）Mg-xAl-3Sn-0.3Mn
（x=1,3,6,9）

（c）Mg-xAl-5Sn-0.3Mn
（x=1,3,6,9）

图 5.53　合金的应力应变曲线

表 5.12　Mg-xAl-ySn-0.3Mn ($x=1,3,6,9;y=1,3,5$)合金的力学性能

样品	屈服强度 $\sigma_{0.2}$/MPa	UTS/MPa	延伸率/%
ATM110	260	292	21.0
ATM310	211	281	20.5
ATM610	200	300	19.0
ATM910	281	371	10.2
ATM130	252	288	19.5
ATM330	212	298	18.0
ATM630	209	326	14.3

续表

样品	屈服强度 $\sigma_{0.2}$/MPa	UTS/MPa	延伸率/%
ATM930	290	358	6.0
ATM150	249	297	21.0
ATM350	242	316	14.0
ATM650	232	346	15.0
ATM950	298	370	6.0
AZ31	180	277	16.0
AZ91	263	357	9.0

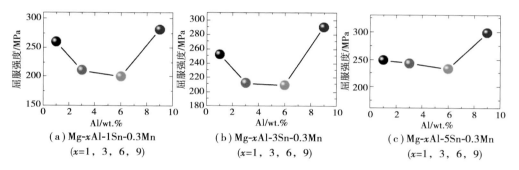

(a)Mg-xAl-1Sn-0.3Mn　　　(b)Mg-xAl-3Sn-0.3Mn　　　(c)Mg-xAl-5Sn-0.3Mn
(x=1,3,6,9)　　　　　　(x=1,3,6,9)　　　　　　(x=1,3,6,9)

图5.54　屈服强度随Al含量变化的折线图

在Mg-xAl-1Sn-0.3Mn系合金中,ATM110合金是兼具高屈服强度以及高塑性的合金,其中屈服强度为260 MPa、抗拉强度为292 MPa、延伸率为21%;同时该体系还有屈服强度达281 MPa,抗拉强度达371 MPa,强度较高的ATM910合金。在Mg-xAl-3Sn-0.3Mn合金体系中同样有屈服强度为252 MPa,延伸率为19.5%的强度较高、塑性较好的镁合金(ATM130);也有屈服强度达290 MPa的强度较高的ATM930合金。在Mg-xAl-5Sn-0.3Mn合金中,屈服强度为249 MPa,延伸率为21%的强度较高、塑性较高的合金(ATM150),也有屈服强度达298 MPa,抗拉强度达370 MPa的强度较高的ATM950合金。

为与成熟的商用镁合金的性能进行对比,用相同的熔炼、热处理以及挤压工艺制备了AZ31和AZ91合金,并将其与Mg-Al-Sn-Mn系合金中塑性较好的ATM110,ATM130以及ATM150合金性能进行了比较,如图5.55所示。结果发现,ATM110合金比AZ31合金屈服强度高80 MPa,延伸率也比AZ31高出5%;ATM950屈服强度比商用高强AZ91高35 MPa。因此,无论是高塑性体系还是高强体系,相同工艺制备出的Mg-Al-Sn-Mn体系性能均比现有商用的AZ系合金优异。

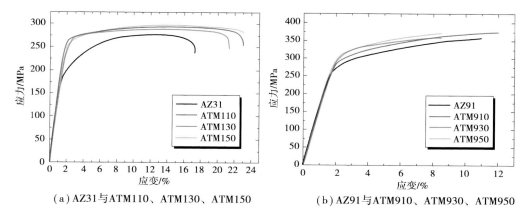

（a）AZ31与ATM110、ATM130、ATM150　　　（b）AZ91与ATM910、ATM930、ATM950

图 5.55　合金的应力应变曲线

5.4.2　Sn 对 Mg-Al-Sn-Mn 变形合金组织与性能的影响

开展 Sn 含量对 Mg-Al-Sn-Mn 系合金组织性能的影响研究,为开发低成本的 Mg-Al-Sn-Mn 系合金奠定基础。本节将合金分为 Mg-1Al-ySn-0.3Mn,Mg-3Al-ySn-0.3Mn,Mg-6Al-ySn-0.3Mn,Mg-9Al-ySn-0.3Mn 4 个体系,由于 Sn 含量对该4 个合金系组织性能的影响一致,为避免重复只对部分合金进行分析。

Mg-1Al-ySn-0.3Mn,Mg-3Al-ySn-0.3Mn,Mg-6Al-ySn-0.3Mn,Mg-9Al-ySn-0.3Mn 4 个体系合金的 XRD 图谱如图 5.56 所示,Mg_2Sn 相随 Sn 含量的增加而增加。在 Mg-3Al-ySn-0.3Mn 体系中,当 Sn 含量达到 5% 时有比较弱的 $Mg_{17}Al_{12}$ 衍射峰出现,表明 Sn 的增加减小了 Al 在 Mg 中的固溶度;ATM350 中能观察到较为明显的 $Mg_{17}Al_{12}$ 衍射峰。这一现象在 Al 含量为 6% 和 9% 的合金中更明显。Mg-6Al-ySn-0.3Mn,Mg-9Al-ySn-0.3Mn 合金中 $Mg_{17}Al_{12}$ 与 Mg_2Sn 均随 Sn 含量的增加而增加。所有合金的相组成在 5.4.1 节中已有分析,为避免重复,这里不再讨论。

选取了未完全再结晶的 Mg-1Al-ySn-0.3Mn 体系以及完全再结晶的 Mg-6Al-ySn-0.3Mn 体系研究 Sn 对合金挤压态组织的影响。

从图 5.57 所示的 Mg-1Al-ySn-0.3Mn 体系的合金组织图发现,随着 Sn 含量的增加再结晶晶粒变细小,未再结晶区域变少,表明 Sn 含量的增加在一定程度上促进了再结晶。从图 5.58 所示 Mg-6Al-ySn-0.3Mn 合金的金相照片可知该体系合金再结晶完全,ATM610,ATM630,ATM650 的平均晶粒尺寸分别为 10,8.5 和 8 μm。

从图 5.59 所示 Mg-6Al-ySn-0.3Mn 合金的 SEM 照片可知,随着 Sn 含量的增加合金的第二相也增加,这与对应的 XRD 结果一致。

图 5.60 所示为 4 个合金体系的屈服强度对比,从图中可以看出仅 Mg-1Al-ySn-0.3Mn 系合金的屈服强度随 Sn 含量的增加而降低,其他体系合金的屈服强度均随 Sn 含量的增加而不同程度增加。合金的抗拉强度随 Sn 含量的增加而增加,但增加

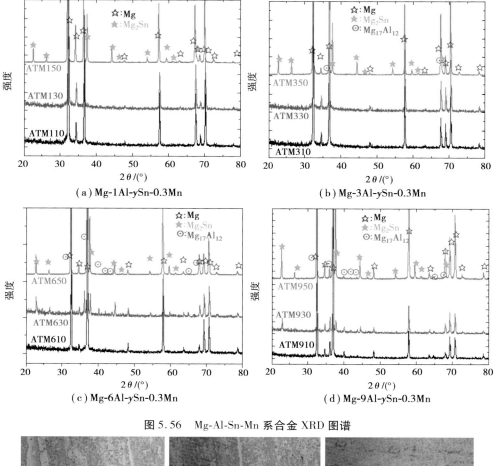

图 5.56　Mg-Al-Sn-Mn 系合金 XRD 图谱

图 5.57　Mg-1Al-ySn-0.3Mn 系合金的金相组织照片

幅度不大,Sn 含量每增加 2%,抗拉强度增加 10 MPa 左右,延伸率随 Sn 含量的增加有一定程度的降低。

　　取 AM10,AZ31 与相应 Al 含量的 ATM110,ATM310 合金进行对比,如图 5.61 所示。含 Sn 合金的延伸率均明显高于相应的 AM,AZ 系合金,这可能是由于 Al,Sn 复合添加降低了合金的层错能,提高了合金的延伸率;ATM110 屈服强度与 AM10 相当,ATM310 的屈服强度比 AZ31 高 ~20 MPa。综上所述,一定量的 Sn 添加到 AM 系合金中显著提高了合金的塑性,在一定程度上提高了合金的强度。

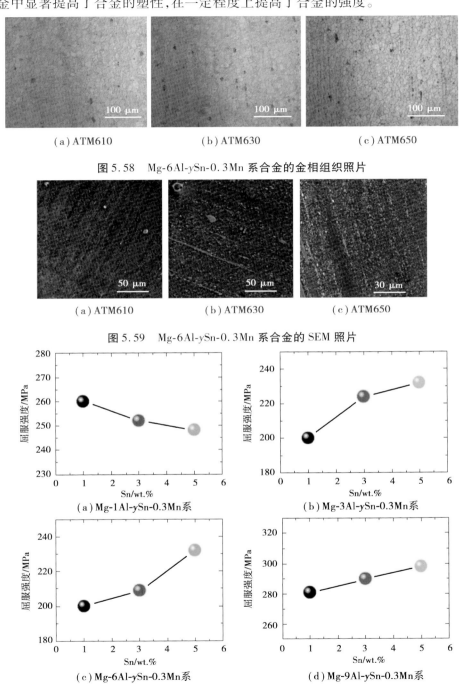

（a）ATM610　　　　　　（b）ATM630　　　　　　（c）ATM650

图 5.58　Mg-6Al-ySn-0.3Mn 系合金的金相组织照片

（a）ATM610　　　　　　（b）ATM630　　　　　　（c）ATM650

图 5.59　Mg-6Al-ySn-0.3Mn 系合金的 SEM 照片

（a）Mg-1Al-ySn-0.3Mn系　　　　　　（b）Mg-3Al-ySn-0.3Mn系

（c）Mg-6Al-ySn-0.3Mn系　　　　　　（d）Mg-9Al-ySn-0.3Mn系

图 5.60　合金的屈服强度对比

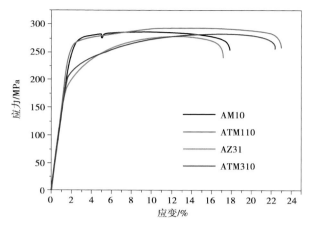

图 5.61　AM10，AZ31，ATM110，ATM310 合金的应力应变曲线

5.4.3　挤压温度对合金组织与性能的影响

由于 Mg-9Al-ySn-0.3Mn 合金的铸态强度很高，热挤压变形抗力也很高，在 250 ℃温度下不能顺利挤压，所以此类合金挤压温度为 300 ℃ 与 350 ℃，其他合金挤压温度均为 250，300，350 ℃。

图 5.62 所示为 Mg-Al-Sn-Mn 在 250，300，350 ℃ 的温度下挤压合金的 XRD 图谱，所有的 XRD 样品测试面均垂直于挤压方向。随着挤压温度的升高，合金中的第二相有一定程度的增加。这里取部分合金为例阐述这种变化情况，其他的合金相组成随挤压温度的变化与此合金类似。

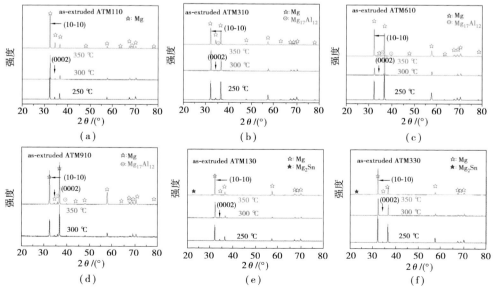

图 5.62　250，300，350 ℃ 的 Mg-Al-Sn-Mn 合金的 XRD 图谱

　　由 ATM610 合金在 250,300,350 ℃ 的挤压温度下制备的合金 XRD 图谱可知,所有合金均含 α-Mg 相,不含 Mg_2Sn 相。合金在 250 ℃ 挤压时并没有 $Mg_{17}Al_{12}$ 相的衍射峰,表明 6% 的合金化元素 Al 固溶进了 Mg 基体;当挤压温度上升到 300 ℃ 时,在 2θ 角为 36° 处有强度较弱的 $Mg_{17}Al_{12}$ 衍射峰出现,说明 ATM610 合金在 300 ℃ 温度下挤压有 $Mg_{17}Al_{12}$ 相析出;随着挤压温度上升到 350 ℃ , $Mg_{17}Al_{12}$ 衍射峰强度升高。按照相图理论,合金分别在 250,300,350 ℃ 的温度下挤压所制备的合金中的第二相($Mg_{17}Al_{12}$, Mg_2Sn)含量将随着挤压温度的升高而降低(图 5.63),然而本实验的结果与相图结果相反。热挤压对于第二相是一个短时、高温伴随巨大应变的动态析出过程;温度越高,析出的第二相将越多。所以随着挤压温度升高合金中的第二相含量增加。如果能在 300,350 ℃ 的条件下长时间地保温以使试样接近平衡状态,则可预见 300 ℃ 析出的第二相比 350 ℃ 条件下析出的第二相多。

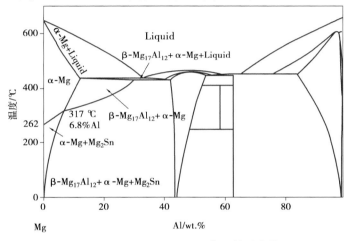

图 5.63　Mg-1Sn-xAl-0.3Mn 体系的垂直截面

　　如图 5.64—图 5.67 所示为 Mg-Al-Sn-Mn 合金在 250,300,350 ℃ 挤压的 OM 照片。由 OM 图可知,挤压温度对合金显微组织的影响可分为两类:①未完全再结晶的合金,此类合金随着挤压温度的升高未再结晶区域减少,再结晶晶粒有一定程度地长大;②完全再结晶的合金,此类合金随着挤压温度升高晶粒有一定程度地长大(变化很小)。这里取部分合金为例阐述这种变化情况,其他合金显微组织随挤压温度的变化与此合金类似。

　　图 5.64(g),(h),(i)所示为 ATM610 合金分别在 250,300,350 ℃ 的挤压温度下所制备的合金沿挤压方向的金相图片。从图中可以看出 ATM610 合金在上述 3 个温度下挤压均完全再结晶。平均晶粒尺寸随挤压温度的升高而增大,250,300,350 ℃ 3 个温度下挤压的合金平均晶粒尺寸分别为 7.6,8.4,9.9 μm。

　　图 5.65(a),(b),(c)所示为 ATM130 合金分别在 250,300,350 ℃ 温度下所制备的合金沿挤压方向的金相图片。从图中可以看出 ATM130 合金在上述 3 个温度下挤压均未完全再结晶。再结晶部分的晶粒随着挤压温度的升高而变大;未再结晶

区域随挤压温度的升高而减少。

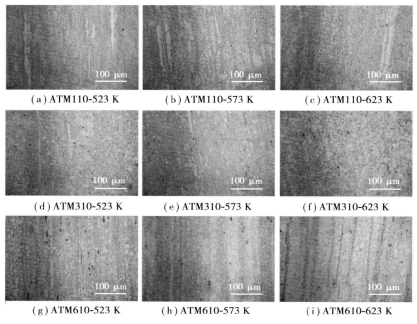

(a) ATM110-523 K (b) ATM110-573 K (c) ATM110-623 K

(d) ATM310-523 K (e) ATM310-573 K (f) ATM310-623 K

(g) ATM610-523 K (h) ATM610-573 K (i) ATM610-623 K

图 5.64　ATM110, ATM310, ATM610 合金分别在 250, 300, 350 ℃ 的温度下
挤压合金平行于挤压方向的金相照片

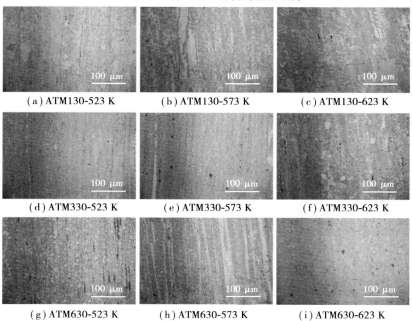

(a) ATM130-523 K (b) ATM130-573 K (c) ATM130-623 K

(d) ATM330-523 K (e) ATM330-573 K (f) ATM330-623 K

(g) ATM630-523 K (h) ATM630-573 K (i) ATM630-623 K

图 5.65　ATM130, ATM330, ATM630 合金分别在 250, 300, 350 ℃ 的温度下
挤压合金平行于挤压方向的金相照片

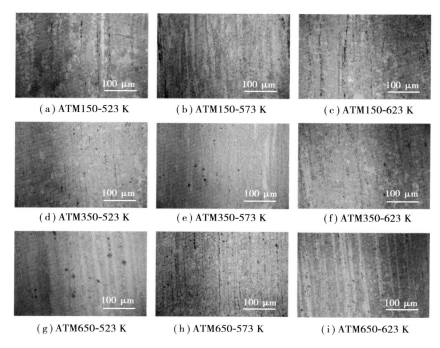

（a）ATM150-523 K　　（b）ATM150-573 K　　（c）ATM150-623 K

（d）ATM350-523 K　　（e）ATM350-573 K　　（f）ATM350-623 K

（g）ATM650-523 K　　（h）ATM650-573 K　　（i）ATM650-623 K

图 5.66　ATM150，ATM350，ATM650 合金分别在 250，300，350 ℃的温度下
挤压合金平行于挤压方向的金相照片

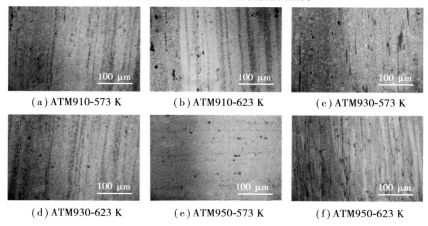

（a）ATM910-573 K　　（b）ATM910-623 K　　（c）ATM930-573 K

（d）ATM930-623 K　　（e）ATM950-573 K　　（f）ATM950-623 K

图 5.67　ATM910，ATM930，ATM950 合金分别在 250，300，350 ℃的温度下
挤压合金平行于挤压方向的金相照片

对比所有合金发现，不同温度挤压所制备的合金的晶粒尺寸差别并不大，因为随着挤压温度的升高合金中的第二相（Mg_2Sn，$Mg_{17}Al_{12}$）含量也相应增加（XRD 结果表明在 350 ℃下制备的合金第二相含量比在 300 ℃挤压的合金的多）。由 Jung 在 Mg-7.6 Al-0.4 Zn 合金的性能研究结果可知，合金挤压前第二相的增多会阻碍挤压

过程中的再结晶晶粒的长大。在本实验中,挤压前的合金成分、热处理制度都一样,所以合金挤压前的状态相同。一般认为,再结晶的形核位置为母晶的晶界处,因为晶界处存在很多缺陷,使位错更容易在此塞积,当位错密度达到一定值时就提供形核位置(再结晶临界形核率)。在本实验中再结晶形核位置示意图如图 5.68(a)所示,由于合金在热挤压过程中伴随有第二相(Mg$_2$Sn,Mg$_{17}$Al$_{12}$)的动态析出,在再结晶形核过程中也会有第二相的析出[图 5.68(b)],并且第二相的析出伴随着再结晶的形核与长大同时进行,所以第二相的析出将抑制再结晶晶粒的长大[图 5.68(c)]。Roberts 和 Ahlbolum 提出合金再结晶形核率与应变速率以及变形温度有关,再结晶形核率可表示为:

$$\dot{n} = C\,\dot{\varepsilon}\exp\!\left(-\frac{Q_{act}}{RT}\right) \tag{5.14}$$

$$\rho_c = \left(\frac{20\gamma_i\,\dot{\varepsilon}}{3bMl^2}\right)^{\frac{1}{3}} \tag{5.15}$$

式中　C——常数;

　　　γ_i——大角度晶界的晶界能;

　　　M——晶界迁移率;

　　　Q_{act}——应变激活能;

　　　l——位错平均自由程;

　　　ι——单位长度的位错能量。

可知,当温度 T 升高时,位错密度将增加,所以 350 ℃挤压比 300 ℃挤压时再结晶的形核率高;同时,再结晶晶粒长大的过程是新晶粒与母晶之间界面能差引起的晶界的迁移过程,而第二相的析出将有效阻碍晶界的迁移。虽然较高的挤压温度将导致再结晶晶粒长大,但较高温度挤压时析出的第二相含量比较低温度挤压时析出的第二相多,将阻碍再结晶晶粒长大,最终合金化元素含量较高的合金(Al≥6%,Sn = 5%)不同温度挤压的晶粒尺寸相差并不大。

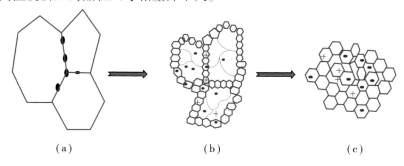

（a）　　　　　　　　（b）　　　　　　　　（c）

图 5.68　挤压过程中晶粒形核长大以及第二相析出示意图

表 5.13   250,300,350 ℃挤压的 Mg-Al-Sn-0.3Mn 合金的力学性能、
晶粒尺寸以及未再结晶区域的比例

挤压态样品	挤压温度/K	YS/MPa	UTS/MPa	E/%	Y/T	估算的未再结晶晶粒分数/%	平均再结晶晶粒尺寸/μm
ATM110	523	263	290	18.0	0.90	70	2.1
ATM110	573	260	292	21.0	0.89	63	2.3
ATM110	623	241	273	15.6	0.88	60	2.7
ATM310	523	229	293	16.0	0.78	38	3.0
ATM310	573	213	281	20.5	0.76	35	4.5
ATM310	623	201	271	20.0	0.74	34	4.2
ATM610	523	241	319	12.0	0.76	15	5.0
ATM610	573	203	300	19.0	0.68	—	7.1
ATM610	623	199	313	13.0	0.64	—	7.6
ATM910	573	285	373	12.0	0.76	—	9.6
ATM910	623	290	370	11.0	0.78	—	9.8
ATM130	523	249	288	18.0	0.86	67	1.6
ATM130	573	253	288	19.5	0.85	60	2.0
ATM330	523	225	306	15.4	0.74	28	3.0
ATM330	573	217	298	18.0	0.73	32	3.5
ATM330	623	203	295	16.4	0.69	26	4.0
ATM630	523	220	318	8.6	0.69	—	4.8
ATM630	573	226	326	14.3	0.69	—	6.8
ATM630	623	234	322	12.4	0.73	—	7.3
ATM930	573	290	355	8.5	0.82	—	7.8
ATM930	623	292	360	8.8	0.81	—	7.7
ATM150	523	235	276	21.0	0.85	30	1.8
ATM150	573	248	297	23.0	0.84	27	2.0
ATM150	623	232	283	17.5	0.82	23	1.9
ATM350	523	221	300	13.0	0.74	15	2.0
ATM350	573	242	316	16.0	0.76	16	2.3
ATM350	623	230	315	13.0	0.73	13	2.0
ATM650	523	221	320	10.0	0.69	—	8.5

续表

挤压态样品	挤压温度/K	YS/MPa	UTS/MPa	E/%	Y/T	估算的未再结晶粒分数/%	平均再结晶晶粒尺寸/μm
ATM650	573	232	346	17.0	0.67	—	8.0
ATM650	623	233	310	9.0	0.75	—	9.0
ATM950	573	300	370	8.2	0.81	—	6.2
ATM950	623	306	371	7.8	0.82	—	7.3
AZ31	573	187	279	16.0	0.67	—	—

从表 5.13 中不难发现，合金屈服强度随挤压温度升高的变化分为两种：Al 含量小于等于 3% 的合金，屈服强度随挤压温度的升高而降低；Al 含量大于等于 6% 的合金，屈服强度随挤压温度的升高而升高。

5.5　Mg-Al-Sn-Mn 合金热变形参数及本构方程

高温流变应力模型用于研究金属在高温塑性加工过程中流变应力在不同加工温度以及应变速率下的变化规律，该模型在钢铁以及铝合金中的应用非常广泛。由于镁合金室温下塑性差，绝大多数镁合金板材需通过热轧的方式生产（如 AZ31，AM30，LA141 板材等）。在高温变形过程中，镁合金的流变应力随着应变速率和温度的变化而变化且表现出较为严重的加工软化现象，故研究镁合金的高温流变显得尤为重要。

第 5.4 节的研究结果表明，ATM110，ATM130，ATM310，ATM330 这 4 个变形镁合金具有较高的塑性，有可能被开发为综合性能较优异的板材。本节将对这 4 个合金的高温流变应力模型建立本构方程，为这些塑性较好的新型变形镁合金的应用提供理论基础。

5.5.1　ATM110 合金的热变形参数及本构方程

（1）真应力应变曲线

图 5.69 所示为 ATM110 试样在不同温度、不同应变速率条件下的真实应力应变曲线。在同一应变温度下，随着应变速率的增加，流变应力不断增大。其原因是随着应变速率增加，变形过程中单位应变所需的变形时间变短，位错增加，动态再结晶所提供的软化时间也随之缩短，合金的临界剪切应力增加，最终导致合金的流变应力增加。另一方面，在同一应变速率下，随着温度的升高，流变应力不断下降。这主要是因为随着温度升高，金属原子的热震动增强，金属原子间的相互作用减弱；材

料的滑移系不断增多,滑移阻力减小,变形能力增强,从而降低了合金的流变应力。此外,由动态再结晶引起的软化随着温度的升高也在不断增大,进一步降低了合金的流变应力。

当应变速率最低($0.001\ s^{-1}$),在 300 ~ 400 ℃的温度下,合金的流变应力增大到最大值后逐渐降低至稳态阶段。可以推断合金在该条件下动态再结晶与加工硬化达到了一个动态平衡。而在 250 ℃的温度下,可能由于合金不完全动态再结晶等因素致使材料没达到稳态阶段。值得注意的是合金在 250 ℃时,应变速率为 $1\ s^{-1}$ 和 $0.1\ s^{-1}$,峰值流变应力基本相等,可能是由于 250 ℃变形温度较低,动态再结晶也不完全,由动态再结晶引起的软化时间较短,合金的流变应力增加;同时,应变速率都较快,位错激剧增加,最终导致两个应变速率下的峰值应力相差不大。随着应变的增加,应变速率为 $0.1\ s^{-1}$ 的合金由于应变的累积,合金动态再结晶引起的软化时间相对 $1\ s^{-1}$ 的合金长,使 $0.1\ s^{-1}$ 的合金流变应力降低。应变速率为 $1\ s^{-1}$ 的合金由于应变速率较快,位错增值明显,合金动态再结晶引起的软化时间很短,所以随着应变的增加,合金的流变应力降低不明显。

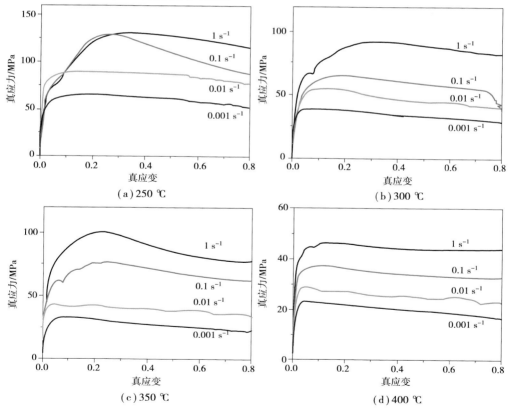

图 5.69　ATM110 试样不同温度、不同应变速率下的真实应力应变曲线

(2)热变形参数及本构方程

由图 5.69 可以看出,在热压缩过程中流变应力和变形温度之间存在着一定的关系。Sellars 和 Tegart 等提出在热变形条件下,可以用动态再结晶激活能与变形温度的双曲正弦模型表示上述参数,如下所示:

$$\dot{\varepsilon} = A\left[\sin h(\alpha\sigma)^n \cdot \exp\left(-\frac{Q}{RT}\right)\right] \tag{5.16}$$

式中 A, n 和 α——分别为材料常数;

       R——气体常数(8.314 J/mol·K);

       T——绝对温度;

       Q——动态再结晶激活能,俗称软化激活能,其反应高温变形过程中加工硬化与动态软化之间的平衡关系。

对式(5.16)求对数可得如下两个关系式:

$$\ln\dot{\varepsilon} = \ln A + n_1\ln|\sigma| - \frac{Q}{RT} \tag{5.17}$$

$$\ln\dot{\varepsilon} = \ln A + \beta|\sigma| - \frac{Q}{RT} \tag{5.18}$$

根据式(5.17)和式(5.18)可知,$n_1 = d\ln\dot{\varepsilon}/d\ln|\sigma|$,$\beta = d\ln\dot{\varepsilon}/d|\sigma|$,$\alpha = \beta/n_1$。从图 5.69 中选取了热压缩过程中的峰值流变应力与相应的应变,不同温度下的 $\ln\dot{\varepsilon}$ 与 $\ln\sigma$ 的线性关系如图 5.70(a)所示,采用最小二乘法回归求出各个拟合直线的斜率,该斜率为 n;不同变形温度下的 $\ln\dot{\varepsilon}$ 与 σ 的线性关系如图 5.70(b)所示,采用最小二乘法回归求出各个拟合直线的斜率,该斜率为 β。通过计算 ATM110 合金的 $n_1 = 8.2$,$\beta = 0.153\ 5$,$\alpha = 0.065\ 2$。

式(5.16)表示为:

$$\ln\dot{\varepsilon} = \ln A + n[\ln\sin h(\alpha\sigma)] - \frac{Q}{RT} \tag{5.19}$$

当 $\dot{\varepsilon}$ 确定时,上述方程可表示为:

$$Q = R \cdot \left.\frac{\partial\ln\dot{\varepsilon}}{\partial\ln[\sin h(\alpha\sigma)]}\right|_T \cdot \left.\frac{\partial\ln[\sin h(\alpha\sigma)]}{\partial(1/T)}\right|_{\dot{\varepsilon}} \tag{5.20}$$

式(5.20)可简化为:

$$Q = R \cdot n' \cdot D \tag{5.21}$$

其中 R 为气体常数;$n' = \left.\dfrac{\partial\ln\dot{\varepsilon}}{\partial\ln[\sin h(\alpha\sigma)]}\right|_T$;$D = \left.\dfrac{\partial\ln[\sin h(\alpha\sigma)]}{\partial(1/T)}\right|_{\dot{\varepsilon}}$。

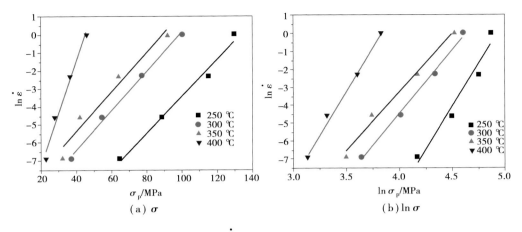

图 5.70　$\ln(\dot{\varepsilon})$ 与 $\ln(\sigma_{\mathrm{p}})$,σ_{p} 的关系图

$\ln \dot{\varepsilon} - \ln[\sin h(\alpha\sigma)]$ 在不同应变速率下的线性关系如图 5.71(a) 所示,图中所拟合的直线的斜率为 n',$n' = 2.32$。$\ln[\sin h(\alpha\sigma)] - 1/T$ 在不同应变速率下的线性关系图如图 5.71(b) 所示,图中所拟合的直线的斜率为 D,$D = 8.314$。所以 $Q = R \cdot D \cdot n' = 186.031$ kJ/mol。

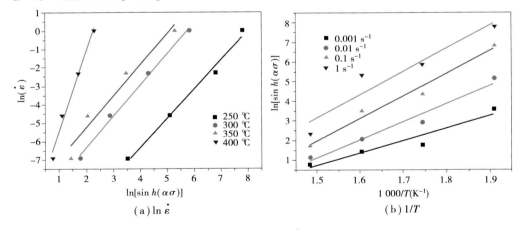

图 5.71　$\ln \sin h(\alpha\sigma)$ 与 $\ln \dot{\varepsilon}$,$1/T$ 的关系图

变形温度与应变速率对流变应力的影响可以通过引入 Zener-Hollomon(Z) 参数来表示:

$$Z = \dot{\varepsilon} \cdot \exp\left(\frac{Q}{RT}\right) \qquad (5.22)$$

Z 参数的物理意义为温度补偿的应变速率因子,将上式与式(5.14)比较可得:

$$Z = \dot{\varepsilon}\exp\left(\frac{Q}{RT}\right) = A \sin h(\alpha\sigma)^{n} \qquad (5.23)$$

对式(5.23)两边取对数:

$$\ln Z = \ln A + n \ln[\sin h(\alpha\sigma)] \tag{5.24}$$

式中 n——应力指数,A 与材料有关。

将计算得到的 Q 值代入式(5.23),Z 可表示为:

$$Z = \dot{\varepsilon} \cdot \exp\left(\frac{186.031}{RT}\right) \tag{5.25}$$

$\ln Z$ 与 $\ln[\sin h(\alpha\sigma)]$ 的关系如图 5.72 所示,线性拟合后所获得的直线斜率为 n 值,直线截距为 $\ln A$,从图中可知 ATM110 的 $n = 1.528$,$\ln A = 20.07$。

流变应力可以表示为:

$$\sigma = \frac{1}{\alpha}\ln\left\{\left(\frac{Z}{A}\right)^{\frac{1}{n}} + \left[\left(\frac{Z}{A}\right)^{\frac{2}{n}} + 1\right]^{\frac{1}{2}}\right\} \tag{5.26}$$

将上述一系列常数代入式(5.26),则流变应力可表示为:

$$\sigma = \frac{1}{0.065\,2}\ln\left\{\left(\frac{Z}{5.2 \times 10^8}\right)^{\frac{1}{1.528}} + \left[\left(\frac{Z}{5.2 \times 10^8}\right)^{\frac{2}{1.528}} + 1\right]^{\frac{1}{2}}\right\} \tag{5.27}$$

根据式(5.27)与应变温度、应变速率可以很好地算出 ATM110 合金在热变形过程中的峰值流变应力。

针对 ATM130,ATM310,ATM330 合金的热变形参数与本构方程的计算将采用与 ATM110 相同的方法,后面将不再进行详细阐述。

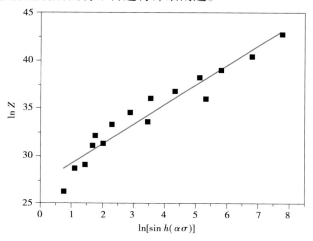

图 5.72 $\ln Z$ 与 $\ln[\sin h(\alpha\sigma)]$ 的关系图

5.5.2   ATM130 合金的热变形参数及本构方程

图 5.73 所示为 ATM130 试样在不同温度、不同应变速率条件下的真实应力应变曲线。在同一应变速率下,随着温度的升高,流变应力不断下降。导致该现象的原因与 ATM110 合金的原因一致:随着温度升高,金属原子的热震动增强,金属原子间的相互作用减弱;材料的滑移系不断增多,变形能力增强,滑移阻力减小,降低了

合金的流变应力。此外,由动态再结晶引起的软化随着温度升高也不断增大,进一步降低了合金的流变应力。另一方面,在同一应变温度下,随着应变速率的增加,流变应力不断增大(与 ATM110 合金的原因一致)。这主要由于随着应变速率的增加,变形过程中单位应变所需的变形时间变短,位错增加,动态再结晶所提供的软化时间也随之缩短,合金的临界剪切应力增加,最终导致合金的流变应力增加。

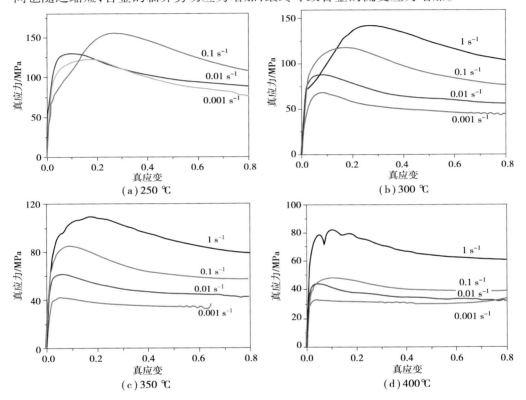

图 5.73　不同温度、不同应变速率下的真实应力应变曲线

当应变速率最低($0.001\ \mathrm{s^{-1}}$),$300 \sim 400\ ℃$的温度下,合金的流变应力增大到最大值后逐渐降低至稳态阶段,可以推断合金在该条件下动态再结晶与加工硬化达到了一个动态平衡。而在 $250\ ℃$的温度下,可能因合金不完全动态再结晶等因素而致使材料未达到稳态阶段。

不同变形温度下 $\ln \dot{\varepsilon}$ 与 $\ln \sigma_{\mathrm{p}}$,σ_{p} 的关系如图 5.74 所示,通过计算得出 ATM130 合金的 $n_1 = 7.56$,$\beta = 0.118$,$\alpha = 0.015\ 6$。

不同应变速率下 $\ln[\sin h(\alpha\sigma)]$ 与 $\ln \dot{\varepsilon}$,$1/T$ 的关系如图 5.75 所示,图中所拟合的直线的斜率 $n' = 5.41$,$D = 2.86$。所以 $Q = R \cdot D \cdot n' = 128.639\ \mathrm{kJ/mol}$。

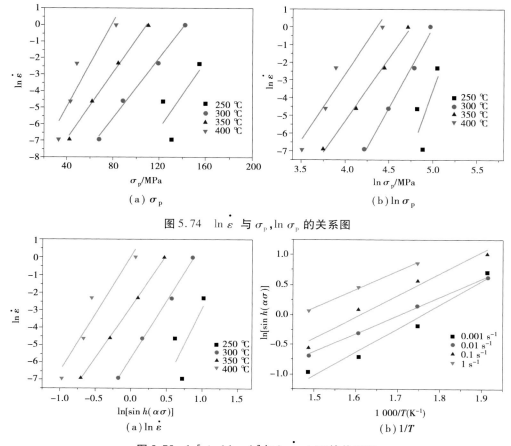

（a）σ_p　　　　　　　　　　（b）$\ln \sigma_p$

图 5.74　$\ln \dot{\varepsilon}$ 与 σ_p，$\ln \sigma_p$ 的关系图

（a）$\ln \dot{\varepsilon}$　　　　　　　　　　（b）$1/T$

图 5.75　$\ln[\sin h(\alpha\sigma)]$ 与 $\ln \dot{\varepsilon}$，$1/T$ 的关系图

$\ln Z$ 与 $\ln[\sin h(\alpha\sigma)]$ 的关系如图 5.76 所示，线性拟合后所获得的直线斜率为 n 值，直线截距为 $\ln A$，从图中可知 ATM110 的 $n = 5.2$，$A = 2.67 \times 10^6$。

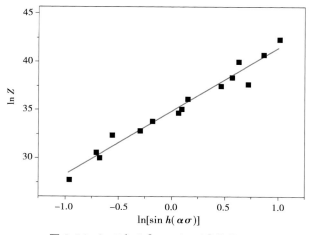

图 5.76　$\ln Z$ 与 $\ln[\sin h(\alpha\sigma)]$ 的关系图

流变应力可表示为：

$$\sigma = \frac{1}{0.015\,6}\ln\left\{\left(\frac{Z}{2.67 \times 10^{6}}\right)^{\frac{1}{5.2}} + \left[\left(\frac{Z}{2.67 \times 10^{6}}\right)^{\frac{2}{5.2}}\right] + 1\right\}^{\frac{1}{2}} \qquad (5.28)$$

根据式(5.28)与应变温度、应变速率可以很好地计算出 ATM130 合金在热变形过程中的峰值流变应力，具有很高的工程应用价值。

5.5.3　ATM310 合金的热变形参数及本构方程

图 5.77 所示为 ATM310 试样在不同温度、不同应变速率条件下的真实应力应变曲线。在同一应变温度下，随着应变速率的增加，流变应力不断增大。另一方面，在同一应变速率下，随着温度的升高，流变应力不断下降这一现象与 ATM110 和 ATM130 合金一致。其主要原因是温度升高，金属原子的热震动增强，金属原子间的相互作用减弱；材料的滑移系不断增多，变形能力增强，滑移阻力减小，降低了合金的流变应力。此外，由动态再结晶引起的软化随着温度的升高也不断增大，进一步降低了合金的流变应力。另一方面，随着应变速率的增加，流变应力不断增大。这主要是由于随着应变速率增加，变形过程中单位应变所需的变形时间变短，位错增

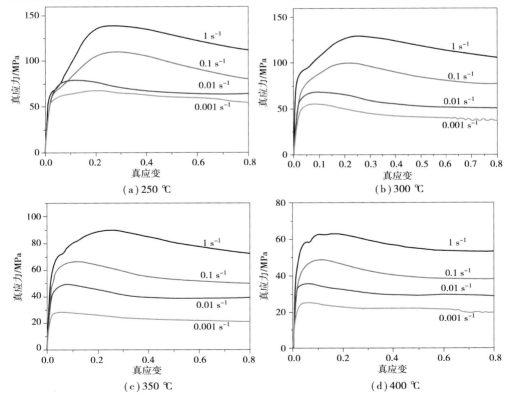

图 5.77　不同温度、不同应变速率下的真实应力应变曲线

加,动态再结晶所提供的软化时间也随之缩短,合金的临界剪切应力增加,最终导致合金的流变应力增加。

当应变速率较低时($0.01\ \text{s}^{-1}$与$0.001\ \text{s}^{-1}$),在所有温度下,合金的流变应力增大到最大值后逐渐降低至稳态阶段。可以推断合金在该条件下动态再结晶与加工硬化达到了一个动态平衡。在较高的应变速率下,由动态再结晶引起的软化时间较短,合金的流变应力增加;同时,应变速率较快,位错急剧增加,最终导致合金的流变应力没有达到稳态。

不同温度下$\ln \dot{\varepsilon}$与$\ln \sigma_{\text{p}}$,σ_{p}的线性关系如图5.78所示,通过计算得出ATM110合金的$n_1 = 9.378$,$\beta = 0.105\ 85$,$\alpha = 0.011\ 28$。

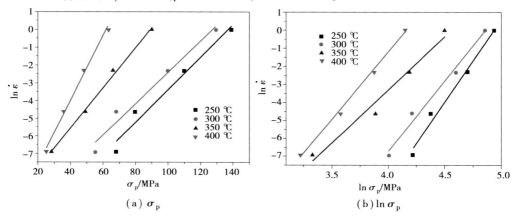

(a) σ_{p} (b) $\ln \sigma_{\text{p}}$

图 5.78 $\ln \dot{\varepsilon}$ 与 σ_{p},$\ln \sigma_{\text{p}}$ 的关系图

不同应变速率下$\ln[\sin h(\alpha\sigma)]$与$\ln \dot{\varepsilon}$,$1/T$的线性关系如图5.79所示,图中所拟合的直线的斜率$n' = 6.79$,$D = 3.439$。所以$Q = R \cdot D \cdot n' = 194.138\ \text{kJ/mol}$。

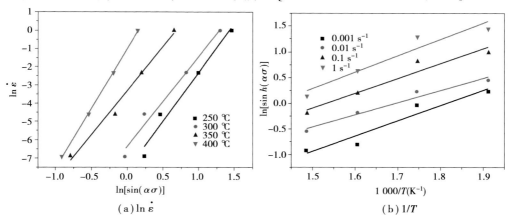

(a) $\ln \dot{\varepsilon}$ (b) $1/T$

图 5.79 $\ln[\sin h(\alpha\sigma)]$ 与 $\ln \dot{\varepsilon}$,$1/T$ 的关系图

$\ln Z$ 与 $\ln[\sin h(\alpha\sigma)]$ 的关系图如 5.80 所示,线性拟合后所获得的直线斜率为 n 值,直线截距为 $\ln A$,从图中可知 ATM110 的 $n = 6.58$,$A = 3.86 \times 10^{11}$。

流变应力可表示为:

$$\sigma = \frac{1}{0.011\,28}\ln\left\{\left(\frac{Z}{3.86 \times 10^{11}}\right)^{\frac{1}{6.58}} + \left[\left(\frac{Z}{3.86 \times 10^{11}}\right)^{\frac{2}{6.58}} + 1\right]^{\frac{1}{2}}\right\} \quad (5.29)$$

根据式(5.49)与应变温度、应变速率可以很好地计算出 ATM310 合金在热变形过程中的峰值流变应力。

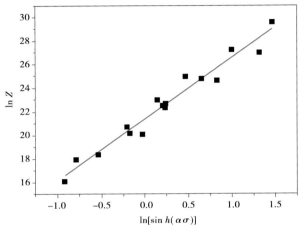

图 5.80　$\ln Z$ 与 $\ln[\sin h(\alpha\sigma)]$ 的关系图

5.5.4　ATM330 合金的热变形参数及本构方程

图 5.81 所示为 ATM330 试样在不同温度、不同应变速率条件下的真实应力应变曲线,曲线的变化趋势与前面讨论的 3 种合金变化趋势一致。在同一应变温度下,随着应变速率的增加,流变应力不断增大。其主要原因是随着应变速率的增加,变形过程中单位应变所需的变形时间变短,位错增加,动态再结晶所提供的软化时间也随之缩短,合金的临界剪切应力增加,最终导致合金的流变应力增加。另一方面,在同一应变速率下,随着温度的升高,流变应力不断下降。由于随着温度升高,金属原子的热震动增强,金属原子间的相互作用减弱;材料的滑移系不断增多,变形能力增强,滑移阻力减小,降低了合金的流变应力。此外,由动态再结晶引起的软化随着温度升高也不断增大,进一步降低了合金的流变应力。

当应变速率最低(0.001 s⁻¹),300~400 ℃ 的温度下,合金的流变应力增大到最大值后逐渐降低至稳态阶段。可以推断合金在该条件下动态再结晶与加工硬化达到了一个动态平衡。

不同温度下的 $\ln \dot{\varepsilon}$ 与 $\ln \sigma_p$,σ_p 的线性关系如图 5.82 所示,通过计算得出 ATM110 合金的 $n_1 = 9.355\,9$,$\beta = 0.115\,5$,$\alpha = 0.123\,45$。

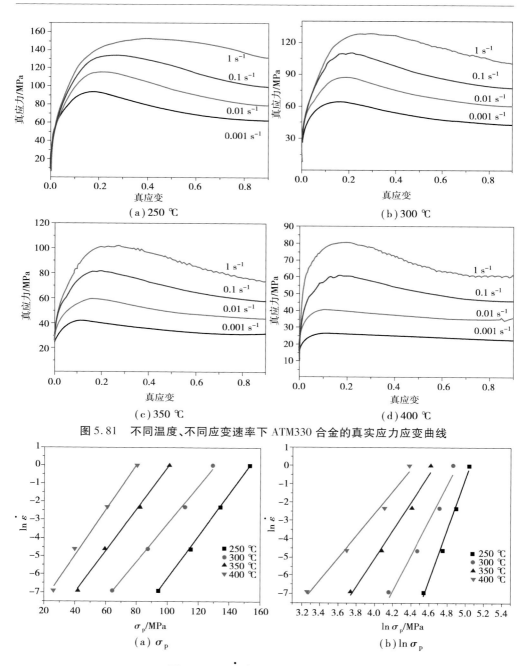

图 5.81　不同温度、不同应变速率下 ATM330 合金的真实应力应变曲线

图 5.82　$\ln \dot{\varepsilon}$ 与 σ_p,$\ln \sigma_p$ 的关系图

不同应变速率下的 $\ln[\sin h(\alpha\sigma)]$ 与 $\ln \dot{\varepsilon}$、$1/T$ 的线性关系图如图 5.83 所示,图中所拟合的直线的斜率 $n' = 6.3329$,$D = 3.10426$。所以 $Q = R \cdot D \cdot n' = 163.44$ kJ/mol。

$\ln Z$ 与 $\ln[\sin h(\alpha\sigma)]$ 的关系图如 5.84 所示,线性拟合后所获得的直线斜率为 n 值,直线截距为 $\ln A$,从图中可知 ATM110 的 $n = 6.202$,$\ln A = 27.5$。

流变应力可表示为:

$$\sigma = \frac{1}{0.123\,45}\ln\left\{\left(\frac{Z}{8.72\times10^{11}}\right)^{\frac{1}{6.202}} + \left[\left(\frac{Z}{8.72\times10^{11}}\right)^{\frac{2}{6.202}} + 1\right]^{\frac{1}{2}}\right\} \quad (5.30)$$

根据式(5.30)与应变温度、应变速率可以很好地计算出 ATM330 合金在热变形过程中的峰值流变应力,具有很高的工程应用价值。

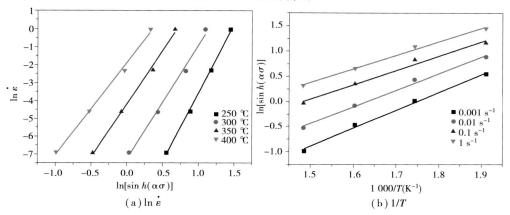

(a) $\ln\dot{\varepsilon}$　　　　　　(b) $1/T$

图 5.83　$\ln[\sin h(\alpha\sigma)]$ 与 $\ln\dot{\varepsilon}$,$1/T$ 的关系图

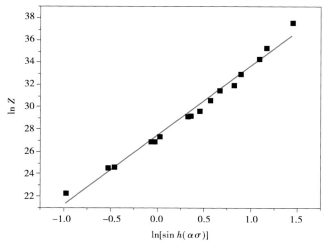

图 5.84　$\ln Z$ 与 $\ln[\sin h(\alpha\sigma)]$ 的关系图

本章小结

(1)在挤压态 Mg-Sn 合金中,随着 Sn 含量的增加,挤压态 Mg-Sn 合金抗拉强度在 3 个方向上都有明显提升,Sn 含量由 0.5wt.% 增加到 2.5wt.% 时,沿 TD 板材的

抗拉强度由 266 MPa 提高到了 331 MPa。随着 Sn 含量的增加,挤压态 Mg-Sn 合金的延伸率及 n 值也均呈升高的趋势。

（2）利用现有的热力学数据构建了 Mg-Al-Sn 三元相图,并通过平衡试样验证了构建的 Mg-Al-Sn 三元相图。Mg-Al-Sn 体系中没有检测到三元化合物;本体系 300 ℃ 等温截面含有 7 个单相区:α-Mg,Al,Sn,$Mg_{17}Al_{12}$,$Al_{30}Mg_{23}$,Al_3Mg_2,Mg_2Sn;11 个两相区:Al-Al_3Mg_2,Al_3Mg_2-$Mg_{17}Al_{12}$,Mg-$Mg_{17}Al_{12}$,Mg-Mg_2Sn,Mg_2Sn-Sn,Sn-Al,Mg_2Sn-Al_3Mg_2,Mg_2Sn-$Mg_{17}Al_{12}$,Mg_2Sn-Al,Al_3Mg_2-$Al_{30}Mg_{23}$,Mg_2Sn-$Al_{30}Mg_{23}$;5 个三相区:Mg_2Sn-$Mg_{17}Al_{12}$-Mg,Mg_2Sn-$Mg_{17}Al_{12}$-Al_3Mg_2,Mg_2Sn-Al-Al_3Mg_2,Mg_2Sn-Al-Sn,Al_3Mg_2-Mg_2Sn-$Al_{30}Mg_{23}$。

（3）Mg-Al-Sn-Mn 合金主要含:α-Mg,$Mg_{17}Al_{12}$ 与 Mg_2Sn 3 个相,以及少量的含锰化合物 $[Al_8Mn_5,Al_8(Mn,Fe)_5]$。在 Mg-Al-Sn-Mn 铸造合金中,增加合金化元素可有效细化晶粒,提高合金的强度,Sn 元素的作用弱于 Al。过量的 Sn 将降低 Mg-Al-Sn-Mn 铸造合金的延伸率以及抗拉强度。1% 的 Sn 添加到 Al 含量≥6% 的 AM 系合金中,可改善粗大离异共晶 $Mg_{17}Al_{12}$ 相的形貌,一定程度地细化晶粒,有效改善合金的强度与塑性。成本较低、综合性能较好的 Mg-Al-Sn-Mn 铸造合金的成分为:Al 含量≥6%,Sn 含量为 1% ~ 3%,Mn 含量为 0.3%;此类合金屈服强度为 110 ~ 140 MPa,抗拉强度可高于 200 MPa,延伸率为 1% ~8%。

（4）在未完全再结晶的挤压态 Mg-xAl-ySn-0.3Mn($x = 1,3$;$y = 1,3,5$)合金中,粗大的未再结晶区域含较强的$(10\bar{1}0)$、(0001)织构,未再结晶晶粒的(0001)基面法线方向以及 $<11\bar{2}0>$滑移方向趋向垂直于挤压方向;再结晶弱化$(10\bar{1}0)$织构,使再结晶晶粒的(0001)基面以及 $<11\bar{2}0>$滑移方向趋向平行于挤压方向。增加合金化元素含量或提高挤压温度可促进再结晶、弱化织构,降低合金的拉伸屈服强度;反之,可有效提高合金的拉伸屈服强度。Mg-xAl-ySn-0.3Mn($x = y = 1,3$)合金具有较优异的综合性能(屈服强度 >200 MPa、延伸率 ~20%)。

（5）在完全再结晶的挤压态 Mg-xAl-ySn-0.3Mn($x = 6,9$;$y = 1,3,5$)合金中,成分、挤压温度对再结晶晶粒尺寸的影响变小;固溶强化、第二相强化是合金主要的强化机制。增加合金化元素含量或提高挤压温度可有效提高合金的拉伸屈服强度;Mg-9Al-ySn-0.3Mn($y = 1,3,5$)合金具有较高的屈服强度(>280 MPa)。

（6）在挤压态 Mg-Al-Sn-Mn 系合金中,挤压前存在的 Mg_2Sn 相与 Mg 基体为非共格关系;挤压过程中动态析出的 Mg_2Sn 与 Mg 基体为共格、半共格关系,其中共格关系的位相为:$(0001)Mg//(0\bar{3}3)Mg_2Sn$,$[2\bar{1}\bar{1}0]Mg//[\bar{1}22]Mg_2Sn$。$Mg_{17}Al_{12}$ 析出相与 Mg 基体的位向关系为:$(0001)_{Mg}//(2\bar{2}2)_{Mg_{17}Al_{12}}$,$[2\bar{1}\bar{1}0]_{Mg}//[\bar{1}22]_{Mg}//[122]_{Mg_{17}Al_{12}}$。$Al_8Mn_5$ 析出相与 Mg 基体的位向关系为:$(\bar{2}\bar{1}10)_{Mg}//(20\bar{2}0)_{Al_8Mn_5}$,$[2\bar{4}23]_{Mg}//[01\bar{1}1]_{Al_8Mn_5}$。

（7）经计算 ATM110 合金的平均动态再结晶激活能为：186.031 kJ/mol；峰值流变应力可表达为：$\sigma = \dfrac{1}{0.065\,2}\ln\left\{\left(\dfrac{Z}{5.2\times10^{8}}\right)^{\frac{1}{1.528}} + \left[\left(\dfrac{Z}{5.2\times10^{8}}\right)^{\frac{2}{1.528}} + 1\right]^{\frac{1}{2}}\right\}$。ATM130 合金的平均动态再结晶激活能为 128.639 kJ/mol；峰值流变应力可表达为：$\sigma = \dfrac{1}{0.015\,6}\ln\left\{\left(\dfrac{Z}{2.67\times10^{6}}\right)^{\frac{1}{5.2}} + \left[\left(\dfrac{Z}{2.67\times10^{6}}\right)^{\frac{2}{5.2}} + 1\right]^{\frac{1}{2}}\right\}$。ATM310 合金的平均动态再结晶激活能为：194.138 kJ/mol；峰值流变应力可表达为：$\sigma = \dfrac{1}{0.011\,28}\ln\left\{\left(\dfrac{Z}{3.86\times10^{11}}\right)^{\frac{1}{6.58}} + \left[\left(\dfrac{Z}{3.86\times10^{11}}\right)^{\frac{2}{6.58}} + 1\right]^{\frac{1}{2}}\right\}$。ATM330 合金的平均动态再结晶激活能为：163.44 kJ/mol；峰值流变应力可表达为：$\sigma = \dfrac{1}{0.123\,45}\ln\left\{\left(\dfrac{Z}{8.72\times10^{11}}\right)^{\frac{1}{6.202}} + \left[\left(\dfrac{Z}{8.72\times10^{11}}\right)^{\frac{2}{6.202}} + 1\right]^{\frac{1}{2}}\right\}$。

（8）含 Sn 合金总体而言，综合性能较好，塑性改善的效果不很明显。这和前面的计算设计是吻合的，进一步证实了固溶元素对 CRSS 影响的重要性。

参 考 文 献

［1］SASAKI K T T, OH-ISHI, OHKUBO T, et. al. Enhanced age hardening response by the addition of Zn in Mg-Sn alloys［J］. Scripta Materialia, 2006, 55(3):251-254.

［2］CHENG W L, Park S S, You B S, et al. Microstructure and mechanical properties of binary Mg-Sn alloys subjected to indirect extrusion［J］. Materials Science & Engineering A, 2010, 527(18-19): 4650-4653.

［3］刘婷婷, 潘复生. 镁合金"固溶强化增塑"理论的发展和应用［J］. 中国有色金属学报, 2019 (9): 2050-2063.

［4］DONG C, REN Y P, YUN G, et al. Microstructures and tensile properties of as-extruded Mg-Sn binary alloys［J］. 中国有色金属学报(英文版), 2010, 020(007):1321-1325.

［5］WANG H Y, ZHANG N, WANG C, et al. First-principles study of the generalized stacking fault energy in Mg-3Al-3Sn alloy［J］. Scripta Materialia, 2011, 65(8):723-726.

［6］DOERNBERG E, KOZLOV A, SCHMID-FETZER R. Experimental Investigation and Thermodynamic Calculation of Mg-Al-Sn Phase Equilibria and Solidification Microstructures［J］. Journal of Phase Equilibria and Diffusion, 2007, 28(6): 523-535.

［7］KANG YOUN-BARE, PLTON ARTHUR D. Modeling short-range ordering in liquids: The Mg-Al-Sn system, 2010, (34): 180-188.

［8］ELSAYED F R, SASAKI T T, MENDIS C L, et al. Significant enhancement of the age-hardening response in Mg-10Sn-3Al-1Zn alloy by Na microalloying［J］. Scripta Materialia, 2013, 68(10): 797-800.

［9］CHEN J, CHEN Z, YAN H, et al. Effects of Sn addition on microstructure and mechanical properties of Mg-Zn-Al alloys[J]. Journal of Alloys & Compounds,2008,461(1):209-215.

[10] CELIKIN M, KAYA A A, PEKGULERYUZ M. Effect of manganese on the creep behavior of magnesium and the role of α-Mn precipitation during creep[J]. Materials Science & Engineering A, 2012,534:129-141.

[11] 雍岐龙,孙新军,张正延,等. Nb 在铸铁中的物理冶金学作用原理[J]. 现代铸铁,2011(2): 15-21.

[12] ZHANG M X, KELLY P M, EASTON M A, et al. Crystallographic study of grain refinement in aluminum alloys using the edge-to-edge matching model[J]. Acta Materialia, 2005, 53 (5): 1427-1438.

[13] 胡汉起. 金属凝固理论[M]. 北京:机械工业出版社, 1987.

[14] WYRZYKOWSKI J W,GRABSKI M W. The Hall-Petch relation in aluminium and its dependence on the grain boundary structure[J]. Philosophical Magazine A,1986,53(4):505-520.

[15] SHE J, ZHAN Y, LI C. Novel in situ synthesized zirconium matrix composites reinforced with ZrC particles[J]. Materials Science and Engineering:A,2010,527(23):6454-6458.

[16] SHE J, ZHAN Y. High volume intermetallics reinforced Ti-based composites in situ synthesized from Ti-Si-Sn ternary system [J]. Materials Science & Engineering A, 2011, 528 (10-11): 3871-3875.

[17] Cáceres C H,et al. Solid solution strengthening in concentrated Mg-Al alloys[J]. Journal of Light Metals,2001,3(1):151-156.

[18] SHI B Q, CHEN R S, KE W. Solid solution strengthening in polycrystals of Mg-Sn binary alloys [J]. Journal of Alloys & Compounds,2011,509(7):3357-3362.

[19] GROSCH G H, KLAUS-J R. Studies on AB2-type intermetallic compounds, I. Mg_2Ge and Mg_2Sn:single-crystal structure refinement and ab initio calculations[J]. Journal of Alloys & Compounds,1996,235(2):250-255.

[20] WANG N, YU W, TANG B, et al. Structural and mechanical properties of $Mg_{17}Al_{12}$ and $Mg_{24}Y_5$ from first-principles calculations[J]. Journal of Physics D: Applied Physics,2008,41 (19):195408.

[21] ZHANG M X, KELLY P M. Edge-to-edge matching and its applications:Part Ⅱ. Application to Mg-Al,Mg-Y and Mg-Mn alloys[J]. Acta Materialia,2005,53(4):1085-1096.

[22] WANG Y, XIA M, FAN Z, et. al.. The effect of Al_8Mn_5 intermetallic particles on grain size of as-cast Mg-Al-Zn AZ91D alloy[J]. Intermetallics,2010,18(8):1683-1689.

[23] 毛萍莉,刘正,王长义,等. 高应变速率下 AZ31B 镁合金的压缩变形组织[J]. 中国有色金属学报,2009,19(5): 816-820.

[24] SASAKI T T, YAMAMOTO K, HONMA T, et al. A high-strength Mg-Sn-Zn-Al alloy extruded at low temperature[J]. Scripta Materialia,2008,59(10):1111-1114.

[25] JUNG J G, PARK S H, YU H, et al. Improved mechanical properties of Mg-7.6Al-0.4Zn alloy through aging prior to extrusion[J]. Scripta Materialia,2014(93):8-11.

[26] ROBERTS W, AHLBLOM B. A nucleation criterion for dynamic recrystallization during hot working[J]. Acta Metallurgica,1978,26(5):801-813.

[27] JONAS J J, SELLARS C M, TEGART W J M. Strength and structure under hot-working conditions[J]. Metallurgical Reviews,1969,14(1):1-24.

[28] LUTON M J, SELLARS C M. Dynamic recrystallization in nickel and nickel-iron alloys during high temperature deformation[J]. Acta Metallurgica,1969,17(8):1033-1043.

[29] WEERTMAN J. Zener-Stroh crack, Zener-Hollomon parameter, and other topics[J]. 1986,60 (6):1877-1887.

第6章　Mg-Gd-Y-Zn-Mn 高强度高塑性镁合金

近年来,研究开发的 Mg-RE-Zn-Zr 系变形镁合金由于 LPSO 相和时效沉淀相的复合强化作用,强度可以达到 500 MPa 以上,但是塑性很低,延伸率一般只有 3% ~ 5%,而且关于 Mg-RE-Zn 系合金塑性变形规律的研究还比较缺乏。前面的研究已表明,Mn 的添加可以改善塑性,而且挤压和轧制变形能够有效调控镁合金的组织和性能,能够应用于棒材、管材、型材和板材的大规模生产,对于促进镁合金的生产应用具有重大意义。为此本章用 Mn 代替 Zr,并控制 LPSO 相发展了高强高韧变形镁合金,针对挤压、轧制变形对高强度 Mg-Gd-Y-Zn-Mn 合金组织性能的影响进行介绍。

6.1　挤压变形对 Mg-Gd-Y-Zn-Mn 合金与性能的影响

6.1.1　铸态 Mg-Gd-Y-Zn-Mn 合金及其均匀化退火后的显微组织

从图 6.1 的 XRD 图谱上看,铸态 Mg-Gd-Y-Zn-Mn 合金的相组成主要为 α-Mg 基体、LPSO 相 $Mg_{12}Zn(Y,Gd)$ 和共晶相 $(Mg,Zn)_3(Gd,Y)$。经高温均匀化退火处理后,共晶相的衍射峰消失,LPSO 相的衍射峰强度增大。说明均匀化退火处理中共晶相发生溶解或转变为 LPSO 相,均匀化退火后合金中共晶相消失,LPSO 相含量增多。

图 6.2 所示为 540 ℃ ×4 h 均匀化退火前后合金的显微组织金相照片,可以看到,铸态合金中存在部分枝晶状晶粒,整体上看其晶粒组织不均匀;均匀化退火处理后合金中晶粒显著长大,并且全部演变为等轴状晶粒。

从图 6.3 所示铸态和均匀化退火态合金的背散射扫描图像可以看出,铸态中存在两种衬度的第二相,即白亮相和灰亮相,其中较大尺寸的白亮相表现出骨骼状形貌,其余白亮相和灰亮相呈块状,两种第二相呈网状分布于晶界处和枝晶间。均匀化退火态中第二相主要为灰亮相,其中一部分呈块状分布于晶界处,另一部分以层状形式分布于整个晶粒中,并且每个晶粒中层状相的取向一致。对铸态和均匀化退火态中的白亮相和灰亮相进行 EDS 成分测试,结果见表 6.1。

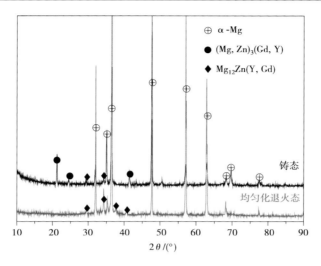

图 6.1　铸态和均匀化退火态合金的 XRD 图谱

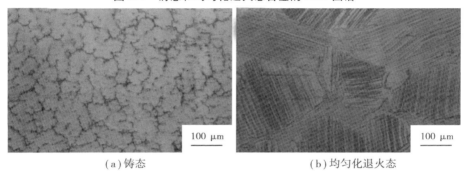

（a）铸态　　　　　　　　　　　　　（b）均匀化退火态

图 6.2　显微组织金相照片

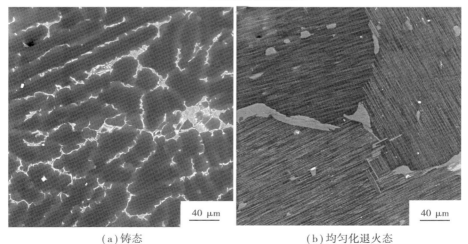

（a）铸态　　　　　　　　　　　　　（b）均匀化退火态

图 6.3　SEM 显微组织

表 6.1　铸态和均匀化退火态合金中第二相的 EDS 测试结果

合金状态	第二相	Mg /at. %	Zn /at. %	Y /at. %	Gd /at. %	相种类
铸态	白亮相	79.88	6.09	6.62	7.41	$(Mg,Zn)_3RE$ 共晶相
	灰亮相	90.42	3.31	3.61	2.66	LPSO 相
均匀化退火态	灰亮相	88.68	4.19	4.25	2.88	LPSO 相

　　分析表 6.1 中第二相中各元素的含量比值,与 XRD 分析结果对照可以得出:铸态中白亮相和灰亮相分别为共晶相$(Mg,Zn)_3(Gd,Y)$和 LPSO 相 $Mg_{12}Zn(Y,Gd)$;均匀化退火态中灰亮相 EDS 成分测试采集于块状相处,同样可推断均匀化退火态中的块状相为 LPSO 相 $Mg_{12}Zn(Y,Gd)$。对于均匀化退火态合金中的层状相,由之前相近体系合金中层状相的 TEM 检测分析结果来看,层状相为 14H 型 LPSO 相。

6.1.2　挤压比对 Mg-Gd-Y-Zn-Mn 挤压棒材合金组织与性能的影响

　　图 6.4 所示为挤压棒材合金的显微组织金相照片。挤压比为 8 时,从横截面上看,合金中存在大量层状组织,仅在层状组织交界处出现了极少量新的再结晶晶粒,层状组织由层状 LPSO 相和 α-Mg 基体构成;从纵截面上看,在挤压变形作用下,大量层状组织趋向于与挤压方向平行,同时也只能观察到极少量的再结晶晶粒。以上结果表明,挤压比为 8 时,挤压过程中几乎没有发生再结晶。这是因为,一方面,层状 LPSO 相在挤压变形中未发生明显变化,大量细密的层状 LPSO 相将 Mg 基体分隔开,将阻碍 Mg 基体间原子的扩散,从而阻碍了合金中再结晶的发生,因为再结晶晶粒的形核与长大均涉及原子的扩散;另一方面,挤压比较低时,变形量较小,合金的畸变能不足以促使再结晶的形核和长大。当挤压比为 11 时,合金中仍然以层状组织为主。相比于挤压比为 8 的合金,由于变形程度增大,挤压比为 11 的合金中层状组织与挤压方向的平行程度增大,合金中新的再结晶晶粒增多,主要分布在原晶粒的晶界处。当挤压比为 27 时,挤压比较大,挤压过程中合金发生剧烈的变形,变形储能增大,由此引发了较强的再结晶,最终合金中出现了大量等轴状再结晶晶粒组织。挤压比增大至 42 时,变形程度进一步增大促进了再结晶作用,合金中再结晶晶粒进一步增多,仅观察到少量的层状相组织。综合来看,随着挤压比的增大,合金的变形越剧烈,再结晶程度越大,再结晶晶粒组织逐渐增多,层状变形组织逐渐减少。再结晶晶粒随着挤压比的增大无明显细化,甚至在最大挤压比为 42 时,再结晶晶粒尺寸略有增大,这是因为挤压温度较高,导致部分再结晶晶粒容易长大。

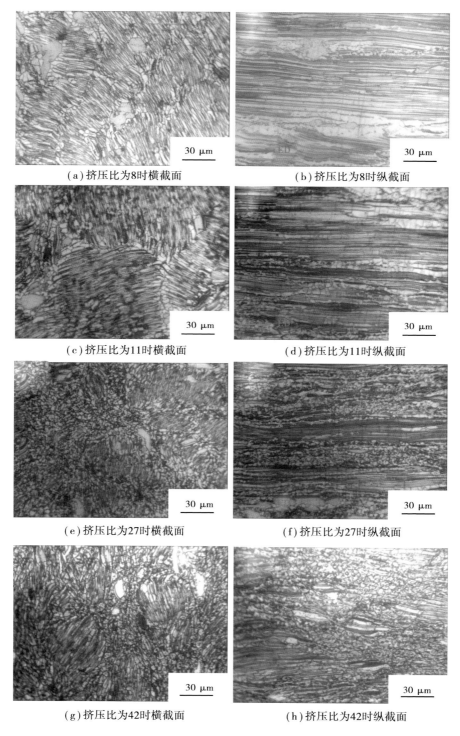

（a）挤压比为8时横截面　　　　　　（b）挤压比为8时纵截面

（c）挤压比为11时横截面　　　　　　（d）挤压比为11时纵截面

（e）挤压比为27时横截面　　　　　　（f）挤压比为27时纵截面

（g）挤压比为42时横截面　　　　　　（h）挤压比为42时纵截面

图6.4　挤压棒材合金的显微组织金相照片

　　图 6.5 所示为挤压棒材合金的显微组织背散射扫描图像。从整体上看,各工艺条件下的合金中第二相主要为一种灰亮相,即 LPSO 相。在挤压作用下,LPSO 相主要沿着挤压方向分布。相比于原始均匀化退火态合金,挤压后合金中块状 LPSO 相的尺寸较小,同时分布较为均匀。其原因是块状 LPSO 相在挤压作用下,块状相被拉长变细或者被位错切分开来,随后在挤压变形和再结晶作用下重新分布。然而,随着挤压比的增大,块状 LPSO 相并没有发生显著的细化现象。扫描图像中被拉长的 LPSO 相,说明了块状 LPSO 相发生了相应的塑性变形。另外,其中被分割的块状 LPSO 相,对应位错切过第二相粒子这种交互机制,该机制一般发生在第二相可变形的情况下,此种情况也说明了 LPSO 相是具有一定韧性的第二相。研究表明,含 LPSO 相合金在受力变形时,块状 LPSO 相可以通过位错滑移机制发生相应的变形。说明在挤压作用下,块状 LPSO 相自身可以发生相应的变形,进而协调合金变形,释放应力,而脆性相在强烈的应力下直接发生碎裂。此外,该合金中 LPSO 相含量不高,塑性变形主要由 Mg 基体贡献,因而随着挤压比的增大,LPSO 相的变形不大,导致所研究的不同挤压比范围内,合金中块状 LPSO 相的尺寸大小相差不大。

　　在挤压比为 8 的合金中,可以观察到多处层状 LPSO 相发生扭折的情况,如图 6.5(b)所示。扭折变形是 LPSO 相的重要变形机制,有利于协调合金的变形,在大量含 LPSO 相镁合金的塑性变形相关研究中都能观察到。对于层状的 LPSO 相,扭折变形后层状结构会被破坏截断。此时对再结晶的抑制作用减弱,再加上扭折区域变形储能较大,使得扭折变形区域易发生再结晶。挤压比增大到 11 和 27 时,合金中很少观察到扭折变形,是因为变形程度增大,促使发生再结晶,扭折变形区域优先发生再结晶而消失。此外,随着挤压比的增大,层状 LPSO 相逐渐减小。这一方面可能是因为变形程度增大,扭折变形区域增多,发生再结晶后层状 LPSO 相变少;另一方面是变形程度增大后,层状 LPSO 相之间的 Mg 基体更容易发生再结晶,新晶粒的出现可能排挤打断了层状 LPSO 相,导致了层状 LPSO 相减少。然而随着再结晶晶粒的增多,层状 LPSO 相并不是直接溶解消失,仔细观察等轴晶区域,可以发现大量被打断的 LPSO 相仍然存在于新晶粒的交界处。

　　测试挤压棒材合金的力学性能,结果如图 6.6 和表 6.2 所示。相比于挤压前的均匀化退火态合金,挤压变形后合金的屈服强度和延伸率都有极大提高。一方面是因为挤压变形后,消除了铸造缺陷;另一方面是因为挤压变形后合金的组织都有所细化,层状 LPSO 相沿着挤压方向分布。研究表明,沿着挤压方向分布的 LPSO 相,对合金起到纤维增强的作用。对比来看,随着挤压比的增大,合金的屈服强度呈现逐渐上升的趋势。对于挤压比为 8 和 11 的合金,晶粒组织沿着挤压方向被拉长而发生了不同程度的变形,没有发生明显的再结晶细化。挤压后合金强度的提高主要源于:①沿着挤压方向分布的大量细小层状 LPSO 相的纤维增强作用;②层状相将

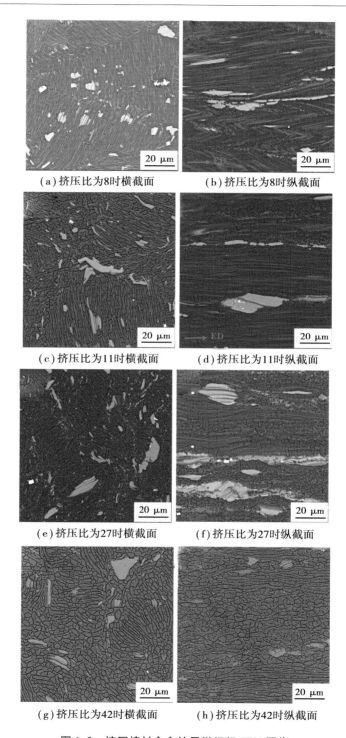

（a）挤压比为8时横截面　　　（b）挤压比为8时纵截面

（c）挤压比为11时横截面　　　（d）挤压比为11时纵截面

（e）挤压比为27时横截面　　　（f）挤压比为27时纵截面

（g）挤压比为42时横截面　　　（h）挤压比为42时纵截面

图 6.5　挤压棒材合金的显微组织 SEM 图像

Mg 基体分隔开来,阻碍 Mg 基体间变形的协调,从而使提高合金的强度;③一定程度的加工硬化。挤压比由 8 增大至 11 时,合金的变形程度增大,层状相与挤压方向的平行程度增大,层状相的强化作用增强,同时相应的加工硬化效应增大,因而屈服强度有所提高。而对于挤压比为 27 和 42 的合金,挤压后出现大量新的再结晶,发生了一定程度的再结晶细化,挤压后合金强度的提高主要是由于再结晶晶粒的细晶强化、一定程度的加工硬化,以及变形晶粒中层状相的强化作用。挤压比由 27 增大至42 时,变形程度增大,再结晶晶粒增多,屈服强度略有提升。相比于挤压比为 27 和42 的合金,挤压比为 8 和 11 的合金变形程度较低,没有发生再结晶细化,因而它们的屈服强度较低。此外,随着挤压比的增大,合金的塑性也逐渐提高。合金在变形时通常会在晶界附近由于位错塞积而产生应力集中,相比于挤压比为 8 的合金,挤压比为 11 的合金在原始晶粒的晶界处发生了再结晶,即释放了该区域较大的应力,从而使后者塑性较高。当挤压比增大至 27 时,合金中出现大量细小的再结晶晶粒,有利于合金更均匀变形,故塑性进一步提升。进一步增大挤压比到 42 时,再结晶作用增强,虽然再结晶晶粒尺寸相对略有长大,但是等轴状晶粒间的变形更容易协调,再结晶晶粒的增多使得其塑性又进一步增大。

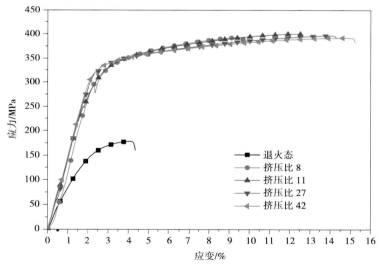

图 6.6　挤压棒材合金的力学性能

表 6.2　挤压棒材合金的力学性能

合　　金	抗拉强度/MPa	屈服强度/MPa	延伸率/%
退火态	178	126	2.4
挤压比 8	392	292	7.2
挤压比 11	400	298	9.8

续表

合　　金	抗拉强度/MPa	屈服强度/MPa	延伸率/%
挤压比 27	396	310	11.8
挤压比 42	392	312	12.4

　　需要注意的是,不同挤压比合金的抗拉强度无明显差距。仔细对比应力-应变曲线可以发现,在拉伸的塑性变形阶段,挤压比为 8 和 11 的合金随着应变的增大,应力增大更快。这表明在塑性变形阶段,挤压比为 8 和 11 的合金存在对位错运动阻碍作用更强的因子。对比不同挤压比合金的显微组织,可以看到挤压比为 8 和 11 的合金存在更多的由 Mg 基体和层状 LPSO 相构成的变形组织。研究表明,LPSO 相能显著提高合金力学性能。室温拉伸时,塑性变形主要在 Mg 基体中发生,而 Mg 基体被大量层状 LPSO 相分隔开来,塑性变形到一定程度后,位错遇到 LPSO 相后难以继续运动,从而导致随着塑性变形的增大,应力大幅度提高。而在挤压比为 27 和 42 的合金中,层状 LPSO 相被破坏,以大量再结晶晶粒为主,变形时晶粒间能相互协调,能较好地释放应力,导致随着应变的增大,应力增幅较小。

6.1.3　Mg-Gd-Y-Zn-Mn 挤压板材合金的组织和力学性能

　　图 6.7 展示了挤压板材合金的显微组织,合金主要为层状变形组织。从横截面上可以看到,在不同的层状组织交界处出现了较多等轴状的再结晶晶粒。从纵截面上看,层状组织趋于与挤压方向平行。板材挤压的挤压比为 11,与挤压比同为 11 的棒材合金组织相比,板材合金的再结晶晶粒较多,同时晶粒尺寸较粗大。这表明在相同挤压温度和挤压比下,相比于实心圆棒,板材的再结晶程度较高。这是由于在板材挤压过程中,由摩擦和变形产生的热量较大,引起挤压温度的升高较大,最终导

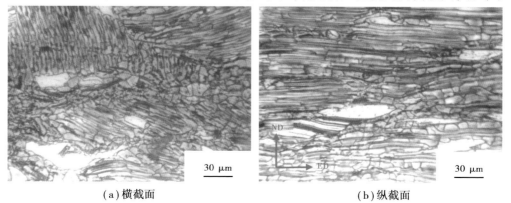

(a) 横截面　　　　　　　　　　　　　　(b) 纵截面

图 6.7　挤压板材合金的显微组织金相照片

致再结晶晶粒增多,再结晶晶粒容易长大。

　　进一步对挤压板材合金的显微组织进行 SEM 背散射电子扫描成像,观察第二相的情况,如图 6.8 所示。可以看到,挤压板材合金主要有一种衬度的第二相,即如前文所述的 LPSO 相。与棒材挤压合金相似,板材合金中块状 LPSO 相在挤压中沿着挤压方向被拉长,同时也观察到块状 LPSO 相被切分的现象;另外,同样存在较多趋向于与挤压方向平行的层状 LPSO 相。从总体上讲,板材合金中 LPSO 相的大小、分布与挤压棒材合金的基本一样。

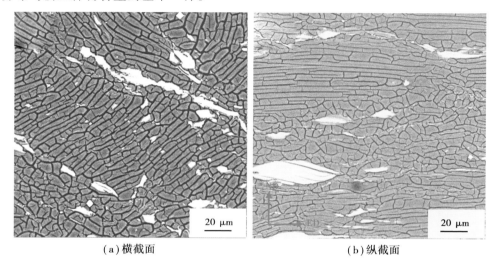

(a)横截面　　　　　　　　　　　　　　　　(b)纵截面

图 6.8　挤压板材合金的显微组织 SEM 图像

　　对板材合金进行室温拉伸测试,结果如图 6.9 所示。相比于同样工艺参数下的挤压棒材合金,板材合金的强度较低,塑性较高。一方面是因为板材挤压合金的晶粒尺寸相对粗大,细晶强化作用较弱,导致板材的强度较低。另一方面由于板材挤压的实际温度相对较高,再结晶程度较大,使得合金的塑性略微提高。

6.1.4　挤压态 Mg-Gd-Y-Zn-Mn 合金的时效处理

　　高强 Mg-Gd-Y-Zn 系合金具有显著的时效强化效果,即可以通过适当时效处理,析出大量沉淀相,提高合金的强度。为了更好地提高挤压态合金的力学性能,接下来将对挤压态合金进行 200 ℃时效工艺的探索,以制订适当的时效工艺。如图 6.10所示,时效初期随着时效时间的延长,合金的显微硬度均呈现较快的上升趋势,表明合金具有明显的时效硬化效果,同时时效硬化的速率相近。大概时效 45 h 后,不同挤压工艺合金的硬度均基本达到峰值。继续延长时效时间,合金的硬度上下波动,直到 120 h 后,合金的硬度才表现出下降趋势。从整体上看,不同挤压比的棒材合金的时效硬化行为趋势无明显差异,仅在显微硬度值上略有差别。可以看到随着挤

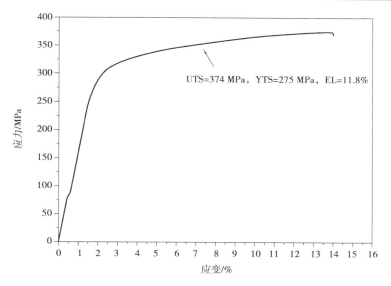

图 6.9　挤压板材合金的力学性能

压比的增大,挤压棒材合金的硬度值呈现较小的上升趋势,分别约为 85,87,93 和 95 HV,对应的峰时效硬度值(取 45～120 h 的硬度平均值)分别约为 115,114,117 和 116 HV,则峰时效硬度增幅分别为 30,27,24 和 21 HV。可见在显微硬度值上差异较小,可以说不同挤压比对合金的时效硬化效果的影响不大。另外,挤压板材合金的显微硬度由 88 HV 增长到 115 HV,峰时效硬度增幅为 27 HV,与挤压比为 11 的棒材合金一样。

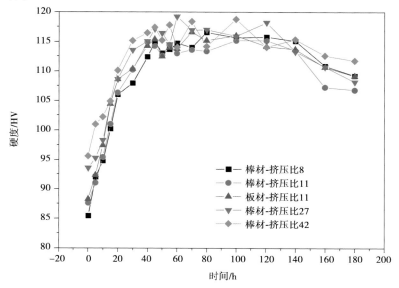

图 6.10　挤压态合金 200 ℃ 下的时效硬化曲线

根据图6.10 的时效硬化曲线制订所有挤压态合金的时效工艺为200 ℃ ×48 h。测试时效处理后合金的力学性能,结果如图6.11 和表6.3 所示。与挤压态合金的力学性能相比,时效后合金的抗拉强度提高了80～100 MPa,表现出显著的时效强化现象,但是塑性大大降低。对于挤压棒材合金,时效处理后挤压比为11 的棒材合金仍然具有最高的抗拉强度502 MPa,不过塑性较差,延伸率仅有3.8%;相比来看挤压比为27 和42 的合金具有较高的塑性,特别是挤压比为42 的合金表现出了不错的综合力学性能。对于挤压板材合金,时效后抗拉强度增长了103 MPa,涨幅与相同挤压比的棒材合金相近。

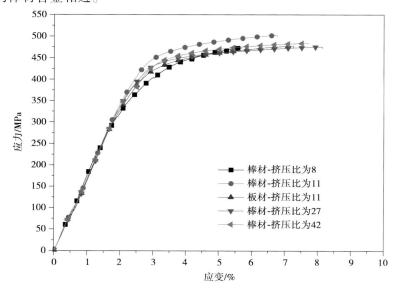

图 6.11 挤压合金 200 ℃ ×48 h 时效处理后的力学性能

表 6.3 挤压合金的时效处理后力学性能

合金种类	抗拉强度/MPa	屈服强度/MPa	延伸率/%
棒材(8)	473	342	2.8
棒材(11)	502	410	3.8
板材(11)	477	390	4.4
棒材(27)	475	392	5.4
棒材(42)	484	390	5.0

研究表明,对含 Gd 和 Y 元素的 Mg-RE 合金进行时效后,合金会析出大量沉淀相,进而显著提高合金的强度。接下来对 200 ℃ ×48 h 时效处理后的挤压比为 11 的棒材合金进行 TEM 观测分析,如图 6.12 所示。可以看到除了前文提到的层状

LPSO 相外,合金中析出了大量黑色的透镜状第二相。透射电子束沿着 $[11\bar{2}0]$ 带轴方向,获取相应的选区电子衍射花样。结合相关文献,对电子衍射花样进行标定,可以确定层状相为 14H 型 LPSO 相,透镜状的析出相为 β′ 相。由于时效后 Mg 基体中存在大量弥散细小的 β′ 相,对位错的运动具有显著的阻碍作用,使得合金的强度得到显著提高。

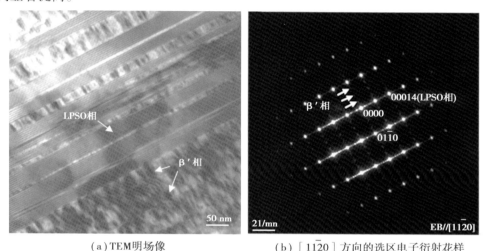

（a）TEM明场像　　　　　　　（b）$[11\bar{2}0]$ 方向的选区电子衍射花样

图 6.12　挤压比 11 的棒材合金 200 ℃ ×48 h 时效后析出相

6.2　轧制变形对 Mg-Gd-Y-Zn-Mn 合金组织与性能的影响

　　金属板材既可作为部件直接应用,也是冲压结构件的必需材料,在实际应用中具有重要地位。轧制加工是生产板材的主要方法,由于镁合金的塑性较差,轧制变形时容易开裂,镁合金的轧制变形工艺还不够成熟。对于高强度 Mg-RE-Zn 系合金,要促其生产应用,必须推进板材的轧制工艺开发。虽然目前已有通过适当轧制方法制备出强度较高的 Mg-RE-Zn 合金的研究报道,但是关于高强度 Mg-RE-Zn 系合金的轧制工艺的研究仍显不足。为此,本章将对 Mg-Gd-Y-Zn-Mn 合金的轧制变形进行研究,以期为 Mg-RE-Zn 系合金的轧制工艺提供参考指导。

　　研究表明,Mg-Gd-Y-Zn-Mn 合金中存在较多的第二相,塑性较差,在 450 ℃ 低挤压比的挤压变形中,不易发生再结晶,而再结晶是 Mg 合金轧制过程中主要的软化机制,轧制变形时合金的塑性急剧降低,由于不能通过再结晶改善合金的塑性,容易发生开裂,轧制加工难度较大。本章首先探索轧制温度和下压量对均匀化退火态合金显微组织的影响规律,确定适当的工艺参数,然后进一步进行适当轧制变形,研究均匀化退火态合金轧制后的组织和性能。另外,XU 等对铸态和均匀化退火态的 Mg-

Gd-Y-Zn-Zr 合金进行了轧制变形对比,发现铸态合金容易得到均匀的再结晶晶粒,塑性相对较高,不过铸态合金轧制后,第二相仍主要为共晶相,合金的强度较低。研究表明,对 Mg-Gd-Zn 合金在 500 ℃ 下进行固溶处理时,合金中共晶相会发生溶解消失,并析出 LPSO 相。研究发现,合金中 LPSO 相的类型和形貌对热变形合金的再结晶具有不同的影响。为此本章对铸态合金进行适当"轧制 + 热处理",结合形变和热处理的作用,调控合金中晶粒组织和 LPSO 相,然后再进一步做轧制变形,以期通过工艺调控提高合金的综合力学性能。

6.2.1　均匀化退火态 Mg-Gd-Y-Zn-Mn 合金的轧制工艺参数探索

金属在热变形过程中,会发生再结晶,产生新的晶粒组织,从而能够通过热变形改善合金的组织。通常认为,再结晶的驱动力是合金变形所产生的晶格畸变能,变形程度越大,晶格畸变能越大,越容易发生再结晶;同时,能够转变为新晶界的表面能也越大,也就是说晶粒组织将更加细化。另外,再结晶的形核与长大都与原子的扩散有关,温度越高,合金中原子越容易扩散,从而促使再结晶的形核与长大,但温度过高时,会引起晶粒二次长大,使晶粒组织粗化。也就是说温度和下压量对合金轧制后的组织具有重要影响,为此,本节对 Mg-Gd-Y-Zn-Mn 合金的轧制温度和累积下压量进行试验探索。

不同温度和累积下压量下轧制所得的样品如图 6.13 所示,450,500,520 ℃ 下轧制,下压量为 20% 和 35% 的合金均无明显裂纹。而对于下压量为 50% 的合金,在 450 ℃ 下轧制的发生了较严重的边裂,边裂纹较多,裂纹深度达到 3 ~ 4 mm;在 500 ℃ 下轧制的发生轻微的边裂,边裂纹很少,裂纹深度仅为 1 ~ 2 mm;在 520 ℃ 下轧制的没有观察到明显的边裂纹。显然随着轧制温度的升高,轧制合金的边裂情况有所好转。研究表明,当变形温度升高时,原子热运动加剧,镁合金中的柱面和锥面间结合力减弱,即临界剪切应力减小,柱面和锥面滑移将更容易被激活。滑移机制的增加,使合金的变形更容易协调,缓解因应力集中导致合金提前开裂的情况。另一方面,随着变形温度的升高,合金容易发生动态回复再结晶软化,其塑性得到改善,因而在高温下进行下压量较大的轧制变形时,合金不易开裂。

图 6.14 所示为 450 ℃ 轧制合金的纵截面金相组织,与初始状态对比,可以观察到不同下压量的合金中层状相发生了不同程度的扭折变形。随着下压量的增大,扭折变形的程度加剧。当下压量达到 50% 时,合金中层状相开始趋向于与轧制方向平行。值得注意的是,不同下压量的合金中均没有发生再结晶的迹象,没有观察到再结晶的晶粒组织。再结晶作为镁合金热变形中重要的软化机制,有利于回复合金的塑性以继续增大变形。在 450 ℃ 下轧制过程中,由于合金未能通过再结晶有效改善自身的塑性,随着变形的继续,合金发生了较严重的破坏。

(a) 450 ℃　　　　　　(b) 500 ℃

(c) 520 ℃

图 6.13　不同温度下轧制后的样品照片

　　图 6.15 所示为 500 ℃轧制合金的纵截面金相组织,下压量为 20% 时,合金中个别晶粒内的层状相发生了轻微的扭折变形。下压量为 35% 时,合金中出现了极少量的再结晶晶粒。下压量为 50% 时,在变形剧烈的区域出现了少量的再结晶晶粒组织,同时,层状相也开始趋向于与轧制方向平行。500 ℃下轧制,随着轧制下压量增大,合金开始发生了再结晶,在变形中合金的塑性得到了一定改善,因此能够在下压量达到 50% 时,仅发生轻微的边裂。

　　图 6.16 所示为 520 ℃轧制合金的纵截面金相组织,下压量为 20% 时,与 450 ℃和 500 ℃轧制的情况一样,合金中层状相发生轻微的扭折变形。下压量为 35% 时,与 500 ℃轧制的相近,出现了极少量的再结晶组织。下压量为 50% 时,合金中剧烈变形区域出现了再结晶晶粒组织,与 500 ℃的相比,再结晶晶粒较多,说明再结晶程度有所提高。

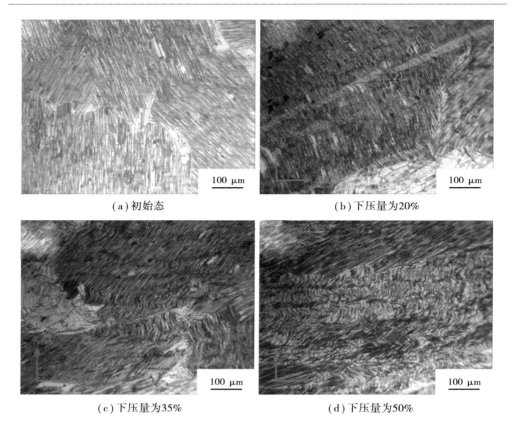

（a）初始态　　　　　　　　　　　　　（b）下压量为20%

（c）下压量为35%　　　　　　　　　　（d）下压量为50%

图 6.14　450 ℃下轧制合金的显微组织金相照片

综合各温度下轧制合金的组织情况,可以看到不同温度下轧制合金的组织主要是在再结晶程度上存在差异。450 ℃下轧制不易发生再结晶,500 ℃和 520 ℃在累积下压量超过 35% 后,都开始发生再结晶,而 520 ℃下发生再结晶的程度相对较高。不过从整体上看,上述条件下轧制合金的再结晶程度都不高,这主要是因为层状 LPSO 相能够阻碍合金的再结晶。

对比不同下压量的轧制合金的组织情况,推断均匀化退火态合金在轧制过程中的组织演变如图 6.17 所示。研究发现,沿着 LPSO 相层状方向施加压应力时,LPSO 相会发生扭折变形。轧制前,均匀化退火态合金中层状相取向散乱分布;轧制变形时,晶粒沿轧制方向被拉长,为了协调晶粒的变形,层状相逐渐倾向于轧制方向;而与轧制方向成角度较大的层状 LPSO 相受到沿层状相方向的压应力,发生了扭折变形;进一步增大变形量,扭折变形加剧,层状相结构被破坏,同时该区域因畸变能较大开始发生再结晶。另外,在均匀化退火态合金的晶界和块状相附近区域,由于存在应力集中效应,畸变能也较大,同样容易发生再结晶。

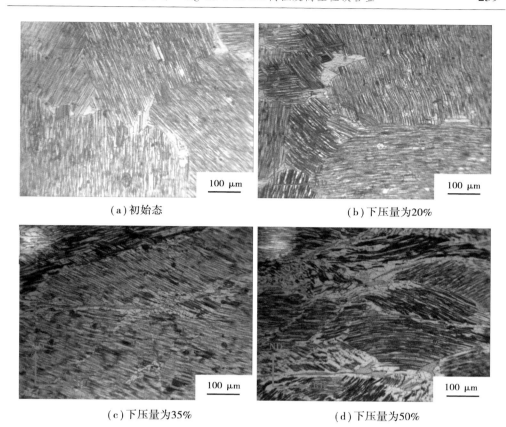

（a）初始态　　　　　　　　　　　　（b）下压量为20%

（c）下压量为35%　　　　　　　　　（d）下压量为50%

图6.15　500 ℃下轧制合金的显微组织金相照片

表6.4　不同工艺下轧制合金的力学性能

轧制温度	压下量/%	轧制态			轧制态 - 400 ℃ ×0.5 h		
		UTS/MPa	YTS/MPa	EL/%	UTS/MPa	YTS/MPa	EL/%
450 ℃	20	188	—	脆断	243	202	1.3
	35	179	—	脆断	184	—	脆断
	50	233	—	脆断	252	242	0.6
500 ℃	20	230	202	0.6	220	185	1.2
	35	255	—	脆断	256	218	0.8
	50	278	—	脆断	262	242	0.5
520 ℃	20	245	200	0.9	226	183	1.6
	35	268	226	0.7	266	214	1.4
	50	258	—	脆断	275	224	1.4

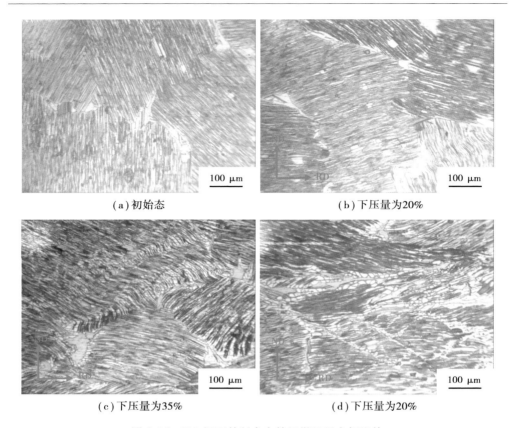

（a）初始态　　　　　　　　　　　　　　　（b）下压量为20%

（c）下压量为35%　　　　　　　　　　　　（d）下压量为20%

图 6.16　520 ℃下轧制合金的显微组织金相照片

图 6.17　均匀化退火态合金在轧制过程中的组织演变示意图

接下来对各轧制合金进行力学性能检测，以讨论轧制温度和下压量对性能的影响。测试结果见表6.4，可以看到轧制态合金均呈现明显脆性，还没有发生明显塑性变形就已经断裂。其主要原因是合金在轧制变形中没有发生明显的再结晶，合金加工硬化程度较高，使其脆性较大。接下来进行 400 ℃ ×0.5 h 的去应力退火后，合金塑性略有改善。就力学性能而言，相比于初始的均匀化退火态合金，轧制后合金的强度均有所提高，其中 520 ℃轧制 50% 的合金，抗拉强度由原来的 178 MPa 增长到275 MPa。然而，与前文所述的挤压加工结果对比，其性能改善程度还是远远不足。这主要是因为轧制变形程度还很低，挤压比为 8 的挤压合金中大量层状相已经趋于与挤压方向平行，即已经有明显的加工流线，此时层状 LPSO 相对提高该合金的强度具有较大的作用；而在轧制下压量达到 50% 的合金中，层状相的取向还是较为混乱，无明显的加工流线,层状相的强化效果相对较差。

　　对比各工艺条件下合金的性能可以发现,在相同轧制温度下,变形量越大,合金的强度将逐渐升高。研究表明,剧烈的轧制变形能够优化合金的组织,提高合金的力学性能。因此,为了提高合金的性能,需要继续增大下压量,此时对于合金的塑性也提出了要求。需要注意的是,在相同变形量下,虽然轧制温度越低,屈服强度越高,但是轧制温度高的合金因显示出不错的塑性反而具有较高的抗拉强度,也就是在 520 ℃ 下轧制合金具有较高的综合力学性能。此外,通过之前的组织对比也可以看出,在 520 ℃ 下轧制合金将发生较大程度的再结晶,再结晶能软化合金,使合金能够进一步轧制加工。综合来看,对于均匀化退火态合金的轧制加工,轧制温度在 520 ℃ 比较合适。

6.2.2　均匀化退火态 Mg-Gd-Y-Zn-Mn 合金的轧制变形及其组织和力学性能

　　研究结果表明,均匀化退火态合金在 520 ℃ 下轧制变形时不易开裂,然而高温下合金的再结晶晶粒发生异常长大,达不到细化组织的目的。为此,本节进行了520 ~ 450 ℃ 降温轧制工艺和 520 ℃ 轧制工艺的对比,看是否能通过降低后半段轧制变形的温度,得到更细小均匀的组织,以进一步提高合金的性能。为了方便讨论,对各退火态轧制样品进行编号,见表 6.5。

表 6.5　均匀化退火态轧制合金编号

样品编号	工艺过程
H60	520 ℃ 下将均匀化退火态合金轧制到 60% 的累积下压量
H76 I	H60→400 ℃ ×0.5 h→450 ℃ 轧制→总累积下压量 76%
H76 II	H60→400 ℃ ×0.5 h→520 ℃ 轧制→总累积下压量 76%

　　轧制过程中将 H60 合金边裂部分切除后,继续在 450 ℃ 和 520 ℃ 下轧制分别获得 H76 I 和 H76 II 合金。图 6.18 展示了 H76 I 和 H76 II 的样品照片,整体上看将H60 继续轧制后的合金都发生了不同程度的边裂和两头断裂。H76 I 的边裂纹深度为 4 ~ 6 mm,H76 II 的边裂纹深度为 3 ~ 4 mm。对比来看,450 ℃ 下续轧样品的边裂和两头断裂情况比较严重。

　　对轧制合金在 400 ℃ ×0.5 h 去应力退火后的横截面和纵截面显微组织进行金相观察,如图 6.19 所示。H60 合金仍存在大量未再结晶的层状组织,在纵截面上看层状组织趋向于与轧制方向平行。与 6.1 节 520 ℃ 轧制 50% 下压量的合金对比,发现在 H60 合金中出现较多层状相扭折区域,同时在这些区域出现了较多细小的等轴状晶粒。将 H60 合金在 450 ℃ 下继续轧制,对比来看 H76 I 合金中扭折变形情况加剧,但是再结晶晶粒组织没有明显增多;而从纵截面组织上看,发现了较多与轧制方

图 6.18　H76 Ⅰ 和 H76 Ⅱ 合金的样品照片

向约呈 45°的界线,推断是由于在 450 ℃下轧制过程中,再结晶程度较弱,加工硬化效应逐渐增强,塑性变形协调性逐渐变差,在轧制剪切力作用下形成类似剪切带区域,仔细观察发现部分界线具有一定宽度,即形成了微裂纹。520 ℃续轧的 H76 Ⅱ 合金中,等轴状的晶粒组织占据了主导地位。相比于 H60 合金,H76 Ⅱ 合金中层状组织有所减少,再结晶增多,不过部分再结晶的尺寸略有增大。这说明在 520 ℃续轧过程中,随着变形量的增大,发生了较高程度的再结晶,同时在 520 ℃下部分再结晶晶粒容易长大。

　　进一步对轧制合金的组织进行 SEM 观测,如图 6.20 所示。从整体上看,各轧制合金中主要有一种衬度的第二相,即 LPSO 相。对于块状的 LPSO 相,可以看到部分沿着轧制方向被拉长和部分被切分的现象,这与挤压变形结果相近。总体上看,H60,H76 Ⅰ 和 H76 Ⅱ 合金中块状相的尺寸和分布无明显差异,这是因为合金在受力时主要是 Mg 基体发生变形,块状相的变形较小,同时 60% 和 76% 下压量的轧制变形程度相差不大。对于层状 LPSO 相,H60 合金在某些再结晶区域能够看到层状相扭折变形的痕迹,扭折变形后的层状相还存在于再结晶晶粒的交界处。450 ℃续轧的 H76 Ⅰ 合金中,纵截面上层状相在轧制剪切力的作用下被剪切带切断。520 ℃续轧的 H76 Ⅱ 合金中,由于发生了程度较大的再结晶作用,层状相较少,不过在等轴状晶粒的交界处还可以看到细小的 LPSO 相。此外,H60,H76 Ⅰ 和 H76 Ⅱ 合金中再结晶晶粒尺寸分别为 4 ~ 6 μm、4 μm 和 4 ~ 10 μm,450 ℃下续轧的合金中再结晶晶粒无细化现象,520 ℃下续轧的合金中部分再结晶晶粒的尺寸略微偏大。这表明 450 ℃下续轧由于没有发生明显的再结晶,合金容易发生开裂,从而达不到细化合金组织

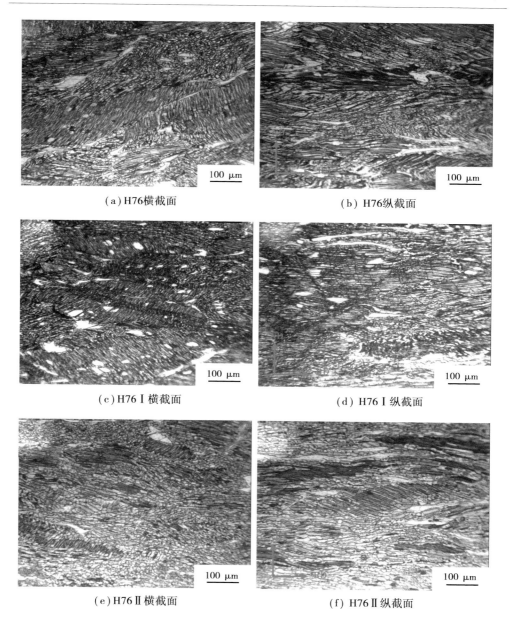

(a) H76 横截面　　　　　　　　　　　(b) H76 纵截面

(c) H76 I 横截面　　　　　　　　　　(d) H76 I 纵截面

(e) H76 II 横截面　　　　　　　　　　(f) H76 II 纵截面

图 6.19　H60,H76 I 和 H76 II 合金去应力退火后的显微组织金相照片

和改善合金性能的目的;在 520 ℃下续轧时,随着变形程度的增大,再结晶变得容易发生,但温度偏高导致再结晶晶粒略微长大。

　　测试了 H60,H76 I 和 H76 II 合金 400 ℃ ×0.5 h 去应力退火后的拉伸性能,结果如图 6.21 所示。其中,H60 合金的抗拉强度为 297 MPa,延伸率仅有 1.0%,强度和塑性都比较差。不过其屈服强度达到 260 MPa,与第 5 章中挤压板材合金的 275 MPa

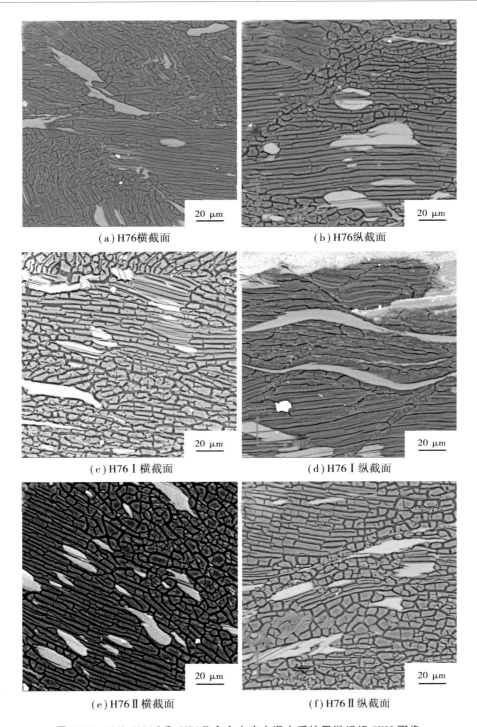

(a) H76横截面

(b) H76纵截面

(c) H76 I 横截面

(d) H76 I 纵截面

(e) H76 II 横截面

(f) H76 II 纵截面

图 6.20 H60,H76 I 和 H76 II 合金去应力退火后的显微组织 SEM 图像

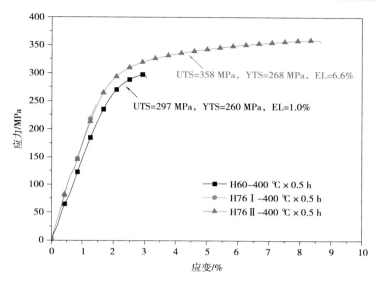

图 6.21　H60,H76Ⅰ和 H76Ⅱ合金去应力退火后的力学性能

已经相差不大,对比这两个合金的组织,发现它们再结晶晶粒的尺寸相差不大,只是 H60 合金的纵截面上层状组织的流线较弱,说明 H60 合金的变形加工还较弱。此外,H60 合金中大量层状组织变形导致了其较差的塑性,这也就间接决定了其抗拉强度较低。由于 H76Ⅰ合金中存在微裂纹,在拉伸时直接发生脆断。相比而言,H76Ⅱ合金表现出较好的综合力学性能,抗拉强度为 358 MPa,延伸率为 6.6%。这主要是因为与 H60 合金相比,H76Ⅱ合金中再结晶晶粒增多,层状变形组织减少,使其塑性得到了大幅度的改善,最终获得不错的综合力学性能。不过 H76Ⅱ合金的屈服强度仅增长了 8 MPa,分析认为进一步轧制变形后,虽然产生了大量细小再结晶,细晶强化作用有所增强,但是合金中含有细密层状 LPSO 相的变形组织减少,由于加工硬化效应和层状相的强化作用减弱,使得合金的屈服强度增幅不大。与挤压板材合金相比,H76Ⅱ合金的力学性能仍然较低,这主要是因为 H76Ⅱ合金的再结晶晶粒尺寸较大,并且层状相的强化作用较弱。

进一步对综合性能较好的 H76Ⅱ合金进行 200 ℃ ×48 h 的时效处理,测试力学性能如图 6.22 所示。时效处理后,合金的强度得到显著提升,抗拉强度由 358 MPa 提升到 448 MPa,增长了 90 MPa,屈服强度由 268 MPa 增大至 380 MPa,提高了 112 MPa。时效处理效果和挤压态板材合金相近,可见轧制合金同样具有显著的时效强化效果。

6.2.3　铸态 Mg-Gd-Y-Zn-Mn 合金的"轧制 + 固溶 + 轧制"工艺及其组织和力学性能

先前对均匀化退火态合金的轧制实验表明,层状 LPSO 相的存在阻碍了合金的再结晶作用,在轧制变形程度较大时容易引起合金开裂,此时合金只能在较高温度

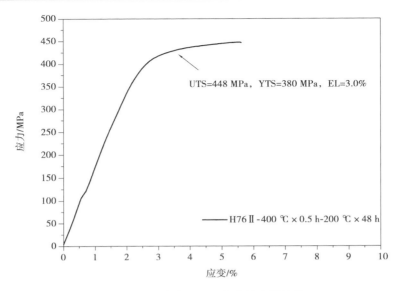

图 6.22 时效态 H76 II 合金的力学性能

下进行轧制加工。本节对铸态合金进行"轧制 + 固溶处理 + 轧制"的工艺处理,对合金中 LPSO 相进行调控,避开层状 LPSO 相对轧制变形的影响。为了方便讨论,对各铸态轧制合金进行编号,见表 6.6。

表 6.6 铸态轧制合金编号

样品编号	工艺过程
C60	520 ℃下将铸态合金轧制到 60% 的累积下压量
C76 I	C60→500 ℃ ×4 h→450 ℃轧制→总累积下压量 76%
C76 II	C60→500 ℃ ×4 h→520 ℃轧制→总累积下压量 76%

图 6.23 展示了 C60 合金 500 ℃ ×4 h 固溶处理前后的金相显微组织,其中 C60 合金中晶粒组织呈不规则的多边形状,在纵截面组织图上没有发现被拉长的变形晶粒组织,表明铸态合金在轧制加工过程中发生了较完全的再结晶。此外,注意到合金的晶粒尺寸不均匀,晶粒尺寸为 4 ~ 16 μm。这是因为没有经过均匀化处理,合金的成分不均匀而导致的。经过 500 ℃ ×4 h 固溶处理后,合金中部分晶粒发生明显长大。

对 C60 合金及其固溶处理后的合金进行了 XRD 测试分析,结果如图 6.24 所示。对比来看,520 ℃下轧制 60% 后共晶相($Mg,Zn)_3$(Gd,Y)的衍射峰有所减弱,但没有完全消失。可见在 520 ℃的高温下轧制,铸态合金中的共晶相会发生溶解。对 C60 合金进行 500 ℃ ×4 h 的固溶处理后,共晶相的衍射峰完全消失,从衍射图谱上看,C60-500 ℃ ×4 h 合金中相组成为 α-Mg 基体和 LPSO 相。

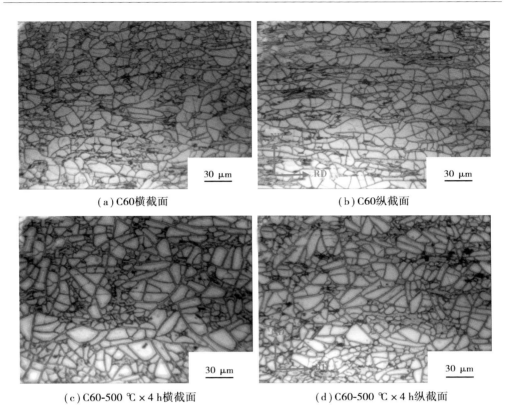

（a）C60横截面　　　　　　　　　　　　　（b）C60纵截面

（c）C60-500 ℃×4 h横截面　　　　　　　（d）C60-500 ℃×4 h纵截面

图 6.23　铸态轧制合金固溶处理前后的显微组织金相照片

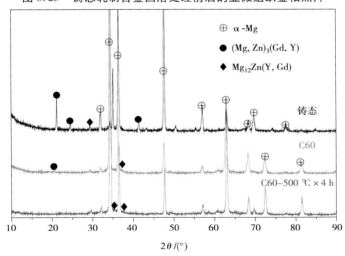

图 6.24　铸态及其轧制后合金的 X 射线衍射图谱

接下来对 C60 合金及其固溶处理后的组织进行背散射电子成像,观测分析合金中第二相的形貌和分布。如图 6.25 所示,从横截面上看,C60 合金中第二相以半连续网状的形式分布在晶界上,第二相呈不规则的块状,同时大小不均匀;从纵截面上看,第二相沿着轧制方向分布。而在轧制前铸态合金中,第二相以网状分布,同时分布无明显取向。由此可见,轧制过程中,网状的第二相被打断,并在轧制作用力下沿轧制方向分布。500 ℃ ×4 h 固溶处理后,合金中第二相主要呈现块状形貌。对比来看,固溶处理后第二相仍然分布在晶界处,但是分布变得更弥散,第二相的尺寸也相对均匀一些。此外,在纵截面组织上看,固溶处理后合金中有部分块状 LPSO 相沿轧制方向呈不连续的带状分布,但是这种趋势不明显。

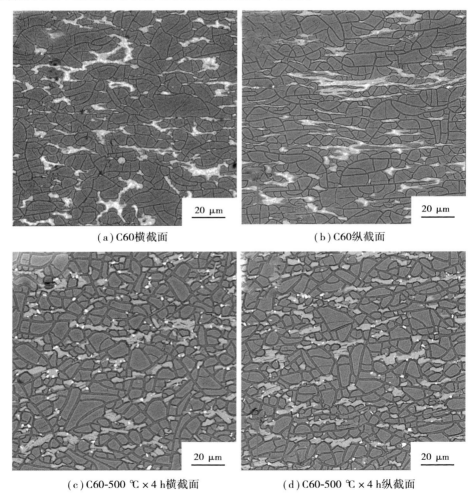

(a) C60横截面　　　　　　　　　　　(b) C60纵截面

(c) C60-500 ℃ ×4 h横截面　　　　　　(d) C60-500 ℃ ×4 h纵截面

图 6.25　铸态轧制合金固溶处理前后的显微组织 SEM 图像

进一步对铸态轧制合金中的第二相进行 EDS 测试分析,结果如图 6.26 和表 6.7 所示。在 C60 合金中可以清晰地看到存在两种衬度的第二相,即白亮相和灰亮相,结合 EDS 成分测试和先前的 XRD 结果,可以推断白亮相为共晶相,灰亮相为 LPSO 相。注意到白亮的共晶相主要分布在较粗大的块状相内,这些块状相主体为灰亮的 LPSO 相,而铸态合金中粗大的块状相主要为白亮的共晶相,由此可以推断,在 520 ℃下对铸态合金的轧制过程中,共晶相中原子发生扩散,在微区成分达到一定条件时逐渐转变形成 LPSO 相。对 C60 合金进行 500 ℃ ×4 h 固溶处理后,合金中余留的白亮相消失,其主要第二相为灰亮相,同样由 EDS 和 XRD 结果分析,可推断灰亮相为 LPSO 相。

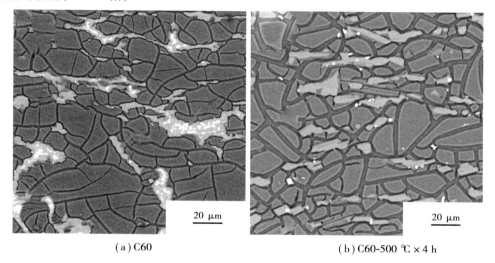

(a) C60 (b) C60-500 ℃ ×4 h

图 6.26 铸态轧制合金中的 EDS 检测点

表 6.7 铸态轧制合金中的 EDS 检测结果

合金状态	检测点	MG /at. %	ZN /at. %	Y /at. %	GD /at. %	相种类
C60	A	81.24	1.77	5.92	11.08	(Mg,Zn)₃RE 共晶相
	B	86.03	5.43	4.62	3.93	LPSO 相
C60-500 ℃ ×4 h	C	87.14	5.81	4.27	2.78	LPSO 相

图 6.27 给出了 C60 合金及其固溶处理后的力学性能,可以看出,C60 合金在拉伸过程中直接发生了脆断,500 ℃ ×4 h 固溶处理后合金的塑性明显回升。分析认为,C60 合金轧制后因为冷速较快,合金中内应力较大,加工硬化效应较大,加上第二相呈半连续网状分布,分布也不均匀,致使合金在拉伸时容易断裂。固溶处理后,由于加工硬化效应减弱,晶粒有所长大,合金的强度有所下降,塑性得到显著的提

高。与6.1节H60-400 ℃×0.5 h合金相比,C60-500 ℃×4 h合金的屈服强度较低,但是塑性较高,使得其抗拉强度也较高。总的来讲,C60-500 ℃×4 h合金表现出不错的综合力学性能,较高的塑性也有利于后续进一步轧制。

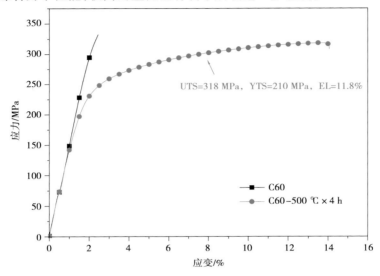

图6.27　铸态轧制合金固溶处理前后的力学性能

　　与6.1节工艺相似,将C60合金的边裂部分切除后,分别在450 ℃和520 ℃下进行续轧。图6.28展示了续轧得到的C76Ⅰ和C76Ⅱ合金的样品照片,从整体上看,进一步轧制后,C76Ⅰ和C76Ⅱ合金的两端都发生了不同程度的断裂。对比来看,C76Ⅰ合金存在较多2～3 mm的边裂纹,而C76Ⅱ合金基本上无边裂纹。可见在520 ℃的高温下轧制,变形能力较好,不易发生脆断。与6.1节均匀化退火态轧制合金相比,C60-500 ℃×4 h合金的进一步轧制开裂情况较轻,说明其轧制变形能力较好,分析认为C60-500 ℃×4 h合金一方面本身具有较高的塑性,屈服强度较低,即变形抗力相对较低,有利于轧制变形;另一方面在轧制过程中相对容易发生再结晶软化,有利于改善合金的塑性,更容易进行大变形量的轧制。

　　图6.29所示为C76Ⅰ和C76Ⅱ合金400 ℃×0.5 h去应力退火后的显微组织金相照片,与续轧前的C60-500 ℃×4 h合金相比,C76Ⅰ和C76Ⅱ合金的组织均有明显细化现象,在纵截面晶粒组织上看,都没表现出明显的加工流线。其中,450 ℃续轧的C76Ⅰ合金中除了等轴状的再结晶晶粒外,还出现了较多条形晶粒组织。研究发现,固溶处理后的Mg-RE-Zn合金在炉冷降温过程中会析出层状LPSO相。分析认为一方面在固溶处理中,已经有少量的层状LPSO相析出;另一方面在450 ℃轧制加工和中间退火过程中,合金中也析出了层状LPSO相。层状LPSO相阻碍了晶粒的变形,同时抑制合金的再结晶,最终形成条形晶粒组织。520 ℃续轧的C76Ⅱ合金中主要是等轴状的晶粒组织,仅观察到少量的条状晶粒。分析认为520 ℃下合金中

图 6.28　C76 I 和 C76 II 合金的样品照片

RE 和 Zn 元素固溶度较高,不易析出形成层状 LPSO 相,另一方面在 520 ℃下轧制,合金容易发生再结晶,生成等轴状的晶粒组织,因而仅出现少量条状晶粒。对比来看,C76 II 合金的再结晶晶粒尺寸较大,并存在个别晶粒异常长大的现象。由此可见,过高的轧制温度确实不利于晶粒组织的细化和均匀化。

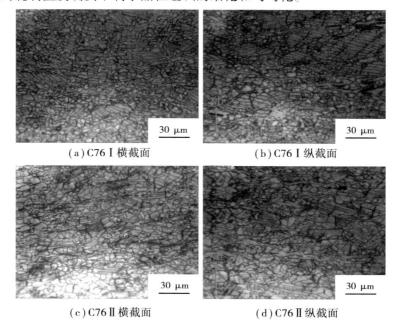

(a) C76 I 横截面　　　　　　　　　　(b) C76 I 纵截面

(c) C76 II 横截面　　　　　　　　　　(d) C76 II 纵截面

图 6.29　C76 I 和 C76 II 合金去应力退火后的显微组织金相照片

对 C76 Ⅰ 和 C76 Ⅱ 合金 400 ℃ ×0.5 h 去应力退火后的显微组织进行 SEM 观测,如图 6.30 所示。可以看到,两种合金中主要有一种灰亮色衬度的第二相,即 LPSO相,同时两合金中 LPSO 相的大小和分布也无明显差异,说明续轧温度对第二相的影响不大。与续轧前合金对比,LPSO 相的大小无明显变化,不过在纵截面组织上看,LPSO 相沿轧制方向分布的趋势增强。而与先前的均匀化退火态挤压和轧制合金相比,LPSO 相的尺寸相对较小,分布更均匀。

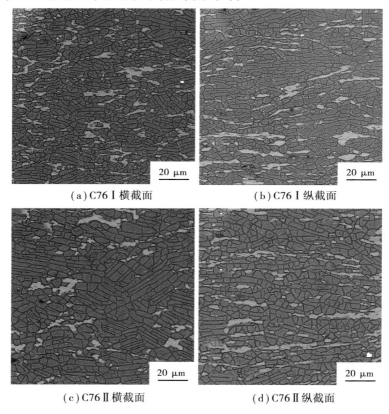

(a)C76 Ⅰ 横截面　　　　　　　(b)C76 Ⅰ 纵截面

(c)C76 Ⅱ 横截面　　　　　　　(d)C76 Ⅱ 纵截面

图 6.30　C76 Ⅰ 和 C76 Ⅱ 合金去应力退火后的显微组织 SEM 图像

对 C76 Ⅰ 和 C76 Ⅱ 合金 400 ℃ ×0.5 h 去应力退火后的力学性能进行了测试,结果如图 6.31 所示。相比于 C60 合金,C76 Ⅰ 和 C76 Ⅱ 合金的强度都有所提高,这是由于续轧后合金组织发生了明显的细化。对比来看,C76 Ⅰ 合金虽然具有较高的强度,但是塑性较低。分析认为,450 ℃续轧的 C76 Ⅰ 合金晶粒组织相对较细,并析出层状的 LPSO 相,有利于提高合金的强度,但是其含有较多的条形晶粒,以及层状 LPSO 相的出现,不利于合金的变形,致使合金的塑性较差。520 ℃续轧的 C76 Ⅱ 合金具有较高的综合力学性能,延伸率达到了 11.6%。与上一节的 H76 Ⅱ 合金相比,C76 Ⅱ 合金的强度较低,塑性较高。对比两种合金的组织,发现 C76 Ⅱ 合金的晶粒组织略微粗大,加上 H76Ⅱ合金中存在较多的层状 LPSO 相的强化作用,因而 H76Ⅱ合金具有较高的强度。不过由于 C76Ⅱ合金中多为等轴晶组织,第二相尺寸较小、分布更弥散,变形更容易协调,其塑性也就较高。

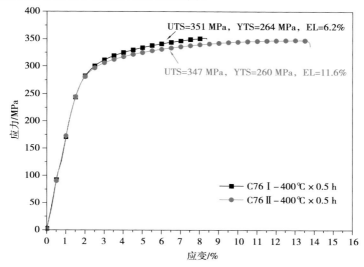

图 6.31　C76Ⅰ和 C76Ⅱ合金去应力退火后的力学性能

对 C76Ⅰ和 C76Ⅱ合金同样进行 200 ℃×48 h 时效处理,并测试时效态合金力学性能,结果如图 6.32 所示。时效后两合金的强度都有很大的提升,C76Ⅰ和 C76Ⅱ合金的屈服强度分别提高了 114 MPa 和 110 MPa,抗拉强度分别提高了 87 MPa 和 98 MPa。与上一节的 H76Ⅱ合金相比,C76Ⅱ合金时效处理后的强度增长相近,而 C76Ⅰ合金由于时效后塑性损失较大,致使抗拉强度不太理想。

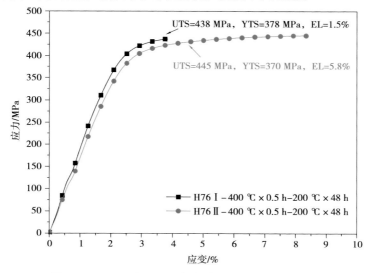

图 6.32　C76Ⅰ和 C76Ⅱ合金时效处理后的力学性能

6.3 Mg-Gd-Y-Zn-Mn 合金高塑性机理

6.3.1 长周期堆垛有序结构相的影响

Mg-Gd-Y-Zn-Mn 合金中存在 18R 和 14H 两种类型的长周期堆垛有序结构相（LPSO 相），其中 18R LPSO 相的原子堆垛方式为 ACACBABABACBCBCBACA，而 14H LPSO 相的原子堆垛方式则为 ABABCACACACBABA，Zn，Y 原子有序地分布在特定的原子密排面上，LPSO 相整体结构本质上是由基础层错构成的一种多层错结构。

目前，国内外学者普遍认为，LPSO 相的变形主要以扭折变形（kink deformation）的形式进行。Hagihara 等在 Mg-Zn-Y 合金中观察到扭折带（kink band）的存在，并且认为（0001）$< 11\bar{2}0 >$基面滑移是 LPSO 相中位错滑移的最主要方式。

基面上的位错运动形成的扭折变形区如图 6.33 所示。

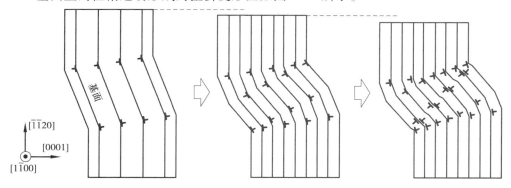

图 6.33　基面上的位错运动形成的扭折变形区

如图 6.34 所示为不同 Gd，Y 含量铸态 Mg-Gd-Y-Zn-Mn 合金金相照片，4 种合金铸态下均呈现出枝晶状组织，并均匀分布在基体中。其中最高 Y 含量、最低 Gd 含量的 GWZM1 合金具有最高的第二相体积分数。而在 GWZM2 合金中，随着 Gd 含量的增加，第二相尺寸有所增加，并呈现块状。进一步增加 Gd 含量，降低 Y 含量，第二相重新变得细小弥散。GWZM4 合金拥有最细小的第二相。

图 6.35 显示的是不同 Gd，Y 含量铸态 Mg-Gd-Y-Zn-Mn 合金 XRD 图谱，当 Gd 含量较低、Y 含量较高时（GWZM1 和 GWZM2），合金中主要相为 α-Mg 基体、$Mg_{12}YZn$ 相（LPSO 相）和 $Mg_{24}(Gd，Y，Zn)_5$ 相（共晶相）。随着 Gd 含量的增加、Y 含量的降低，在 GWZM3 和 GWZM4 合金中开始出现 $(Mg，Zn)_3(Gd，Y)$ 相（W 相），而共晶相的峰开始减弱。在 GWZM4 合金中，未发现共晶相的峰，说明此时已无共晶相的存在。

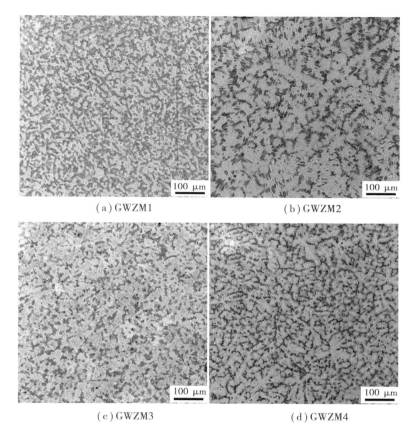

（a）GWZM1　　　　　　　　（b）GWZM2

（c）GWZM3　　　　　　　　（d）GWZM4

图 6.34　不同 Gd,Y 含量铸态 Mg-Gd-Y-Zn-Mn 合金金相照片

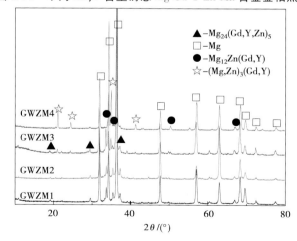

图 6.35　不同 Gd,Y 含量铸态 Mg-Gd-Y-Zn-Mn 合金 XRD 图谱

图 6.36 显示的是不同 Gd,Y 含量铸态 Mg-Gd-Y-Zn-Mn 合金 SEM 照片,在 4 种合金中,第二相均弥散分布在基体上,其中高 Y 低 Gd 的两种合金(GWZM1 和

GWZM2 合金)第二相形貌不同于高 Gd 低 Y 合金(GWZM3 和 GWZM4)。在 GWZM1
和 GWZM2 合金中,第二相主要有两种形貌:一种是白色块状相;另一种是灰色块状
相。这些白色相有些在灰色块状相周边呈块状分布,还有些直接附着在灰色相上方
以条状形式分布。根据 EDS 结果,结合 XRD 图谱,白色块状相中无 Zn 元素的存在
(点 A)为 $Mg_5(Gd,Y)$ 这种共晶相,灰色相(点 C)中 Mg 与 RE 比值接近 11,为 LPSO
相。而在 GWZM3 合金中,除了白色块状相和灰色块状相外,还出现了很多小的白
亮骨骼状相,这些白亮相大多附着在原来的白色块状相周围。到 GWZM4 合金中,
这些白亮骨骼状相数量进一步增加,且合金中已无法观察到白色和灰色块状相的存
在。EDS 能谱结果显示(点 D),该相中有较高数量的 RE 元素和 Zn 元素,结合 XRD
图谱,这种白亮骨骼状相为 $(Mg,Zn)_3(Gd,Y)$ 相(W 相)。综合 SEM 和 XRD 结果可
知,在 Mg-Gd-Y-Zn-Mn 合金中,随着 Y 含量的降低、Gd 含量的增加,铸态合金中
LPSO 相的数量降低,而骨骼状的 W 相的数量有所增加。

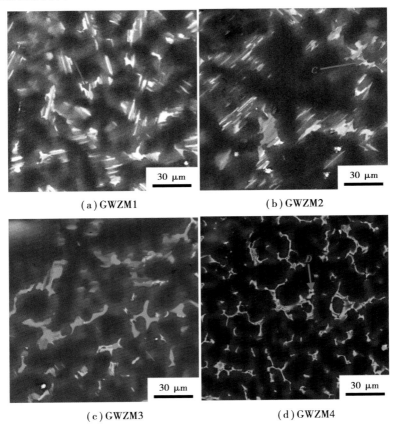

(a) GWZM1 (b) GWZM2

(c) GWZM3 (d) GWZM4

图 6.36 不同 Gd,Y 含量铸态 Mg-Gd-Y-Zn-Mn 合金 SEM 照片

为消除铸态合金中的共晶相与 W 相这种硬脆相,使其充分转化并形成 LPSO

相,对这 4 种合金进行 540 ℃ ×4 h 炉冷退火处理。图 6.37 所示为热处理后 4 种合金的 SEM 图片,可以看出,热处理后合金中仅有晶界处的灰色块状相和晶粒内贯穿整个晶粒的层状相存在,层状组织间互相平行。铸态下的共晶相与 W 相均消失不见。

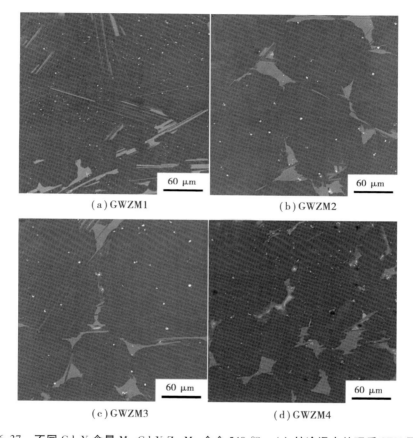

(a) GWZM1　　　　　　　　　(b) GWZM2

(c) GWZM3　　　　　　　　　(d) GWZM4

图 6.37　不同 Gd,Y 含量 Mg-Gd-Y-Zn-Mn 合金 540 ℃ ×4 h 炉冷退火处理后 SEM 图片

对于 Mg-Gd-Y-Zn-Mn 合金,先在 540 ℃ 进行保温,使得 $Mg_{24}(Gd,Y,Zn)_5$ 和 $(Mg,Zn)_3(Gd,Y)$ 相中的 Gd,Y 和 Zn 原子扩散进基体中。由于 LPSO 相是高温稳定相,在该温度下并不会发生原子扩散现象。因此 540 ℃ 保温后,晶界处仅有 LPSO 相存在。之后,在高温退火过程中,原本固溶进基体的 Gd,Y 和 Zn 原子与基体 Mg 反应,重新生成 $Mg_{12}Zn(Y,Gd)$ LPSO 相。这种重新生成的 LPSO 相,通常在晶界前沿向晶粒内部生长并贯穿整个晶粒,以层状相的形貌出现。

图 6.38 所示为 4 种热处理态合金经 450 ℃ 挤压比为 11 的工艺挤压后的显微组织照片。可以看出,在高 Y 低 Gd 合金中(GWZM1 和 GWZM2 合金),其组织主要由等轴晶构成,GWZM1 合金的晶粒尺寸约为 12 μm,而 GWZM2 合金的晶粒尺寸约为 8 μm。另一方面,高 Gd 低 Y 合金(GWZM3 和 GWZM4 合金)挤压后,同样发生了

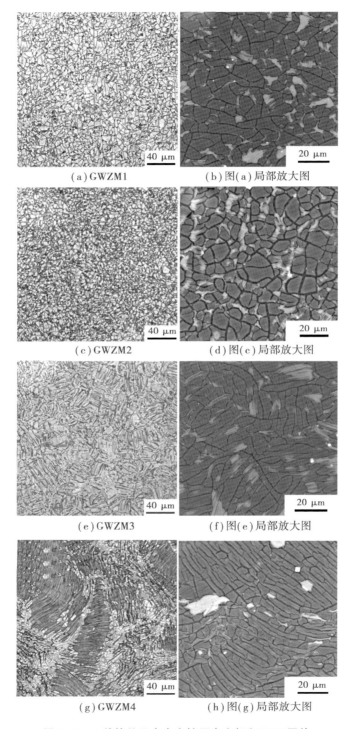

(a) GWZM1　　　　　　(b) 图(a)局部放大图

(c) GWZM2　　　　　　(d) 图(c)局部放大图

(e) GWZM3　　　　　　(f) 图(e)局部放大图

(g) GWZM4　　　　　　(h) 图(g)局部放大图

图 6.38　4 种热处理态合金挤压态金相和 SEM 图片

明显的动态再结晶,但呈现出两种不同形貌的形貌:一种为大小均匀的等轴晶晶粒,晶粒尺寸大小约为 10 μm;另一种为平行排列的扭曲状的长条组织,相互间的宽度为 2~4 μm,为未再结晶区域。在 GWZM4 合金中,主要组织均为这种扭曲形貌,已很少有再结晶组织的存在。从这 4 种挤压态合金 SEM 照片可以看出,热处理态所存在的灰色块状 LPSO 相经过挤压处理均已弥散分布在合金中,随着 Gd 含量的增加,Y 含量的降低,挤压后合金中块状 LPSO 相尺寸有所增大。

图 6.39 所示为 4 种不同 Gd,Y 含量 Mg-Gd-Y-Zn-Mn 合金挤压态力学性能曲线,对应的表 6.8 为力学性能表。可以看出,随着 Gd 含量的增加,Y 含量的降低,4 种合金的力学行为呈现单调递增的趋势,但延伸率有所下降,GWZM1 和 GWZM2 合金强度要明显低于 GWZM3 和 GWZM4 合金。GWZM4 合金,其抗拉强度为 405 MPa,延伸率为 10%,而 GWZM3 合金综合力学性能最优,其抗拉强度 400 MPa,延伸率为 12.6%。

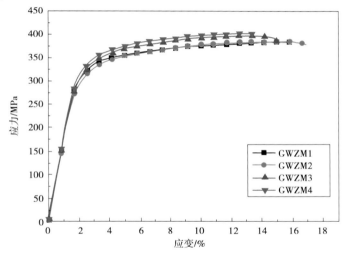

图 6.39　不同 Gd,Y 含量 Mg-Gd-Y-Zn-Mn 合金挤压态力学性能曲线

表 6.8　Mg-Gd-Y-Zn-Ni-Mn 系合金 540 ℃ ×4 h 炉冷后挤压态合金力学性能

样品	拉伸性能		
	σ_{UTS}/MPa	σ_{TYS}/MPa	EL/%
GWZM1	381	288	13.4
GWZN2	382	290	14.5
GWZN3	398	295	12.6
GWZN4	402	298	10.8

结合之前的组织观察,挤压后,GWZM1 和 GWZM2 合金中仅有块状 LPSO 相的

存在,而在 GWZM3 和 GWZM4 合金中可以观察到扭曲组织。这种扭曲组织的存在一方面可以阻碍合金中位错运动,增加合金强度,另一方面又使得合金中再结晶晶粒的体积分数有所下降,合金的延伸率有所降低。而对于挤压后弥散分布的细小块状 LPSO 相,其会成为再结晶晶粒的形核质点,再结晶晶粒形成后,这些 LPSO 相弥散分布在晶界上,最终增加合金的塑性。

在 Mg-Gd-Y-Zn-Mn 合金中,等轴晶组织会增加合金塑性,扭曲状的长条组织会增加合金强度。然而,无论是等轴晶还是扭曲状长条组织均由挤压前热处理后的组织所决定。当层状相含量较多时,挤压后合金中扭曲状组织较多,不易再结晶。

6.3.2 LPSO 相与沉淀相的共同影响

LPSO 相与沉淀硬化相在合金中相互影响、相互制约,经过一定的形变与热处理工艺之后,相的种类和形貌会变得更为复杂,实际的强韧化效果是这些相的形态、大小、数量、位相和分布等共同作用的结果,并且还会受到合金化、位错组态、孪晶等因素的影响,研究则更为复杂。

图 6.40 所示为 Mg-8.3Gd-4.2Y-1.4Zn-1.1Mn 合金在 200 ℃下不同时效时间的力学性能曲线,对应的合金力学性能见表 6.9,合金最高力学性能为抗拉强度 538 MPa,屈服强度 390 MPa,延伸率 13.1% 。可以发现,时效后的合金强度大幅提高。虽然相比挤压态合金,时效态合金的塑性均有大幅度下降,但同时发现在时效过程中,随着时效时间的增加,合金的强度塑性均有提高。传统的强韧化机制认为,析出强化在提高合金强度的同时,其塑性必然有所下降,只有细晶强化才可以同时提高强度和塑性。但我们在时效热处理实验过程中发现合金的晶粒尺寸并无明显变化,挤压态与时效态的晶粒尺寸都在 5 μm 左右,这似乎与传统的强韧化机制相矛盾。

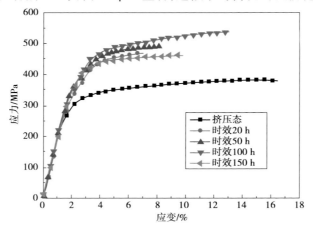

图 6.40 Mg-8.3Gd-4.2Y-1.4Zn-1.1Mn 200 ℃不同时效时间的力学性能曲线

表 6.9　Mg-8.3Gd-4.2Y-1.4Zn-1.1Mn 200 ℃不同时效时间的力学性能汇总表

样品	拉伸性能		
	σ_{UTS}/MPa	σ_{TYS}/MPa	EL/%
挤压态	388	282	14.3
E + 200 × 20 h	470	375	4.6
E + 200 × 50 h	495	385	5.9
E + 200 × 100 h	538	390	10.0
E + 200 × 150 h	465	360	8.1

　　该 Mg-Gd-Y-Zn-Mn 合金在 200 ℃时效 100 h 具有最优异的力学行为,其主要原因是在该合金中存在 LPSO 相,沉淀硬化相和大量的层错。为弄清楚 LPSO 相,沉淀硬化相和层错在合金变形过程中的具体作用,本节选取了时效 100 h 后的样品,对断口附近形貌进行 TEM 观察,结果如图 6.41 所示。从总体上看,3 种微观组态均有各自的变形方式,相互协调、相互促进。

6.3.3　Mn 元素的影响

　　如前文所述,Mn 元素具有"固溶强化增塑"的作用。Mn 的作用一般体现在固溶和析出两个方面,其细化晶粒作用主要体现在热变形过程中,而对铸态合金细化效果较差。通常情况下,形成 X 相要求局部区域 RE/Zn≥1.33,而形成 W 相则要求局部区域 0.32≤RE/Zn≤1.33。这也说明在含 Zr 的合金中,局部区域 Zn 含量增高,RE 含量偏低。该现象的出现可能与 Zr 的活性有关,由于 Zr 加入后会与 RE 的元素反应(Mn 无此现象),形成 Zr 的化合物并沉淀,这就降低了 RE 的收得率,并使得合金中局部区域 RE 元素含量偏低,从而出现了 W 相。Mn 的固溶影响必须和 LPSO 等第二相控制有效结合。

　　从图 6.42 可以看出,经过 4 h,540 ℃固溶处理并炉冷后,其组织形貌相比于 Mg-Gd-Y-Zn 合金无明显区别,铸态合金中细小的蠕虫状和网状第二相均得到了消除,晶界处块状相出现了长大,而在晶粒内部出现了细小的层片状的第二相。其中 Mg-Gd-Y-Zn-Mn 合金热处理后,灰色的 LPSO 相主要呈杆状。在 Mg-Gd-Y-Zn-Zr 合金中,除块状 LPSO 相外,还出现了数量较多的白色颗粒,该颗粒中 Zr 含量较多,RE 含量也较高。这也说明 Zr 的添加会促进 RE 元素的偏聚,不利于合金中 LPSO 相的充分形成。

　　图 6.43 所示为挤压态 Mg-Gd-Y-Zn-Zr/Mn 系列合金 SEM 照片,由图可知,经过热挤压后,合金中第二相的分布与形貌发生了改变,合金的晶粒尺寸发生了变化,并

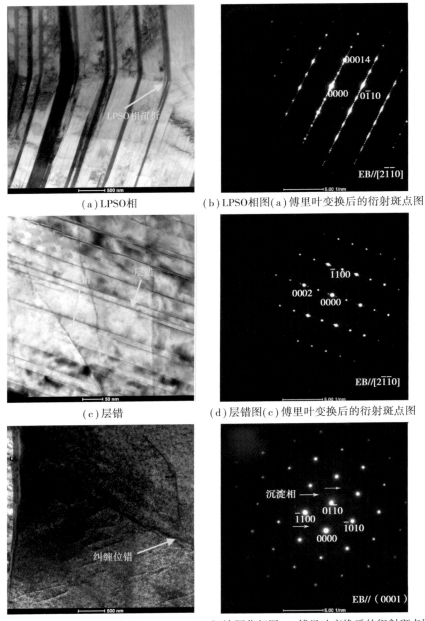

（a）LPSO相　　　　　　　（b）LPSO相图（a）傅里叶变换后的衍射斑点图

（c）层错　　　　　　　　（d）层错图（c）傅里叶变换后的衍射斑点图

（e）沉淀硬化相　　　　　（f）沉淀硬化相图（e）傅里叶变换后的衍射斑点图

图6.41　变形过程中合金中第二相与层错的 TEM 明场相及选区电子衍射

发生了完全再结晶，合金的晶粒尺寸约为 5 μm。合金晶粒尺寸无明显区别，但相比于原始 Mg-Gd-Y-Zn 合金均有一定程度的细化。进一步观察合金中第二相分布情况可以发现，热处理后残留下来的灰色块状相均被挤压破碎，并弥散的分布在晶界处。

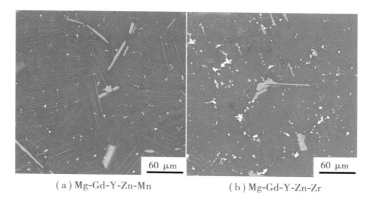

（a）Mg-Gd-Y-Zn-Mn　　　　　（b）Mg-Gd-Y-Zn-Zr

图 6.42　热处理态 Mg-Gd-Y-Zn-Zr/Mn 系列合金 SEM 照片

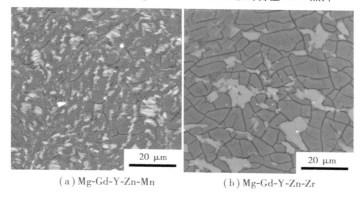

（a）Mg-Gd-Y-Zn-Mn　　　　　（b）Mg-Gd-Y-Zn-Zr

图 6.43　挤压态 Mg-Gd-Y-Zn-Zr/Mn/Ca 系列合金 SEM 照片

其中添加 Mn 后,第二相最为破碎,且分布最为弥散。添加 Zr 后,其第二相尺寸相比于未添加和添加 Mn 合金的均要大,且仍呈块状分布。

由图 6.44 可以看出,挤压态合金其抗拉强度相比于原始 Mg-Gd-Y-Zn 合金差别

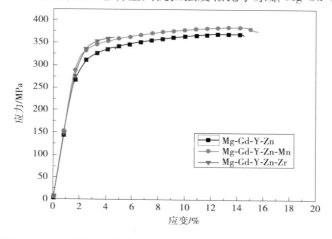

图 6.44　挤压态 Mg-Gd-Y-Zn-Zr/Mn 系列合金室温力学性能曲线

不大。但 Zr 添加后,合金的塑性均会出现大幅度下降,这是由于含有 Zr 的合金熔炼时与 Zn 形成金属间化合物,使得冶金质量降低,影响了材料的塑性。同时挤压态合金中添加 Zr 元素后,晶界处块状第二相的尺寸也较大,这就导致合金在挤压之后其强度和塑性均不高。Mn 元素在这批合金中的强韧化效果最优,Mg-Gd-Y-Zn-Mn 合金的抗拉强度最高可以达到 378 MPa,延伸率达到 13%。同时可以看出,相比于 Mg-Gd-Y-Zn合金,添加了 Mn 后不仅强度提高,塑性也有很大的提高,强韧化效果明显。

本章小结

针对高强度 Mg-RE-Zn 系合金的生产应用问题,本章主要介绍了 Mg-Gd-Y-Zn-Mn 合金的挤压、轧制变形,以期为含 Mn 高强度 Mg-RE-Zn 系合金的塑性变形提供参考,主要结论如下所述。

(1)对于具有大量层状 LPSO 相均匀化退火态合金,发现挤压比不大于 11 时,合金中几乎不发生再结晶,以层状变形组织为主,随着挤压比的增大,再结晶组织逐渐增多,挤压比增大至 42 时,合金以等轴晶组织为主。随着挤压比的增大,挤压态合金的屈服强度和塑性都呈上升趋势,但是抗拉强度无明显差距。时效处理后,各合金的抗拉强度出现一定的差距。挤压比为 11 的棒材时效态合金具有最高的力学性能,UTS = 502 MPa,YTS = 410 MPa,EL = 3.8%;挤压比为 42 的棒材时效态合金具有较高的综合力学性能,UTS = 484 MPa,YTS = 390 MPa,EL = 5.0%。进一步制备了挤压比为 11 的板材,其同样以层状变形组织为主,时效后也获得了不错的力学性能,UTS = 477 MPa,YTS = 390 MPa,EL = 4.4%。

(2)对于具有大量层状 LPSO 相均匀化退火态合金,在 450 ℃下轧制过程中,几乎不发生再结晶,容易发生断裂;轧制温度升高至 520 ℃时,相对容易发生再结晶。在 520 ℃下多道次轧制到下压量为 76% 后,合金中出现大量等轴状晶粒,其力学性能得到较大改善,时效后合金的力学性能为:UTS = 448 MPa,YTS = 380 MPa,EL = 3.0%。

(3)对铸态合金进行"轧制(下压量60%) + 固溶处理"后,合金发生了再结晶细化,只析出了块状 LPSO 相,相尺寸较小,且分布较均匀。同样在 520 ℃下续轧到下压量为 76%,合金开裂情况较轻,合金主要为等轴晶组织,时效后合金的力学性能为:UTS = 445 MPa,YTS = 370 MPa,EL = 5.8%。与"均匀化退火 + 轧制"工艺相比,"轧制 + 固溶 + 轧制"工艺更容易进行大变形量的轧制,从而有望获得均匀细小的组织,制备出高性能的轧制板材。

(4)Mg-Gd-Y-Zn-Mn 合金 200 ℃ 时效时,在 20 ~ 100 h 时,随着时效时间的增加,合金的强度塑性均有提高,时效 100 h 后,合金强度达到 538 MPa,延伸率接近10%,综合力学性能极为优异。

参 考 文 献

[1] WANG J F, SONG P F, HUANG S, et al. High-strength and good-ductility Mg-RE-Zn-Mn magnesium alloy with long-period stacking ordered phase[J]. Materials Letters, 2013, 93: 415-418.

[2] WANG K, WANG J F, SONG H, et al. Enhanced mechanical properties of Mg-Gd-Y-Zn-Mn alloy by tailoring the morphology of long period stacking ordered phase[J]. Materials Science and Engineering A, 2018, 733: 267-275.

[3] WANG J, WANG K, HOU F, et al. Enhanced strength and ductility of Mg-RE-Zn alloy simultaneously by trace Ag addition[J]. Materials Science and Engineering A, 2018, 728: 10-19.

[4] FAN T W, TANG B Y, PENG L M, et al. First-principles study of long-period stacking ordered-like multi-stacking fault structures in pure magnesium[J]. Scripta Materialia, 2011, 64(10): 942-945.

[5] HAGIHARA K, YOKOTANI N, UMAKOSHI Y. Plastic deformation behavior of Mg_{12}YZn with 18R long-period stacking ordered structure[J]. Intermetallics, 2010, 18(2): 267-276.

[6] LIU S, WANG K, WANG J F, et al. Ageing behavior and mechanisms of strengthening and toughening of ultrahigh-strength Mg-Gd-Y-Zn-Mn alloy[J]. Materials Science and Engineering A, 2019, 758: 96-98.

[7] LUO S Q, TANG A T, PAN F S, et al. Effect of mole ratio of Y to Zn on phase constituent of Mg-Zn-Zr-Y alloys[J]. Transactions of Nonferrous Metals Society of China, 2011, 21(4): 795-800.

[8] HONMA T, OHKUBO T, KAMADO S, et al. Effect of Zn additions on the age-hardening of Mg-2.0Gd-1.2Y-0.2Zr alloys[J]. Acta Materialia, 2007(55): 4137-4150.

[9] LIU K, ROKHLIN L L, ELKIN F M, et al. Effect of ageing treatment on the microstructures and mechanical properties of the extruded Mg-7Y-4Gd- 1.5Zn-0.4Zr alloy[J]. Materials Science & Engineering A, 2010(527): 828-834.

[10] YAMASAKI M, ANAN T, YOSHIMOTO S, et al. Mechanical properties of warm-extruded Mg-Zn-Gd alloy with coherent 14H long periodic stacking ordered structure precipitate[J]. Scripta Materialia, 2005(53): 799-803.

[11] LI X, LIU C, Al-SAMMAN T. Microstructure and mechanical properties of Mg-2Gd-3Y-0.6Zr alloy upon conventional and hydrostatic extrusion[J]. Materials Letters, 2011, 65(11): 1726-1729.

[12] HOMMA T, KUNITO N, KAMADO S. Fabrication of extraordinary high-strength magnesium alloy by hot extrusion[J]. Scripta Materialia, 2009, 61(6): 644-647.

[13] FANG X Y, YI D Q, NIE J F, et al. Effect of Zr, Mn and Sc additions on the grain size of Mg-Gd alloy[J]. Journal of Alloys and Compounds, 2009, 470(1-2): 311-316.

[14] YAMASAKI M, HASHIMOTO K, HAGIHARA K, et al. Effect of multimodal microstructure evolution on mechanical properties of Mg-Zn-Y extruded alloy[J]. Acta Materialia, 2011, 59(9): 3646-3658.

[15] XU S W, ZHENG M Y, KAMADO S, et al. Dynamic microstructural changes during hot extrusion

and mechanical properties of a Mg-5. 0Zn-0. 9Y-0. 16Zr（wt. %）alloy［J］. Materialia Science and Engineering A,2011,528(12):4055-4067.

[16] NIE J F. Effects of precipitate shape and orientation on dispersion strengthening in magnesium alloys［J］. Scripta Materialia,2003,48(8):1009-1015.

[17] HAGIHARA K,KINOSHITA A,SUGINO Y,et al. Effect of long-period stacking ordered phase on mechanical properties of Mg97Zn1Y2 extruded alloy［J］. Acta Materialia, 2010, 58 (19): 6282-6293.

[18] KAWAMURAY,YAMASAKI M. Formation and mechanical properties of Mg97Zn1RE2 alloys with long-period stacking ordered structure［J］. Materials Transactions,2007,48(11):2986-2992.

[19] YOSHIMOTO S,YAMASAKI M,KAWAMURA Y. Microstructure and mechanical properties of extruded Mg-Zn-Y alloys with 14H long period ordered structure［J］. Materials Transactions,2006, 47(4):959-965.

[20] SHAO X H,YANG Z Q,MA X L. Strengthening and toughening mechanisms in Mg-Zn-Y alloy with along period stacking ordered structure［J］. Acta Materialia,2010,58(14): 4760-4771.